软件开发与测试丛书

刘文红 郭栋 董锐 赵爽 杨隽 沈玥 编著

清華大學出版社
北 京

内 容 简 介

本书紧扣软件测试和软件工程标准规范要求，结合国内软件测试现状，设计了一套适应软件测试项目管理的方法，系统地介绍了相关的知识、技术、方法和软件工具，给出了较为详细的测试项目管理文档和记录表格模板。本书适用于软件评测项目管理要求，技术和方法的实用性好，内容指导性强，对于提高软件从业人员的测试项目管理能力，帮助软件测试机构规范测试过程管理，提高软件测试效率具有很好的指导作用。

本书是作者多年从事软件测试项目管理、软件工程技术研究和软件质量体系建设的实践经验总结，可供从事软件测试的技术和管理人员使用，也可供高等院校的研究生和高年级本科生学习与参考。

图书在版编目（CIP）数据

软件测试项目管理/刘文红等编著. —北京：清华大学出版社，2023.5(2024.6 重印)
(软件开发与测试丛书)
ISBN 978-7-302-63495-9

Ⅰ. ①软… Ⅱ. ①刘… Ⅲ. ①软件－测试－项目管理 Ⅳ. ①TP311.5

中国国家版本馆 CIP 数据核字(2023)第 085271 号

责任编辑：李双双
封面设计：常雪影
责任校对：赵丽敏
责任印制：曹婉颖

出版发行：清华大学出版社
网　　址：https://www.tup.com.cn，https://www.wqxuetang.com
地　　址：北京清华大学学研大厦 A 座　　**邮　　编**：100084
社 总 机：010-83470000　　**邮　　购**：010-62786544
投稿与读者服务：010-62776969，c-service@tup.tsinghua.edu.cn
质量反馈：010-62772015，zhiliang@tup.tsinghua.edu.cn
印 装 者：三河市龙大印装有限公司
经　　销：全国新华书店
开　　本：185mm×260mm　　**印　　张**：17.25　　**字　　数**：414 千字
版　　次：2023 年 7 月第 1 版　　**印　　次**：2024 年 6 月第 3 次印刷
定　　价：99.00 元

产品编号：091895-01

“软件开发与测试”丛书序

为应对“软件危机”的挑战，人们在20世纪60年代末提出借鉴传统行业在质量管理方面的经验，用工程化的思想来管理软件，以提高复杂软件系统的质量和开发效率，即软件工程化。40多年以来，软件已广泛应用到各个工程领域乃至生活的各个方面，极大地提高了社会信息化水平，软件工程也早已深入人心。

质量是产品的生命，对软件尤其如此。软件的直观性远不及硬件，软件的质量管理相对困难得多；但与传统行业类似，大型复杂软件的质量在很大程度上取决于软件过程质量。质量评估是质量管理的关键，没有科学的评估标准和方法，就无从有效地管理质量，软件评测是质量评估的最有效和最重要的手段之一。

北京跟踪与通信技术研究所软件评测中心是从事软件评测与工程化管理的专业机构，是在我国大力发展航天事业的背景下，为保障载人航天工程软件质量，经原国防科工委批准，国内最早成立的第三方软件评测与工程化管理的技术实体组织之一。自成立以来，软件评测中心出色地完成了以载人航天工程、探月工程为代表的数百项重大工程关键软件评测项目，自主研发了测试仿真软件系统、测试辅助设计工具、评测项目与过程管理软件等一系列软件测试工具，为主制订了GB/T 15532—2008《计算机软件测试规范》、GB/T 9386—2008《计算机软件测试文档编制规范》、GJB 141《军用软件测试指南》等软件测试标准，深入研究了软件测试自动化、缺陷分析与预测、可信性分析与评估、测试用例复用等软件测试技术，在嵌入式软件、非嵌入式软件和可编程逻辑器件软件等不同类型软件测试领域，积累了丰富的测试经验和强大的技术实力。

为进一步促进技术积累和对外交流，北京跟踪与通信技术研究所组织编写了本套丛书。本丛书是软件评测中心多年来技术经验的结晶，致力于以资深软件从业者和工程一线技术人员的视角，融会贯通软件工程特别是软件测试、质量评估与过程管理等领域相关的知识、技术和方法。本丛书的特色是重点突出、实用性强，每本书针对不同方向，着重介绍实践中常用的、好用的技术内容，并配以相应的范例、模板、算法或工具，具有很高的参考价值。

本丛书将为具有一定知识基础和工作经验、想要实现快速进阶的从业者提供一套内容丰富的实践指南。对于要对工作经验较少的初入职人员进行技术培训、快速提高其动手能力的单位或机构，本丛书也是一套难得的参考资料。

丛书编审委员会

2015年5月6日

前　言

测试是软件生存周期过程中降低风险的关键方法。成功的软件测试离不开对测试的组织与过程的管理，没有目标、没有组织、没有过程控制的测试是注定要失败的。一个软件的测试工作，不是一次简单的测试活动，它与软件开发一样，属于软件工程中的一个项目。本书着眼于软件测试项目管理的全过程，紧扣软件测试和软件工程标准规范要求，结合国内软件测试现状，设计了一套适应软件测试项目管理的方法，系统地介绍了相关的知识、技术、方法和软件工具，给出了较为详细的测试项目管理文档和记录表格模板。对于提高软件从业人员的测试项目管理能力，帮助软件测试机构规范测试过程管理、提高软件测试效率具有很好的指导作用。

全书的组织结构如下。

第1章从软件测试的发展、测试项目的阶段要求和测试项目管理模型几个方面概述了软件测试项目管理的基本概念。第2～7章分别介绍测试过程的需求管理、测试项目策划、项目监控、配置管理、质量保障、测量数据度量分析。第8章介绍测试过程管理文档编写指南。第9章说明作者们研制的测试过程管理工具。

本书是作者多年从事软件测试项目管理、软件工程技术研究和软件质量体系建设的实践经验总结，与其他公开教材相比，本书适用于软件评测项目管理要求，技术和方法的实用性好，内容指导性强，可用于同领域教育培训。本书可供从事软件测试的技术和管理人员使用，也可供高等院校的研究生和高年级本科生学习和参考。

本书第1、3、6、8章由刘文红编写，第2章由郭栋编写，第4章由董锐、赵爽编写，第5章和第7章由杨隽编写，第9章由沈玥编写。全书由刘文红统稿。

与软件一样，本书虽然经过了认真的编写和修改，仍然会有一些错误存在，而这些错误只有在使用时才会被发现。如果您在阅读本书后，愿意将错误、意见或建议反馈给我们，我们将非常感激。

编　者

2021年12月

目 录

CHAPTER 1 第1章

软件测试项目管理概述

1.1 概述

随着科学技术的迅速发展,人类已经进入信息社会。信息的获取、处理、交流和决策都需要大量的软件,软件成为人们工作和生活中不可或缺的工具。软件的应用日益广泛,软件的质量受到人们越来越多的关注。特别是在航空航天、金融保险、交通通信、工业控制等重要领域,软件一旦失效将造成重大损失,因此这些领域对软件质量也提出了更高的要求。

1996年6月,阿丽亚娜5(ARIANE 5)型运载火箭在历时10年研制后的首次发射中,软件故障造成火箭升空40 s后即发生爆炸,直接经济损失达到5亿美元,还使得耗资80亿美元的开发计划推迟了近3年。2003年5月,俄罗斯TMA1号宇宙飞船,由于软件错误导致导航系统故障,造成飞船从国际空间站返回地面时与飞行控制中心失去联系长达11 min,飞船最终降落在与预定降落点偏差超460 km的地方。2003年8月,First Energy公司电力监测与控制管理系统的预警服务出现软件错误,导致多个重要设备出现故障,而操作员在一个小时后才得到控制站的指示,造成美国及加拿大部分地区发生史上最大停电事故。

软件测试是保障软件质量的重要手段,是构建高可信软件的关键环节。随着人们对软件测试重要性的认识越来越深刻,软件测试阶段在整个软件开发周期中所占的比例日益增大。统计数据表明,软件测试占软件开发总成本的比例一般达到50%以上[1]。现在有些软件开发机构将40%以上的研制力量投入软件测试之中;对于某些性命攸关的软件,其测试费用甚至高达所有其他软件工程阶段费用总和的3~5倍。尽管人们在软件开发过程中也采用形式化方法描述和证明软件规约,并采用程序正确性证明、模型检验等方法保证软件质量,但是这些方法都存在一定的局限性,尚未达到广泛实用阶段。软件测试在今后较长时间内仍将是保证软件质量的重要手段。

1.1.1 软件测试简史

人们对软件测试的认识是逐步发展起来的,如图1-1所示。在20世纪50年代,计算机技术发展初期,软件规模都很小,复杂度相对较低,大部分软件错误在开发人员的调试阶段就被发现并解决了,软件测试被定义为“程序员为了在他们的程序中找到缺陷(bug)所做的事情”。在这个阶段,测试和调试是等同的,都由开发人员自己完成。

20世纪60年代早期,软件测试与调试区分开来,测试主要在程序编写后进行。人们开始考虑以遍历代码的可能路径或可能的输入变量的方式，对软件进行“彻底”的测试。现在我们知道，由于程序的输入域太大、有太多可能的输入路径及设计和规约等问题很难测试，完全、彻底地测试一个程序是不可能的。

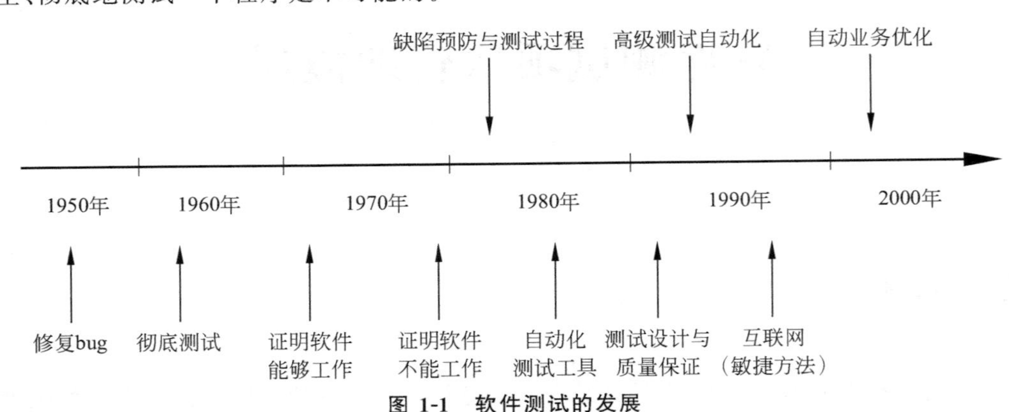

图 1-1　软件测试的发展

20 世纪 70 年代早期，随着软件开发的成熟，人们开始提出软件开发的工程化思想，软件测试得到发展，软件测试的地位得到确认。软件测试被定义为“证明一个程序的正确性而要做的事情”，即证明软件能够工作。这期间提出的“正确性证明技术”，建议在软件分析、设计和实现过程中通过证明的方式进行软件正确性验证，在理论上很有前途，但在实践中过于耗时、效率极低。

20 世纪 70 年代后期，测试被定义为带着找到错误的意图执行程序的过程，而不是证明程序能够运行的过程。与早期观点相反，这种观点强调了好的测试用例能够有更大概率去发现尚未发现的错误，成功的测试是发现了尚未发现的错误的测试。

20 世纪 80 年代，随着软件行业的飞速发展，软件测试的理论和技术得到了快速的发展，人们开始把软件测试作为软件质量保证的重要手段，认识到软件测试不是一次性在开发后期完成的，软件测试也不再仅限于程序本身，软件测试的定义被扩展到缺陷预防，软件测试活动被扩充到对需求、设计、编码、测试等整个软件开发生存周期的过程控制中。IEEE 对软件测试进行了定义：“使用人工或自动的手段来运行或测定某个软件系统的过程，其目的在于检验它是否满足规定的需求或弄清楚预期结果与实际结果之间的差别”，并发布了软件测试文档的国际标准。

20 世纪 80 年代中期，自动化测试工具出现了。相比于手动测试，自动化测试工具的引入大幅提高了测试的效率和质量。测试工具起初还是相当原始的，不具有高级脚本语言工具。

20 世纪 90 年代早期，从质量保证的观点，测试的含义被定义为“策划、设计、建造、维护和执行测试及测试环境”，软件测试的过程应是受管理的，其自身也存在一个生存周期。更多的录制/回放测试工具提供了丰富的脚本语言和报告功能，测试管理工具可帮助管理从测试需求分析和设计到测试脚本及缺陷的所有内容，也有一些商用的性能工具来测试系统的性能，能够进行压力和负载测试等。

20 世纪 90 年代中期，人们仍认为测试应是一个贯穿整个软件开发生存周期的过程，但是随着互联网的流行，软件生存周期模型和开发模式发生了很大的变化，使得软件测试变得越来越困难。测试有时在没有明确预先定义所有测试方向的情况下进行，这种测试方法被认为是敏捷测试，其他测试技术还有探索测试、快速测试和基于风险的测试等。

随着信息科学和软件开发技术的发展，人们对软件测试的概念及其作用的认识已趋于成熟和稳定，进入21世纪以来，对软件测试的研究主要集中于软件测试的技术方法和最佳实践上，目的是提升软件测试的效率和效果。自动业务优化(BTO)的基本思想是衡量软件在其整个生存周期中的价值并使其最大化，以确保软件达到可用性、性能、质量和经济上相协调的目标。软件测试作为软件整个生存周期的一项重要活动被内置其中[2]。

由于人们对软件质量越来越关注，对软件测试越来越重视，可以预测，在未来很长的时间内，软件测试将会得到快速发展，软件测试理论将更加完备，软件测试工具将更加丰富，软件测试行业将蓬勃发展，测试人员的素质和能力将不断提升。测试有效性和效率最大化是软件测试的共性问题，测试自动化和智能化将成为软件测试的重要发展方向之一。

1.1.2 软件测试定义

在GB/T 11457—2006《信息技术软件工程术语》中，测试被定义为："①在规定的条件下操作系统或部件、观察或记录结果并对系统或部件的某些方面作评价的过程；②分析软件项以检测在存在的和要求的条件之间的区别(隐错)以评价软件项的特征。"也就是说，软件测试可分为两部分：确认和验证。

"确认"指的是检查所开发的软件是否满足用户真正的需求。从用户的真正需要出发，对软件需求和设计说明存疑，以发现软件需求定义、产品设计和程序实现中的问题。

"验证"指的是检验软件是否正确实现了软件需求规格说明、设计说明等文档中所定义的功能和特性的活动。验证过程应提供证据以表明软件产品与研制要求相一致，或表明两者之间的差异。

人们对软件测试的认识是不断深入的。随着软件测试的持续发展，曾出现了许多对软件测试很重要的观点或定义。这些观点一度非常流行，有些至今仍很有价值，表现了人们从特定角度对软件测试的认识。

"(软件测试)就是建立一种信心，表明程序能够按照预期的设想运行"，这是软件测试先驱Bill Hetzel在1973年给出的软件测试的定义。后来，Bill Hetzel在其1983年出版的经典著作*The Complete Guide to Software Testing*中，对上述定义进行了修订："测试是评价一个程序或者系统的属性和能力的各种活动，并确定它是否达到预期的结果。"Bill Hetzel的核心观点是：测试的目的是验证软件是"工作的"，即以正向思维方式，针对软件系统的所有功能点，逐个验证其正确性。这种观点比较符合用户的角度。对于用户来说，适当的测试是能够接受软件或系统的依据。用户通过亲自的或委托第三方的测试，获得测试结果，对软件系统的质量进行判断并做出最后的抉择。

"测试是为了发现错误而执行程序的过程"，这是另一位软件测试先驱Glenford Myers 1979年在其著名的著作*The Art of Software Testing*中给出的定义。后来，Glenford Myers对该定义进行了完善，进一步提出了他对软件测试的重要观点：测试是为了证明程序有错，而不是证明程序无错误；一个好的测试用例在于它能发现至今未发现的错误；一个成功的测试是发现了至今未发现的错误的测试。这种观点的核心是证明软件是"不工作的"，即以反向思维，不断思考软件或系统的弱点，发现软件或系统中存在的问题。这种观点比较符合软件技术人员的角度。对开发方来讲，软件测试可尽早地发现和改正软件中的错误，避免给用户造成损失和给开发方的信誉造成不良影响。

“测试是使用人工或自动的手段来运行或测定某个软件系统的过程，其目的是检验软件系统是否满足规定的需求或弄清预期结果与实际结果之间的差别”，这是1983年IEEE软件工程术语标准中对软件测试给出的定义。这个定义明确指出软件测试的目的是检验软件系统是否满足需求。软件测试不再是一个一次性的、软件开发后期的活动，而是与整个开发流程融为一体。现在我们认为，软件测试是贯穿整个软件开发生存周期、对软件产品(包括阶段性产品)进行验证和确认的活动过程，其目的是尽早、尽快地发现软件产品中存在的各种问题及与用户需求、预先定义不一致的地方。

软件测试还存在如下重要特征：软件测试是不完全的或无法穷尽的；软件测试是证错而不是证对的，即不完全的软件测试无法证明软件的正确性，只能证明软件的不正确性。

软件测试是不完全的或无法穷尽的。这主要是因为如下3点。

(1) 测试是几乎不可能100%覆盖的。一般来说，由于软件的复杂性和大规模，软件的输入空间非常庞大，程序中可以执行的路径无法穷尽。如果有充足的条件不断地进行测试，总是可以找到更多的缺陷。

(2) 测试环境难以和实际运行或用户环境完全吻合。某些缺陷只有在用户环境下才存在，有些缺陷只有在软件运行一段时间后，随着过多的过量数据或无效数据的积累才会发生。

(3) 测试人员对产品的理解不能完全代表实际用户的理解。这两者之间的差异意味着可能会存在某些对测试人员来说不是缺陷但对于用户来说是缺陷的缺陷。

软件测试是证错而不是证对的，即不完全的软件测试无法证明软件的正确性，只能证明软件的不正确性。这主要是因为如下两点。

(1) 发现的错误越多并不能说明软件中剩余的错误就越少，相反地，发现错误越多的地方往往漏掉错误的可能性越大。软件错误存在“群集现象”，根据“二八原理”，20%的代码可能包含了软件中80%的错误。

(2) 修正过去的缺陷往往会导致新缺陷的产生。需求总是变化的，软件系统不是一成不变的，变是永恒的，“变”可能会带来新的缺陷。

1.2 软件测试项目阶段要求

1.2.1 测试需求分析与测试策划

1.2.1.1 测试需求分析的管理要点

1) 测试需求分析

测试需求分析应根据软件测评任务书、合同或其他等效文件，以及被测软件的软件需求规格说明或设计文档，对测评任务进行测试需求分析，分析中应包括：

（1）确定需要的测试类型及其测试要求并进行标识（编号），标识应清晰、便于识别。测试类型包括功能测试、性能测试等类型，测试要求包括状态、接口、数据结构、设计约束等要求。确定的测试类型和测试要求均应与合同中提出的测试级别（单元测试、部件测试、配置项测试、系统测试）和测试类型相匹配。

（2）确定测试类型中的各个测试项及其优先级。

（3）确定每个测试项的测试充分性要求。根据被测软件的重要性、测试目标和约束条件，确定每个测试项应覆盖的范围及范围所要求的覆盖程度。

（4）确定每个测试项测试终止的要求，包括测试过程正常终止的条件（如测试充分性是否达到要求）和导致测试过程异常终止的可能情况。

应建立测试类型中的测试项与软件测评任务书、合同或其他等效文件，以及被测软件的需求规格说明或设计文档的追踪关系；应将测试需求分析结果按所确定的文档要求形成测试需求规格说明；测试需求规格说明应经过评审，并应受到变更控制和版本控制。

2）测试策划

应根据软件测评任务书、合同或其他等效文件，以及软件需求规格说明和设计文档进行测试策划，策划一般包括：

（1）确定测试策略，如部件测试策略；

（2）确定测试需要的技术或方法，如测试数据生成与验证技术、测试数据输入技术、测试结果获取技术等；

（3）确定要受控制的测试工作产品，列出清单；

（4）确定用于测试的资源要求，包括软硬件设备、环境条件、人员数量和技能等要求；

（5）进行测试风险分析，如技术风险、人员风险、资源风险和进度风险等；

（6）确定测试任务的结束条件，根据软件测评任务书、合同或其他等效文件的要求和被测软件的特点确定结束条件；

（7）确定被测软件的评价准则和方法；

（8）确定测试活动的进度，应根据测试资源和测试项，确定进度；

（9）确定需采集的度量及采集要求，应根据测试的要求，确定要采集的度量，特别是测试需求度量、用例度量、风险度量、缺陷度量等，并应明确相应的数据库。

可建立测试计划与测试需求规格说明的追踪关系；应将测试策划的结果，按所确定的文档要求形成测试计划。

1.2.1.2　测试需求分析阶段评审

针对测试需求规格说明的评审：

（1）测试级别和测试对象所确定的测试类型及其测试要求是否恰当；

（2）每个测试项是否进行了标识，并逐条覆盖了测试需求和潜在需求；

（3）测试类型和测试项是否充分；

（4）测试项是否包括了测试终止要求；

（5）文档是否符合规定的要求。

测试计划也应经过评审，并应受到变更控制和版本控制。

1.2.2 测试设计和实现

1.2.2.1 测试设计与实现的管理要点

测试设计和实现阶段的主要工作包括以下几部分：

(1) 设计测试用例；

(2) 编写测试程序；

(3) 生成测试数据；

(4) 验证测试环境。

测试设计与实现的工作要点包括以下3点。

1) 应根据测试需求规格说明和测试计划进行测试设计和实现，应完成如下工作。

(1) 按需要分解测试项。将需测试的测试项进行层次化的分解并进行标识，若有接口测试，还应有高层次的接口图说明所有接口和要测试的接口。

(2) 说明最终分解后的每个测试项，说明测试用例设计方法的具体应用、测试数据的选择依据等。

(3) 设计测试用例。

(4) 确定测试用例的执行顺序。

(5) 准备和验证所有的测试用数据。针对测试输入要求，设计测试用的数据，如数据类型、输入方法等。

(6) 准备并获取测试资源，如测试环境所必须的软、硬件资源等。

(7) 必要时，编写测试执行需要的程序，如开发部件测试的驱动模块、桩模块及测试支持软件等。

(8) 建立和校核测试环境，记录校核结果，说明测试环境的偏差。

2) 应将测试设计与实现的工作结果，按照所确定的文档要求编写测试说明，测试说明一般应包括以下几点。

(1) 测试名称和项目标识。

(2) 测试用例的追踪。说明测试所依据的内容来源，并跟踪到相应的测试项的标识(编号)。

(3) 测试用例说明。简要描述测试的对象、目的和所采用的测试方法。

(4) 测试用例的初始化要求，包括硬件配置、软件配置(包括测试的初始条件)、测试配置(如用于测试的模拟系统和测试工具)、参数设置(如测试开始前对断点、指针、控制参数和初始化数据的设置)等的初始化要求。

(5) 测试用例的输入。每个测试用例输入的描述中包括：

① 每个测试输入的名称、用途和具体内容(如确定的数值、状态或信号等)及其性质(如有效值、无效值、边界值等)；

② 测试输入的来源(如测试程序产生、磁盘文件、通过网络接收、人工键盘输入等)，以及选择输入数据所使用的方法(如等价类划分、边界值分析、猜错法、因果图以及功能图等)；

③ 测试输入是真实的还是模拟的；

④ 测试输入的时间顺序或事件顺序。

(6) 测试用例的期望测试结果。期望测试结果应有具体内容(如确定的数值、状态或信号等),不应是不确切的概念或笼统的描述。必要时,应提供中间的期望结果。

(7) 测试用例的测试结果评估准则。评估准则用以判断测试用例执行中产生的中间或最后结果是否正确。评估准则应根据不同情况提供相关信息,如:

① 实际测试结果所需的精确度;

② 允许的实际测试结果与期望结果之间差异的上、下限;

③ 时间的最大间隔或最小间隔;

④ 事件数目的最大值或最小值;

⑤ 实际测试结果不确定时,重新测试的条件;

⑥ 与产生测试结果有关的出错处理;

⑦ 其他有关准则。

(8) 实施测试用例的执行步骤。编写按照执行顺序排列的一系列相对独立的步骤,执行步骤应包括:

① 每一步所需的测试操作动作、测试程序输入或设备操作等;

② 每一步期望的测试结果;

③ 每一步的评估准则;

④ 导致被测程序执行终止伴随的动作或指示信息;

⑤ 需要时,获取和分析中间结果的办法。

(9) 测试用例的前提和约束。在测试用例中还应说明实施测试用例的前提条件和约束条件,如特别限制、参数偏差或异常处理等,并要说明它们对测试用例的影响。

(10) 测试终止条件。说明测试用例的测试正常终止和异常终止的条件。

3) 确定测试说明与测试计划或测试需求规格说明的追踪关系,给出清晰、明确的追踪表。

1.2.2.2 测试设计与实现阶段评审

测试说明应经过评审,得到相关人员的认同,受到变更控制和版本控制。根据测试实际情况,修订测试说明。

测试说明评审应关注:

(1) 测试说明是否完整、正确和规范;

(2) 测试设计是否完整和合理;

(3) 测试用例是否可行和充分。

在测试计划评审和测试说明评审后,还必须进行测试就绪评审,以确定能否开始执行测试。测试就绪评审应关注:

(1) 通过比较测试环境与软件真实运行的软件、硬件环境的差异,审查测试环境要求是否正确合理、满足测试要求;

(2) 审查测试活动的独立性和公正性;

(3) 审查测试需求规格说明、测试计划和测试说明评审中的遗留问题是否得到了解决;

(4) 审查是否存在影响测试执行的其他问题。

1.2.3 测试执行

应按照测试计划和测试说明的内容与要求执行测试。

应如实填写测试原始记录，当结果有量值要求时，应准确记录实际的量值。原始记录应：

（1）受到严格管理；

（2）规范格式；

（3）至少包括测试用例标识、测试结果和发现的缺陷。

应根据每个测试用例的期望测试结果、实际测试结果和评估准则，判定测试用例是否通过。

当测试用例不通过时，应根据不同的缺陷类型，采取相应的措施：

（1）将测试工作中的缺陷，如测试说明的缺陷、测试数据的缺陷、执行测试步骤时的缺陷、测试环境中的缺陷等，记录到相应的表格中（如"问题及变更报告"），并实施相应的变更；

（2）将被测软件的缺陷记录到软件问题报告中，软件问题报告的格式应规范。

当所有的测试用例都执行完毕后，应根据测试的充分性要求和有关原始记录，分析测试工作是否充分，是否需要进行补充测试：

（1）当测试过程正常终止时，如果发现测试工作不足，或测试未达到预期要求，应进行补充测试；

（2）当测试过程异常终止时，应记录导致终止的条件、未完成的测试或未被修正的错误。

在执行测试的过程中，可根据测试的进展情况补充测试用例，但应留下用例记录，并在执行测试后，变更测试说明。

1.2.4 测试总结

1.2.4.1 测试总结的管理要点

应根据软件测评任务书、合同（或其他等效文件）、被测软件文档、测试需求规格说明、测试计划、测试说明、测试记录、测试问题及变更报告单和被测软件问题报告等，对测试工作和被测软件进行分析和评价。

对测试工作的分析和评价应包括：

（1）总结测试需求规格说明、测试计划和测试说明的变化情况及其原因；

（2）在测试异常终止时，说明未能被测试活动充分覆盖的范围及其理由；

（3）确定无法解决的软件测试事件并说明不能解决的理由。

对被测软件的分析和评价应包括：

（1）总结测试中所反映的被测软件与软件需求（或软件设计）之间的差异；

（2）可能时，根据差异评价被测软件的设计与实现，提出改进的建议；

（3）当进行配置项测试或系统测试时，如有需要，测试总结中应对配置项或系统的性能作出评估，指明偏差、缺陷和约束条件等对于配置项或系统运行的影响。

应根据软件测评任务书、合同(或其他等效文件)、被测软件文档、测试需求规格说明、测试计划、测试说明、测试记录和软件问题报告等有关文档，对测试结果和问题进行分类和总结，按所确定的文档要求编写测试报告或测评报告。测评报告除了应包括对测试结果的分析外，还应包括对被测软件的评价和建议，测评报告和测试报告有时可合并。

宜分析测评项目中的数据和文档，以供以后的测试使用。数据如缺陷数据(包括缺陷描述、类型、严重性等)、用例数据、管理数据(如生产率、工作量、进度等)；文档如好的用例设计、好的需求规格说明等。

1.2.4.2 测试总结评审

测试总结评审应在前述各项工作完成后进行，以确定是否达到测试目的，给出评审结论。评审的具体内容和要求是：

(1) 审查测试文档与记录内容的完整性、正确性和规范性；

(2) 审查测试活动的独立性和有效性；

(3) 审查测试环境是否符合测试要求；

(4) 审查软件测试报告与软件测试原始记录和问题报告的一致性；

(5) 审查实际测试过程与测试计划和测试说明的一致性；

(6) 审查测试说明评审的有效性，如是否评审了测试项选择的完整性和合理性、测试用例的可行性和充分性；

(7) 审查测试结果的真实性和准确性。

1.3 软件测试项目管理模型

软件开发活动是一个过程，遵循特定的生存周期模型。无论什么样的软件开发生存周期模型，软件测试都是其中必不可少的环节，是贯穿整个生存周期的重要活动。本节通过对V模型、W模型、H模型等常见模型的分析，介绍软件测试在不同软件生存周期中的位置和起到的作用。

1.3.1 V模型

V模型最早于20世纪80年代后期由Paul Rook在软件开发瀑布模型的基础上提出，是最经典和具有代表意义的测试模型。V模型反映了软件测试活动与软件需求分析和设计的关系，明确指出软件测试不仅仅是软件开发中的一个独立阶段，而应贯穿整个软件开发生存周期。

V模型分为左右两部分，如图1-2所示，左半部分描述基本的软件开发过程，按照箭头的方向从上到下分为不同的开发阶段；右半部分描述与开发相对应的测试过程，按照箭头的方向自下而上分为不同的测试类别。右半部分中的软件测试类别与左半部分中的软件开发阶段有着同等的重要性，在形状上呈现V字形，故称为V模型。V模型中的左右两部分存

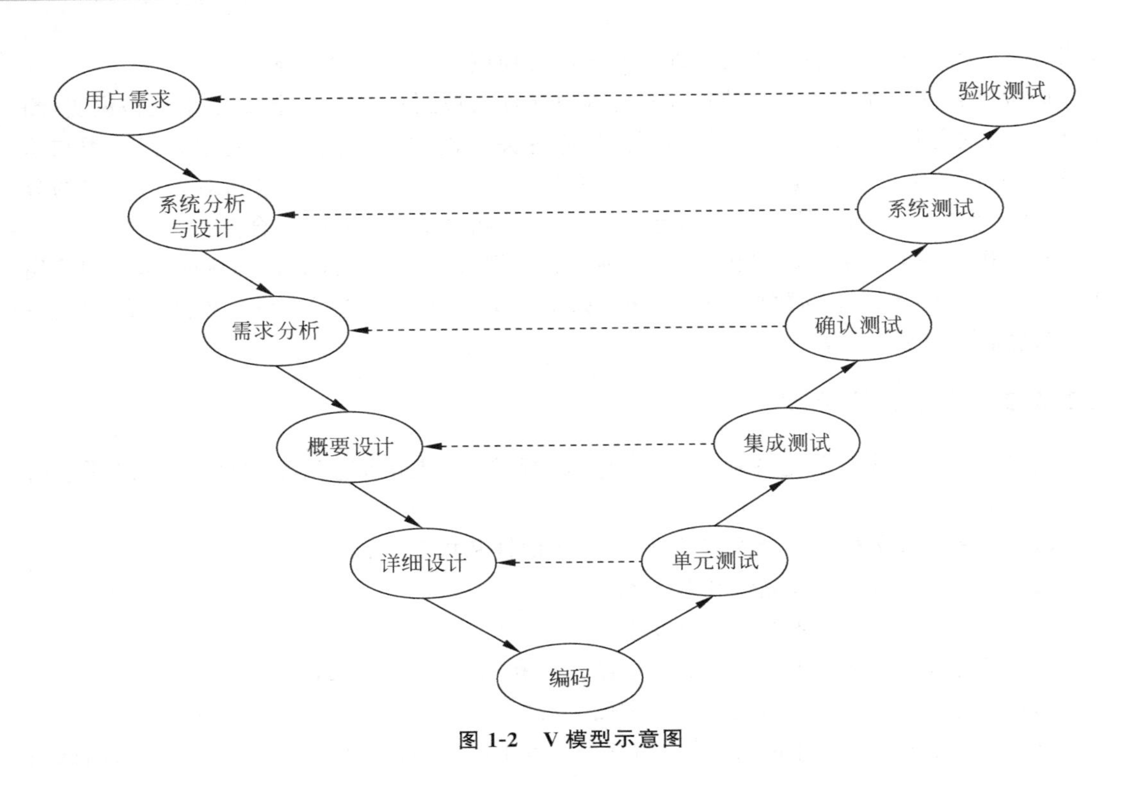

图 1-2 V 模型示意图

在连通关系，使得不同的测试类别与相应的开发阶段对应，不仅说明了要做什么事，还说明了在什么时间及如何来实施这些任务。

V 模型的主要不足在于：它把测试置于软件开发活动之后，对“尽早测试和不断测试”的原则体现不充分；它把不同类别的测试与软件开发阶段一一对应，但在实际项目中，各级测试与不同开发阶段很难有严格的对应关系；它容易使人理解为测试就是针对程序进行的，缺少需求评审、设计评审、代码审查等验证确认与静态测试内容，有可能导致需求分析、概要设计等早期开发阶段的问题直至系统测试和验收测试才能被发现，从而错过最佳的缺陷发现和修复时机。

1.3.2 W 模型

W 模型是在 V 模型的基础上，由 Paul Herzlich 在 1999 年提出的。相对于 V 模型，W 模型增加了各软件开发阶段中同步进行的验证和确认活动。

W 模型由两个 V 模型组成，如图 1-3 所示，开发过程是一个 V 字形，伴随的测试过程是另一个 V 字形，两者是并行关系。W 模型强调测试是伴随着整个软件开发周期的，而且测试对象不仅仅是程序，还应包括需求、设计等阶段的工作产品，也就是说，测试和开发是同步进行的。W 模型有助于尽早、全面地发现问题。例如，在需求分析完成后，测试人员就应该参与到对需求的验证和确认活动中，以及时地找出存在的错误；同时，对需求的测试也有利于了解掌握项目情况和测试风险，尽早制定应对措施。

W 模型的不足主要在于：把软件开发和测试都看作串行的活动，呈现出一种线性关系，

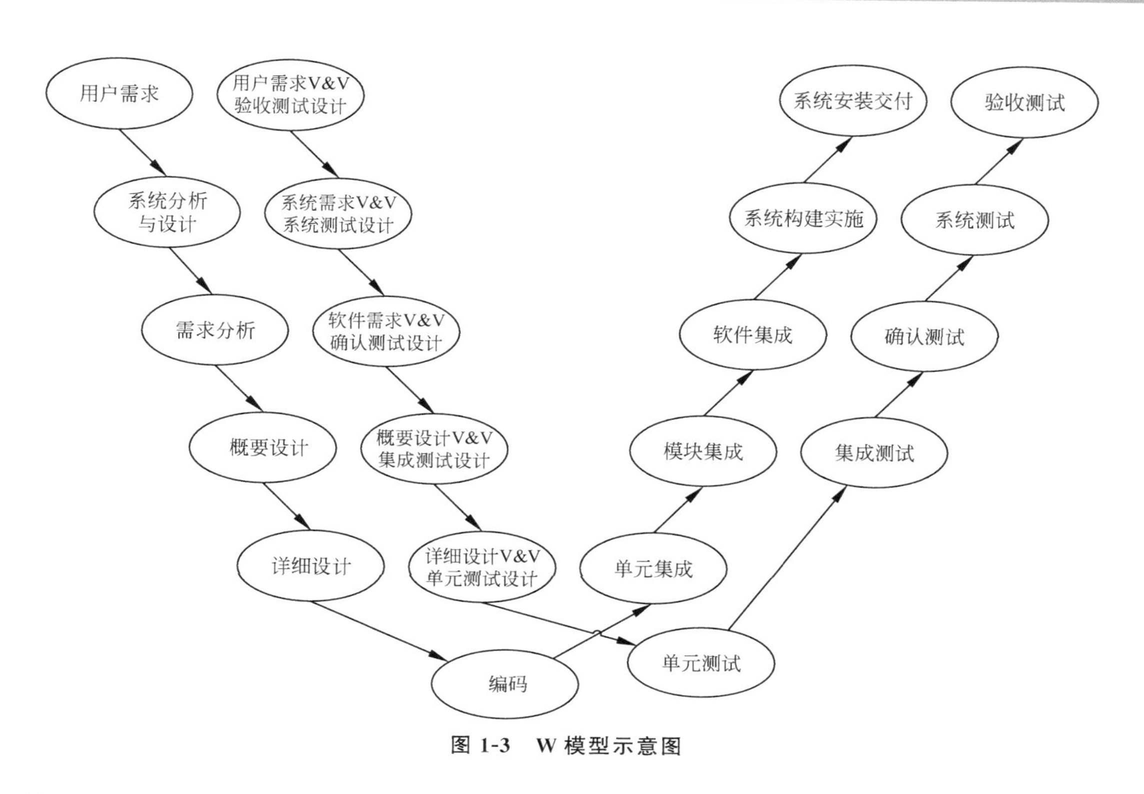

图 1-3　W 模型示意图

等上一阶段完全结束后才可正式开始下一阶段的工作，无法支持迭代的开发模型，不能很好地适应软件开发复杂多变的情况。

1.3.3　H 模型

V 模型和 W 模型把开发和测试看作存在严格次序的串行活动，与实际软件研制活动并不相符。为了克服 V 模型和 W 模型的不足，人们提出了 H 模型，把测试活动独立出来，分为测试准备（包括测试分析、测试策划、测试设计等）和测试执行（包括测试执行、测试总结评估等）两个阶段活动，并形成一个与其他流程（如软件开发中的设计流程）彼此独立的流程，如图 1-4 所示。

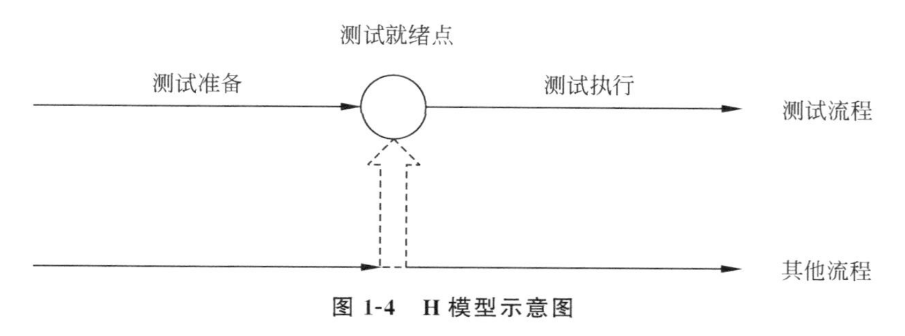

图 1-4　H 模型示意图

H 模型演示了在整个开发周期中某个时机对应的一次测试流程，标注的其他流程可以是任意的开发流程，如分析流程、设计流程或编码流程等。整个软件测试可以包含很多这样的测试流程，并且不同的测试活动可以是按照某个次序先后进行的，也可以是反复的。只要测试条件成熟了，测试准备就绪了，就可以开展测试执行活动。

H模型体现了测试流程的独立性、完整性和过程管理的重要性，也体现了“尽早测试和不断测试”的原则。

1.4 本章小结

软件测试是保证软件质量的重要手段。本章概述了软件测试的发展历程，对软件测试项目中需求分析、测试策划、测试设计与实现、测试执行与测试总结等不同阶段的工作提出了管理要求和评审要求。考虑到软件测试伴随软件开发过程全周期，本章通过对软件开发的V模型、W模型、H模型这些常见模型的分析，介绍了软件测试在不同软件生存周期中的位置和起到的作用。

CHAPTER 2 第2章

测试需求管理

需求是系统服务或约束的陈述。完整、正确、稳定和文档化的软件需求是软件开发的基础,同时也是软件验证和确认活动的基准。但是,基于需求的测试是基于用户需求的测试,不能简单地等同于基于软件需求规格说明的测试,尤其是当软件需求规格说明不完整、不具体时更是如此。明确的需求可以保证由用户而不是由软件开发人员来决定系统的功能,需求清楚了,测试人员才可以对其进行验证和评定,并确认软件实现是否满足需求的定义。

稳定的需求是软件开发和测试的法宝。然而在实际项目中,期望在项目开始阶段就获得稳定的需求是不现实的。许多软件系统的开发是开创性的,面对全新的系统,无论是用户还是开发人员都缺乏完整、准确的认识,随着项目的进行,用户需求才越来越清楚。同时,随着对软件应用需求的日益迫切,激烈的市场竞争带来软件开发窗口的缩小,软件开发不可能等到软件需求完全固化才进行,从而导致软件需求在整个开发过程中处于不断调整和完善的状态,即使到了系统测试阶段,软件需求也存在着变化的风险。软件需求的频繁变更增加了软件测试工作的复杂性,直接影响测试的质量,因此,测试需求的管理也是软件测试中需要解决的关键问题。

2.1 测试需求概述

与软件开发一样,充分进行测试需求分析是一个测试项目成功的关键,往往比使用有效的测试设计技术还要重要。由于需求分析工作不够完善和对系统缺乏全面认识等原因,软件需求规格说明往往无法完整、准确、具体地反映用户的需求,尤其是对性能、可靠性、安全性和系统约束等内容缺乏描述,因此,基于这种软件需求规格说明来对软件进行测试验证是不客观和不可信的。测试人员必须在现有的软件需求规格说明的基础上做进一步的测试需求开发,形成用户、开发人员和测试人员一致认可的测试需求,并在此基础上开展测试工作。

2.1.1 需求管理的目的和任务

为了解决软件需求不完善和变更频繁等问题,需要在软件测试过程中引入需求工程的方法,对测试需求进行开发和管理。通过综合系统需求、软件需求规格说明、用户手册、技术交流备忘录和相关标准等,提取软件测试需求,使用功能分解方法分解出测试项,对测试项进行规格化描述,通过对软件测试需求进行风险分析来确定测试的优先级,并根据优先级来确定测试类型和深度，使测试组在现有的条件下尽可能地开发出完整、准确的测试需求。针对软件需求变更，使用需求追踪矩阵和配置管理相结合的方法进行解决，结合需求追踪矩阵可对需求变更程度和测试覆盖情况进行度量。

2.1.2 软件测试的需求管理对象

软件测试的需求管理对象包括以下 3 种。

(1) 测试任务书，合同项目计划或其他等效文件。

(2) 根据不同的测试级别还应包括：

① 单元级，接口设计文档、软件设计文档；

② 部件级，软件需求规格说明(含接口需求规格说明)，软件设计文档(含接口设计文档)；

③ 配置项级，软件需求规格说明(含接口需求规格说明)，软件设计文档(含接口设计文档)，用户手册和(或)操作手册；

④ 系统级，软件的研制任务书，系统/子系统设计文档、软件需求规格说明(含接口需求规格说明)，软件设计文档(含接口设计文档)，用户手册和(或)操作手册。

(3) 由于软件工程化工作执行薄弱、用户需求不明确，项目组与开发方沟通整理后所形成的软件测试需求规格说明，经委托方、开发方审查确认后，也是软件测试的需求管理对象。

2.2 软件测试需求确定

2.2.1 确定测试级别与测试充分性要求

软件测试需求与测试所处的级别相关。在单元和部件测试阶段，软件测试需求主要来源于软件设计文档及软件测试要求或规定；在系统测试阶段，软件测试需求主要来源于系统开发规范、软件需求规格说明及软件测试要求或规定。

测试需求开发时，需要同时考虑测试要求、软件需求及其风险水平。首先，软件需求是测试需求开发的基础，对于系统测试，通常以软件需求规格说明的形式给出，它描述了软件系统需要解决的问题，在测试需求开发过程中，除了要关注软件的功能、性能、安全性、可靠性、恢复性等需求外，还必须关注软件开发和运行的约束条件及相关标准和规范的要求；其次，测试要求是测试需求开发的另一个重要依据，它详细规定了软件测试的基本要求和最低标准，应根据测试要求和被测软件的特点来选择具体的测试类型和策略；最后，各项软件需求在系统中的重要程度不一样，对应的软件功能在实际使用中执行的频繁程度也不同，各软件需求实现的成熟程度也有差异，为了更好地控制风险，应综合上述因素来确定测试需求的风险等级，并根据需求的风险水平确定测试的优先级和深度。

一般地，对应软件的不同安全关键性级别，测试的充分性要求不同，测试覆盖要求也不同。按照软件发生失效可能造成的影响，可以把软件分成 4 个级别：A 级意味着一旦软件失效将会产生灾难性影响，如人员死亡、系统报废、重大经济或社会损失、任务失败等；B 级意味着一旦软件失效将会产生严重影响,如人员重伤、系统严重损坏、严重经济或社会损失、任务的主要部分无法完成等;C级意味着一旦软件失效将会产生轻度影响,如人员轻度伤害、系统轻度损坏、对完成任务有轻度影响,轻度经济或社会损失等;D级意味着一旦软件失效仅产生轻微影响,如对人员的伤害或系统的损坏可忽略,虽然执行任务有障碍但仍能完成,经济或社会损失小到可忽略等。

针对这样4个不同安全关键性级别的软件,测试充分性一般应达到表2-1中的覆盖要求。

表 2-1 测试充分性要求

测试项目	A	B	C	D
单元测试	语句覆盖100% 分支覆盖100% MC/DC覆盖100%	语句覆盖100% 分支覆盖100% MC/DC覆盖100%	AM	AM
部件测试	调用覆盖100%	AM	AM	AM
配置项测试	需求覆盖100% 目标码覆盖100%	需求覆盖100%	需求覆盖100%	需求覆盖100%

注:"AM"是指没有强制的规定,与客户协商确定,但应与软件产品的质量要求相一致;
单元测试中的MC/DC覆盖仅针对高级语言编写的程序代码;
目标码覆盖仅针对使用高级语言编写的嵌入式软件;
对未达到覆盖率要求必须进行分析说明,必要时采用分析、审查、评审等方法补充说明情况和影响。

2.2.2 审查并完善软件需求规格说明

测试人员应对软件需求规格说明进行审查。审查的内容主要包括:标准符合性、文档内容的完整性、文档描述的准确性。

软件需求规格说明文档的格式应符合既定的文档标准或规范的要求。

文档内容完整性审查重点关注:①功能要求;②数据定义;③接口定义;④性能要求;⑤安全性要求;⑥可靠性要求;⑦系统约束。

文档描述准确性的审查应保证所描述的内容能够得到相关各方的一致理解,各项需求之间没有矛盾和冲突,各项需求在详尽程度方面保持一致,每一项需求都可以作为测试依据。

由于主要的测试依据文档存在不完善和质量不高的风险,测试人员还需要收集更多的相关信息,包括参考软件用户文档、软件实现、前期测试文档等,与用户及开发人员的交流,使用需求分析方法,提取出开发人员遗漏的、系统隐含的需求,生成完整的测试需求。当然,过分依赖软件的具体实现会对测试分析和设计产生不良的影响,但如果这种参照仅限于测试需求分析则将利大于弊。

通过审查并得到完善的软件需求规格说明可作为提取测试需求的基础。可使用表格的形式对软件需求进行梳理,将每一条软件需求对应的开发文档及章节号作为软件需求标识,没有文档来源的软件需求可用隐含需求或遗漏需求进行标识。使用软件需求的简述作为软件需求描述,还要标明软件需求获取的来源信息,如开发文档、相关标准、与用户或开发人员的交流等。表 2-2 中给出了软件需求列表的格式。

表 2-2 软件需求列表

序 号	软件需求标识	软件需求描述	信息来源

2.2.3 建立软件测试需求列表

在建立了软件需求列表后，需要对表中的软件需求进行分解，形成可测试的分层描述的软件需求，称为测试项。需求分解需要从两个方面考虑：①需要考虑需求的完整性，经过分解获得的需求必须能够充分覆盖软件需求的各种特征，每个需求必须可以独立完成有意义的功能，可以进行单独测试；②需要考虑需求的规模，每个最低层次的需求能够使用数量相当的测试用例来实现，也即测试的粒度是均匀的。

表 2-3 给出了软件测试需求列表的格式。

表 2-3 软件测试需求列表

软件需求		软件测试需求	
软件需求标识	软件需求描述	测试项标识	测试项描述
……	……	……	……

2.2.4 软件测试需求风险分析

风险分析能够帮助测试人员识别出高风险的软件需求，这些需求需要更加充分或优先的测试。风险分析也能够识别出软件中具有潜在错误倾向的部分，这部分内容需要更加严格的测试。风险分析还能够识别出测试过程中有可能发生变更的软件需求，这部分内容需要在回归测试中给予重点的关注。风险分析还能够识别出已经实现和正在实现的需求，依此来排定测试执行的先后次序。因此，测试人员可根据用途确定风险分析的方法和侧重。

对于一般软件，可以采用 4 个因素进行风险分析，包括软件需求的重要度等级、软件需求实际使用的频繁程度、软件需求实现的复杂度及软件需求在前期测试中所体现的成熟度，综合 4 个因素计算出需求的风险值。

软件需求的重要度等级可分为关键、重要、一般、较低 4 个级别，分别用 4～1 的 4 个整数值来代表。软件需求实际使用的频繁程度分为高、中、低 3 个级别，分别用 3～1 的 3 个整数值来代表。软件需求实现的复杂度分为高、中、低 3 个级别，分别用 3～1 的 3 个整数值来代表。软件需求成熟度分为高、中、低 3 个级别，由于成熟度越高系统风险越小，因此软件需求成熟度的取值分别用 1～3 的 3 个整数值来代表。软件需求的重要度等级和使用的频繁程度可以从开发文档中获得，软件需求实现的复杂度可以参考软件实现，根据具体的规模和算法来确定，软件需求成熟度则根据软件需求被确定下来的时间及前期测试数据来确定。

风险值的计算是对重要度等级、使用频繁程度、实现复杂度及软件需求成熟度 4 个因素取值的加权求和，测试人员可根据实际应用中风险分析的不同侧重，赋予各个因素的权值 $W_i(i=1,2,3,4)$。

$$风险值 = W_1 \times 重要度 + W_2 \times 频度 + W_3 \times 复杂度 + W_4 \times 成熟度$$

表 2-4 给出了软件测试需求风险评估表的格式。

表 2-4　软件测试需求风险评估表

测试项标识	测试项描述	重要度	频度	复杂度	成熟度	风险

2.2.5　确定测试类型

应根据测试目的、要求及软件关键重要性等级等特点，为软件测试选取适当的测试类型，根据测试对象、目的、方法，可将常用的测试类型分为以下几类。

（1）文档类测试：文档审查。

（2）代码类测试：代码审查、代码走查、静态分析、逻辑测试。

（3）数据类测试：数据审查、数据处理测试。

（4）功能类测试：功能测试、边界测试、可恢复性测试、安装性测试。

（5）性能类测试：性能测试、余量测试、强度测试、容量测试。

（6）接口类测试：接口测试、互操作性测试、人机交互界面测试。

（7）专项类测试：安全性测试、可靠性测试、兼容性测试。

根据测试项的风险水平选择所需的测试类型，这实际上也是在选择风险缓解策略，对于风险高的软件需求，其相关的设计和实现需要进行严格的代码审查、逻辑测试、功能和性能测试等。

除了风险外，影响测试类型选择的因素还包括软件需求的特征。如果该需求是有性能要求的嵌入式实现，那么性能测试、强度测试和余量测试可能就是必要的选择。如果该需求只是普通人机交互界面操作，可能就只需要选择人机交互界面和功能测试。

2.2.6　测试需求的规格化描述

测试需求的规格化描述是十分重要的，它可以将测试需求分析的结果，用更加规范、明确的形式描述出来，如可以使用统一建模语言（UML）的用例描述方式来对测试需求规格化，为了描述的完备性，需要对 UML 使用用例描述格式进行扩展。

测试需求规格化描述时，应针对测试需求列表中各个层次的所有可测试需求，对于高层测试需求的规格化描述，有利于对软件进行业务流、事务流和任务流的测试。

表 2-5 给出了测试需求的规格化描述的模板，“《》”中部分为填写说明。

表 2-5 测试需求的规格化描述

<table>
<tr><td>测试项标识</td><td>《唯一性标识》</td><td>测试项名称</td><td>《测试项简称》</td></tr>
<tr><td>需求追踪</td><td colspan="3">《追踪到软件需求规格说明或其他来源》</td></tr>
<tr><td rowspan="3">软件需求描述</td><td>主要成功想定</td><td colspan="2">《描述需求的目标如何达到,列举与系统交互的激励和响应。规定操作中拟需要使用的数据范围,给出是否可选非法值、无效值的标记》</td></tr>
<tr><td>变异</td><td colspan="2">《参照主要成功想定中列举的步骤,通过一个或更多可选步骤详细说明主要成功想定中可被替代的步骤,作为主要成功想定中的下一步》</td></tr>
<tr><td>延伸</td><td colspan="2">《一个响应异常环境(如非法输入数据)的想定》</td></tr>
<tr><td>测试要求</td><td colspan="3">《描述测试的具体要求》</td></tr>
<tr><td>测试优先级</td><td colspan="3">《描述测试优先级别》</td></tr>
<tr><td>测试约束条件</td><td colspan="3">《用例执行前需要匹配的条件》</td></tr>
<tr><td>测试终止条件</td><td colspan="3">《描述用例执行后的使用状态》</td></tr>
<tr><td rowspan="6">测评内容</td><td rowspan="4">测试类型 1</td><td colspan="2">《描述测试设计方法、实施方法等》</td></tr>
<tr><td colspan="2">《描述测试输入》</td></tr>
<tr><td colspan="2">《描述预期输出》</td></tr>
<tr><td colspan="2">《描述判断准则》</td></tr>
<tr><td>……</td><td colspan="2">……</td></tr>
<tr><td>测试类型 i</td><td colspan="2">……</td></tr>
</table>

2.3 软件测试需求管理

需求变更导致系统的复杂度提高。需求变更经常不可避免,关键在于如何使需求的变更始终处于受控之下,这就需要对需求变更进行有效的管理。对于测试工作而言,需求变更管理是一个相对被动的过程,软件需求发生了变更,测试需求必须随之变化,这就要求对需求变更做出快速反应。

2.3.1 测试需求的质量控制

软件测试项列表和测试项规格化描述构成了测试需求,它是测试设计的基础,需要在用户、开发人员和测试人员之间达成一致并确认。

为了确保所获得的软件测试需求的正确、清晰和完整性,需要对测试需求进行审查。测试需求审查可采用审查会的形式进行,参与审查的人员使用检查单对测试需求进行逐项的审查，最后形成相关各方认可的软件测试需求。

2.3.2　建立与维护需求的跟踪关系

在软件测试中，可以采用需求追踪矩阵对需求变更实施管理。

首先，建立软件需求与测试需求的追踪关系表(见表 2-6)；然后，将软件需求与软件测试需求对应起来，形成完整的软件需求与软件测试需求的追踪关系矩阵。

表 2-6　软件需求与测试需求的追踪关系

软件需求		软件测试需求	
软件需求标识	软件需求描述	测试项标识	测试项描述
SR001	软件需求 001，实现了……功能	TR001001	测试需求 001001……功能在正常条件 1 下的反应
		TR001002	测试需求 001002……功能在正常条件 2 下的反应
		TR001003	测试需求 001003……功能在异常条件 1 下的反应
		TR001004	测试需求 001004……功能在异常条件 2 下的反应
SR002	软件需求 002，实现了……功能	TR002001	测试需求 002001……功能在正常条件 1 下的反应
		TR002002	测试需求 002002……功能在异常条件 1 下的反应
……	……	……	……

需求追踪关系需要不断地维护，维护工作体现在两个方面。一方面，软件需求一旦发生变化，就要对需求追踪表进行维护，启动配置管理过程，将与软件需求变更相关的内容进行同步变更；另一方面，随着测试工作的进行，会不断添加新的追踪内容，需要对追踪表进行扩展。

表 2-7 给出了软件需求、测试需求和测试用例三者之间的追踪表的格式。

表 2-7　软件需求、测试需求和测试用例追踪表格式

软件需求		测试需求		测试用例	
软件需求标识	软件需求描述	测试项标识	测试类型	用例标识	用例描述

必要时，还可以加入对软件需求实现的追踪，以便在软件发生变更时进行变更影响性分析，选择适当的策略进行回归测试。

2.3.3 测试需求的变更控制

实施测试需求变更时,需要依据一定的变更规程。在测试过程中,测试组通过建立测试项目的变更控制流程,避免测试需求变更的失控。可在不同的物理位置上建立测试工作产品的开发库、受控库和产品库,分级别对软件需求和测试需求进行控制。

尽管需求变更是被允许的,但需求变更会对测试项目带来不利的影响,应该尽量避免和减少。

在测试项目进行过程中,测试组应定期对软件需求变更情况进行评估,并分析变更对项目的影响,为了评估需求变更的程度,需要定义软件需求变更指标,定量描述需求变更的情况。

设 SMI 为软件需求变更指标, M_T 为最终软件需求总数, F_a 为某时间段内新增添的需求数量, F_c 为某时间段内经过修改的需求数量, F_d 为某时间段内删除的需求数量,则

$$\mathrm{SMI}=\frac{M_T-(F_a+F_c+F_d)}{M_T}$$

SMI 给出的是需求变更程度的量化度量。SMI 指标越接近 1,说明被测试的软件需求越稳定。

测试组可以为 SMI 设置一个阈值,当 SMI 指标低于该阈值时,表明软件需求变更过于频繁,应暂停测试。

2.3.4 利用需求追踪矩阵进行测试覆盖分析

在测试需求分析和开发阶段,测试项的定义按照软件需求的顺序组织,每个测试项由若干测试类型覆盖,这些测试类型根据不同的情况还要考虑不同的测试角度,例如,功能测试除了正常的功能测试外,还需要考虑边界、异常等测试。这样就分解出对应的测试子项,然后对照测试子项进行用例设计,测试用例集设计完成后,需要进行测试需求覆盖分析,了解覆盖情况,评价测试的充分性。

在进行测试需求覆盖分析时,主要关注如下几个方面。

(1) 用系统要求、软件需求规格说明与测试需求跟踪矩阵相对照,检查是否有遗漏的软件需求。

(2) 用项目的软件测试要求与测试需求跟踪矩阵相对照,检查是否所有要求的测试类型均得到了满足。

(3) 用规格化的测试项描述与测试需求跟踪矩阵相对照,检查所有的软件需求是否均有测试项覆盖。

(4) 用规格化的测试项描述与测试需求跟踪矩阵相对照,检查每个测试项对应的测试类型中需要进行的测试是否均设计了足够的测试用例,是否满足风险的要求。

为了给出量化的度量,设测试需求覆盖率为 F,测试项的总个数为 n,每个测试项中要求的测试子项数为 f_i,其中得到测试用例覆盖的测试子项数为 p_i,则

$$F=\frac{\sum_{i=1}^{n}p_i}{\sum_{i=1}^{n}f_i}\times 100\%$$

F 的取值为 1～100，取值越大，说明测试对软件需求覆盖的程度越高。

2.4 本章小结

测试需求的管理是软件测试中需要解决的关键问题。本章概述了软件测试需求管理的目的、任务和管理对象。从确定测试级别与充分性要求、审查并完善软件需求、建立测试需求列表、测试需求风险分析、确定测试类型和测试需求的规格化描述这 6 个步骤详细描述了如何确定测试需求的相关工作，从测试需求的质量控制、与维护需求的追踪关系、变更控制和测试覆盖分析 4 个方面详细描述了对软件测试需求进行管理的相关工作。

软件测试项目策划

3.1 软件测试项目策划概述

3.1.1 测试项目策划的目的和任务

软件测试项目策划是开展软件测试工作的基础。因此，应在软件研制初期就制订顶层的软件测试计划，主要是提出测试策略、测试人员、测试资源、测试通过准则和测试进度安排等，并随着软件研制活动的逐步开展，逐渐细化测试计划，制订每个测试级别的详细测试计划。

3.1.2 测试项目策划实施基础

为了对测试项目进行有效的策划，测试机构应建立组织级的测试策划基础，包括：

(1) 测试项目估计的历史数据；

(2) 组织遵循的标准规范；

(3) 组织的质量体系；

(4) 组织的测试环境；

(5) 可复用的测试用例库；

(6) 故障模型库；

(7) 组织的测试项目分类指南；

(8) 测试过程裁剪指南等。

为规范软件评测项目的分类方法，确保将不同的软件评测项目对应确定的和适当的项目类别，以便根据项目类别遵循适合的软件评测模式开展工作，本书制定了测评项目分类指南。

3.1.2.1 测评项目分类指南示例

1) 适用范围

所承担的全部软件评测项目。

2）分类依据

综合考虑任务重要程度、项目进度要求等因素，对软件评测项目进行分类。

3）分类时机

在合同评审之后和任务通知单下达之前进行。一般地，可与合同评审一并进行，并在任务通知单中明确分类结果。

4）分类方法

根据任务重要程度、项目进度要求等因素，确定软件评测项目的类别，如表 3-1 所示，共有Ⅰ类、Ⅱ类这两个类别。每个类别的多项描述之间为“或”的关系，只要符合其中一项即可确定该类别。

表 3-1　软件评测项目类别

项目类别	描　述
Ⅰ类	被测软件属于重大工程、重要任务
	项目周期不短于 2 个月
Ⅱ类	被测软件不属于重大工程、重要任务
	项目周期不短于 40 天

5）分类结果的应用

依据本指南确定的软件评测项目类别，是下列内容或工作的依据。

(1) 任务通知单中的项目类别。

(2) 为软件评测项目选定适用的软件评测工作模式：

① Ⅰ类项目应采用完整模式，即按照完整工作流程开展评测工作；

② Ⅱ类项目可采用简化模式，按照简化模式开展评测工作；

③ 鉴定软件测评项目应采用简化模式(用《鉴定测评大纲》替代《软件测试计划》)。

3.1.2.2　软件评测过程裁剪指南示例

1）目的

本指南对软件评测过程及工作产品的裁剪进行规范，以确保评测项目实施的正确性。

2）适用范围

本指南适用于以简化模式运行的软件评测项目。

3）简化模式

(1) 评测阶段。

简化模式下，将评测过程分为以下阶段：

① 评测策划阶段；

② 评测设计阶段；

③ 评测执行阶段；

④ 评测总结阶段。

(2) 评测工作产品。

① 在简化模式下，应提交以下工作产品：

ⅰ《软件测试计划》；

ⅱ《软件测试说明》;

ⅲ《软件测试记录》;

ⅳ《软件测试报告》;

ⅴ 回归测试的相应文档。

②《软件测试计划》文档应包含以下内容:

ⅰ 项目的人员和进度的策划;

ⅱ 测试类型、测试要求、测试项;

ⅲ 测试项与测试需求的追踪关系;

ⅳ 测试策略;

ⅴ 测试环境及资源配置;

ⅵ 项目的终止条件;

ⅶ 质量保证、配置管理活动的策划。

③《软件测试说明》《软件测试记录》《软件测试报告》和回归测试的相应文档等工作产品与完整模式一致。

(3)《软件测试计划》必须评审,可与《软件测试说明》评审一并进行。

(4) 工作产品完成后,应对测试工作产品进行审核,可不进行测试过程审核。

(5) 不对配置管理活动进行裁剪。

(6) 不对需求管理活动进行裁剪。

(7) 依据《软件测试计划》仅对进度、风险实施监控。

3.1.3 测试项目策划的角色及职责

测试项目策划的角色主要包括:测试项目负责人、技术领导、最高领导。

(1) 评测项目负责人负责软件评测项目策划,具体职责:

① 依据评测需求,参照类似项目的情况,分析估计评测项目的规模和工作量,工作量可为人·月或人·时,规模可为测试项数、测试用例数、代码行数、页数等;

② 依据规模和工作量,估计策划执行项目各项活动所需人力,安排评测人员、配置管理员、质量保证员;

③ 依据评测需求,策划执行项目活动所需的软、硬件资源;

④ 对评测项目资源、进度和技术等风险进行分析,确定各风险因素、级别和应对措施等;

⑤ 制订软件评测项目的进度计划,包括里程碑和评审计划;

⑥ 制订软件评测项目的跟踪监督计划,包括跟踪监督的内容、时机及人员等;

⑦ 策划项目实施过程中需采集的数据及数据采集要求;

⑧ 评测项目负责人依据策划内容按文档模板编写软件测试计划。

(2) 技术领导审核软件测试计划。

(3) 最高领导批准软件测试计划。

(4) 项目负责人依据相关的管理要求对项目管理计划实施控制、评审、配置管理。

3.2　软件测试项目策划的内容

测试策划包括以下内容。

1）按照测试依据和软件质量要求确定软件测试的需求。包括以下 4 方面。

（1）梳理软件需求，明确需要测试的范围。

（2）说明测试的总体要求，包括测试级别、测试类型、测试策略等。

（3）定义测试项，每个测试项需要明确的内容包括：

① 确定每个测试项的名称和标识；

② 说明每个测试项的具体测试要求；

③ 确定每个测试项的测试方法；

④ 说明对每个测试项进行测试时所需要的约束条件；

⑤ 确定每个测试项通过测试的评判标准；

⑥ 提出对每个测试项进行测试用例设计时所需要考虑的测试充分性要求；

⑦ 规定完成每个测试项测试的终止条件；

⑧ 定义每个测试项目的测试优先级，优先级一般可以根据文件中定义的相应需求的优先级进行定义；

⑨ 建立每个测试项与测试依据之间的追踪关系。

（4）制定测试策略，包括测试数据生成策略、测试信息注入与捕获方法、测试结果分析方法等。

2）分析测试环境需求，包括计算机硬件、接口设备、计算机操作系统、支持软件、专用测试软件、测试工具和测试数据等。

3）提出测试人员安排。一般情况下，单元测试和集成测试可由开发人员完成，配置项测试、系统测试由专门的测试人员完成。

4）安排测试的进度计划。应依据软件研制进度、测试需求、测试环境、人员等情况，制订合理可行的软件测试进度计划。

5）制定测试通过的准则。如单元测试通过的准则示例如下：

（1）软件实现与设计文档一致；

（2）语句和分支覆盖率达到 100%，如果确实无法覆盖应进行分析，并说明未覆盖的原因；

（3）代码审查中强制类错误都得到解决；

（4）单元测试发现的问题得到修改并通过回归测试；

（5）单元测试报告通过评审。

6）分析测试活动中可能存在的风险，并制订相应的缓解和应急计划。

3.3 软件测试项目策划活动

3.3.1 测试项目估计

通过建立 WBS 来确定项目范围，明确应“做什么”和“如何做”。WBS 是一种方法，利用它可以将较为顶层的项目活动逐步分解为便于管理的较小活动，为项目估计和制订项目进度计划奠定基础。

通俗地说，WBS 就是完成项目所要进行的所有活动的一个分层表达。它包括：技术类活动、项目管理类活动和支持类活动等。对于一个测试项目而言，工作分解结构可以表示为如图 3-1 所示的形式。

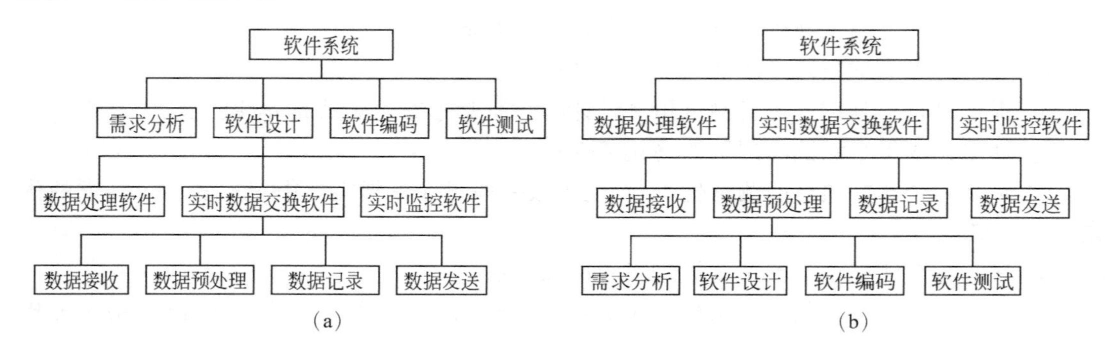

图 3-1 工作分解结构的两种形式

(a) 方法一；(b) 方法二

WBS 的建立与选择的生存周期模型有直接关系，可以采用自顶而下或自底而上的方式建立。一般情况下，自顶而下的方法适用于有过类似项目经验的项目团队使用。自底向上的方法则适用于新类型的项目，此方法通常由项目团队集体讨论确定需要完成的所有工作，并进行归类确定更高一层的活动，直至顶层。

WBS 中的最底层叶子节点被称作工作包。一般而言，工作包通常与可交付软件系统中的最小模块或工作产品相对应。建立工作包时应对工作包进行说明，内容包括：任务名称、任务说明、预期工作产品、工作量、人员需求和验收标准等，具体内容参见表 3-2。

表 3-2 WBS 分解结果和工作量估计记录

项目名称					项目标识	
阶段名称					填表日期	
WBS 标识	任务名称	说明	预期工作产品	工作量	人员需求	验收准则
1	软件					
1.1	测试需求分析与策划					
1.2	测试设计					

续表

1.2.1	测试用例设计						
1.2.2	测试环境建立						
1.2.3	测试数据获取						
……	……		……		……		……
会签							

3.3.2 规模估计

确定项目范围(一般是建立 WBS)后,需要选择合适的估计方法进行规模估计。软件规模估计方法主要有算法模型法、专家判定法、类比法、自顶向下法和自底向上法等,这几种方法各有优缺点,其比较如表 3-3 所示。

表 3-3 软件规模估计方法对比

名 称	简 介	优 点	缺 点
算法模型法	包括线性模型、乘积模型、解析模型、表格模型、复合模型等	①比较客观、高效,可重复性好,可以在一段时间之后向算法模型提出相同的问题而得到相同的答案;②适用范围比较广泛,利于开发成自动化工具	算法模型是根据以前项目的经验进行估计的,其准确程度依赖可用的评估信息,难以用在没有前例的场合,不能处理异常情况
专家判定法	专家判定就是与一位或多位专家商讨,专家根据自己的经验和对项目的理解对项目成本作出估计。包括:求中值或平均值、开小组会议、Delphi 方法、Wideband Delphi 方法	①能够处理新旧项目所包含的技术、系统结构或应用等方面的差异;②能处理软件开发过程中难以用数学形式描述的异常情况,并在估计的时候考虑其他软件成本的影响;③不需要历史项目数据,快速而高效	过于依赖专家带有很大的局限性,主观成分比较大,常用于准备开发阶段的粗略估计
类比法	类比估计法就是把当前项目和以前做过的类似项目比较,通过比较获得其成本的估计值。该方法需要软件开发项目组保留以前完成项目的历史记录。类比估计既可以在整个项目级上进行,也可以在子系统级上进行	成本估计是基于实际系统开发经验的,并可以通过分析历史成本数据来确定新旧系统之间的差异,以及这些差异对工作量产生的影响	①无法弄清以前项目究竟在多大程度上代表了新项目的特性,使用这种估计方法要求有一个内容丰富、准确、可靠的软件过程数据库;②难以适应新项目人员、技术等发生变化的情况

续表

名　称	简　介	优　点	缺　点
自顶向下法	自顶向下的估计法是从软件项目的整体出发，即根据将要开发的软件项目的总体特性，结合以前完成项目积累的经验，推算出项目的总体成本或工作量，然后按比例分配到各个组成部分中去	优点在于对系统级的重视。因为估计是在整个已完成项目的经验的基础上得出的，所以不会遗漏诸如系统集成、用户手册、配置管理之类的系统级事物的成本	①难以识别较低级别上的技术性困难，这些困难往往会使成本上升；②由于考虑不细致，其有时会遗漏所开发软件的某些部分
自底向上法	自底向上估计是把待开发的软件逐步细化，直到能明确工作量，由负责该部分的人给出工作量的估计值，然后把所有部分相加，就得到了软件开发的总工作量	由于每部分的估计值是由负责该部分的人在对任务较为详细的理解基础上给出的，因而每部分的估计较为精确	易于忽略许多与软件开发有关的系统级成本，如系统集成、配置管理、质量保证等，所以给出的总估计值往往偏低

实践经验表明，在没有历史经验数据的情况下，由项目组成员根据 WBS 共同讨论可以快速得到一个粗略的估计值。下面主要介绍 Wideband Delphi 估计法、三点估计法和类比估计法 3 种规模估计方法。

1) Wideband Delphi 估计法

Wideband Delphi 估计法属于主观方法中的专家判定法，它是将小组会议和 Delphi 技术结合起来提出的一种方法，该方法鼓励参加估计的人员之间就相关问题进行讨论，能够充分发挥集体的力量，使估计的结果更切合实际。采用 Delphi 技术，专家们不能小组讨论，无法获得足够的交互信息，这不利于根据他人的估计值调整自己的估计值。鉴于此，研究人员将小组会议和 Delphi 技术结合起来，提出了 Wideband Delphi 技术。

利用 Wideband Delphi 方法进行估计的活动如下。

(1) 为每位估计人员发放估计所需相关材料和估计表格；

(2) 估计人员开会讨论待估量估计假定和理由等，并能够达成一致意见；

(3) 估计人员以不记名的方式填写估计表格，确保填写过程“背靠背”；

(4) 项目负责人汇总结果，按照表 3-4 中 Wideband Delphi 综合估计表模板中的计算方法计算，并将结果返回给各个估计人员；

(5) 偏差若小于 30%，就不需要再进行估计；否则，估计人员召开小组会议讨论上次的汇总结果，然后修改个人估计。重复进行活动 3 和活动 4，直到各个估计人员的估计逐渐接近一个可接受的范围(建议偏差可接受范围设置为 30%)。

表 3-4　Wideband Delphi 综合估计表模板

<table>
<tr><td>项目名称</td><td colspan="3"></td><td colspan="2">项目标识</td><td colspan="3"></td></tr>
<tr><td>负责人</td><td colspan="3"></td><td colspan="2">估计日期</td><td colspan="3"></td></tr>
<tr><td rowspan="2">标识</td><td rowspan="2">待估量</td><td rowspan="2">单位</td><td rowspan="2" colspan="1">估计
假定及理由</td><td colspan="5">估计值</td></tr>
<tr><td>最小值</td><td>最大值</td><td>平均值</td><td>偏差率</td><td>接受否</td></tr>
</table>

续表

1.1	界面管理模块规模	行	该模块需要 5 个页面,每个页面各有 3 个功能					

计算方法说明:
① 最小估计值=个人估计表中,对同一个待估量估计结果中最小值;
② 最大估计值=个人估计表中,对同一个待估量估计结果中最大值;
③ 平均估计值=个人估计表中,对同一个待估量估计结果中平均值;
④ 最大偏差率=MAX((最大估计值−平均估计值),(平均估计值−最小估计值))。

2) 三点估计法

三点估计法共估计 3 个值:待估量的一般值、最大值和最小值。通过这 3 个值的计算可得到一个统计学上的期望值。

利用三点估计法进行估计的活动如下。

(1) 估计人员开会讨论待估量的估计假定和理由等,并能够达成一致意见;

(2) 估计人员分别填写三点估计个人独立估计表(包括待估量名称、单位、最小值、最大值、一般值),确定个人估计的一般值、最大值和最小值;

(3) 计算待估量的最小值 a、一般值 b、最大值 c。

假设估计人员为 n 个,第 1 个人对待估量最小值、一般值、最大值的估计分别为 a_1,b_1,c_1,第 n 个人对待估量的估计值分别为 a_n,b_n,c_n。

那么,有

$$\begin{cases} a=(a_1+\cdots+a_n)/n \\ b=(b_1+\cdots+b_n)/n \\ c=(c_1+\cdots+c_n)/n \end{cases} \tag{3-1}$$

(4) 按照式(3-2)计算期望值 E,并将估计记录写入三点估计记录表,表格模板如表 3-5 所示。

$$E=(a+4b+c)/6 \tag{3-2}$$

表 3-5　三点估计记录表

项目名称			项目标识				
负责人			估计日期				
标识	待估量	单位	估计假定及理由	估计值			
				最小值	一般值	最大值	期望值
1.1	界面管理模块规模	行					

3) 类比估计法

类比估计法就是把当前项目和以前做过的类似项目进行比较,通过比较获得其成本的估算值。该方法需要项目组保留以前完成项目的历史记录。类比估计法既可以在整个项目级上进行,也可以在子系统级上进行。应用类比法的前提是确定比较因子,即提取项目的特性因子,以此作为相似项目比较的基础。

类比估计法的主要优点是:成本估算是基于实际系统开发经验的,并可以通过分析历史成本数据来确定新旧系统之间的差异,以及这些差异对工作量产生的影响。缺点是:无法确定以前的项目究竟在多大程度上代表了新项目的特性。很明显,这种估计的准确性依赖已完成项目的完成程度和数据的准确程度,因此使用这种估计方法要求有一个内容丰富、准确、可靠的软件过程数据库。

其基本步骤如下。

(1) 整理出项目比较因子。比较因子需结合软件开发项目组和软件开发项目的特点,由项目组研究确定。常见的比较因子有软件开发方法、功能需求文档数及接口数等,具体使用时需结合项目特点而定。

(2) 标识出每个比较因子与历史项目的相同点和不同点,特别要注意历史项目做得不够的地方。

(3) 计算各个任务或工作产品的估计值。

计算方法如下:

$$\text{某任务或工作产品的估计结果}=\text{类比任务值}\times\text{调整系数} \tag{3-3}$$

确定调整系数时,不能一个人说了算,一般采用 Wideband Delphi,也可由项目组讨论决定。

(4) 合计得出系统总的估计值。

例如,当前系统与×××系统类似,×××系统规模是 2000 代码行,当前系统比×××系统增加了约 20%的功能。当前系统规模估计结果为 2400(2000×1.2)代码行。

软件项目中用类比法,往往还要解决可重用代码的估计问题。估计可重用代码量的最好办法就是由程序员或系统分析员详细地考查已存在的代码,估计出新项目可重用的代码中需重新设计的代码百分比、需重新编码或修改的代码百分比及需重新测试的代码百分比。根据这三个百分比,可用计算式(3-4)计算等价代码行:

$$\text{等价代码行}=[(\text{重新设计}\%+\text{重新编码}\%+\text{重新测试}\%)/3]\times\text{已有代码行} \tag{3-4}$$

例如,有 2000 行代码,假定 30%需要重新设计,50%需要重新编码,70%需要重新测试,那么其等价的代码行可以计算为

$$[(30\%+50\%+70\%)/3]\times 2000=1000\ \text{等价代码行} \tag{3-5}$$

即重用这 2000 行代码相当于编写 1000 行代码的工作量。

3.3.3 工作量估计

确定项目的规模估计值后,就可进行项目工作量的估计。项目工作量估计可以采用下面介绍的 3 种方法。项目工作量估计的单位是人·日,一般情况下,一周按 5 个工作日计算,一个工作日按 5 个小时计算。

1. 根据平均生产率估计

当软件研发组织积累了一定数量的历史数据后，如达到CMMI三级水平时，可采用组织的生产率和软件产品规模估计值确定软件研发项目的初始估计总工作量，再根据各阶段工作量比例确定各阶段的初始工作量。

根据平均生产率进行工作量(成本)估计的活动如下。

(1) 确定平均生产率。质量体系运行初期平均生产率 E 可由项目组参照相关历史数据确定，确定方法建议采用三点估计法。随着研制单位软件质量管理体系的持续改进，组织应该给出不同类型、不同开发环境等条件下的平均生产率。

(2) 计算项目初始估计的工作量。

$$\text{项目初始估计的工作量} = \text{规模} / \text{平均生产率}\ E \tag{3-6}$$

(3) 考虑项目管理等其他支持任务，对工作量进行调整。

我们的实践经验表明，建立测试支持环境、目标环境、开发环境，以及进行项目管理等需要增加大约20%的工作量，这个数据可在以后项目数据积累到一定程度时逐步修正。

$$\text{管理活动的工作量} = \text{项目初始估计的工作量} \times 20\% \tag{3-7}$$

$$\text{项目总工作量} = \text{项目初始估计的工作量} \times 120\% \tag{3-8}$$

$$\text{成本} = \text{项目总工作量} \times \text{常数}\ C \tag{3-9}$$

其中，常数 C 是每人每天的工时费。

(4) 确定软件生存周期模型，并参照软件生存周期各个阶段工作量分配比例(见表3-6)导出各个阶段的工作量(单位：人·日)：

$$\text{各阶段工作量} = \text{项目总工作量} \times \text{各阶段分配比例} \tag{3-10}$$

表3-6中的工作量分配比例只是一个参考数据，在实际应用中可以适当调整，但须在项目初始估计时说明调整的原因，以便软件研发组织不断优化各阶段分配比例的数据。

表3-6 软件生存周期各个阶段工作量分配比例

模　型	阶段名称	工作量分配比例/%
W模型阶段划分	软件系统分析与设计	10
	软件需求分析	10
	软件概要设计	8
	软件详细设计	12
	软件实现	30
	软件单元集成与测试	5
	软件配置项合格性测试	10
	软件系统测试	10
	软件验收与移交	5

如果选择自定义的软件生存周期模型，应详细定义各阶段的主要活动、技术要求，明确各阶段工作量分配比例，并应获得相关组织的批准。

2. 根据编码生产率估计

根据编码生产率进行工作量(成本)估计的活动如下。

(1) 确定编码生产率。质量管理体系运行初期软件编码生产率 E 由项目组参照相关历史数据确定,确定方法建议采用三点估计法。

(2) 计算编码工作量。

$$编码工作量 = 代码行数 / 编码生产率\ E \tag{3-11}$$

(3) 计算项目初始估计的工作量

$$项目初始估计的工作量 = 编码工作量 \times R \tag{3-12}$$

其中,系数 R 可使用表 3-7 中的参考值,也可由 3.3.2 节选择估计方法估计得出。

表 3-7 R 参考值

模　　型	R 参考值
W 模型	6.67
快速原型化开发模型	1.54

(4) 工作量估计的后续活动同平均生产率估计法。

3. 直接估计法

若所研制的软件只包含一个软件配置项,并且项目估计人员有从事类似项目的经验,可采用直接估计法进行项目估计。直接估计法的准确性依赖最底层 WBS 的估计准确度,因此直接估计法要求 WBS 的分解尽可能详细,以便获得较为可信的估计值。直接估计法活动如下:

(1) 项目组讨论确定最底层 WBS 的工作量;

(2) 自底向上计算项目初始估计的工作量;

(3) 计算各个阶段的工作量,各个阶段工作量为各阶段所有工作活动的工作量之和。

采用这种方式的优点在于估计方法比较简单,便于操作。缺点在于项目组在建立最初的 WBS 时,要分解得足够细致才能够支持有效开展估计。另外,WBS 的变化可能导致计划较为频繁地变更。

3.3.4 制订软件测试计划

完成项目规模和工作量估计后,项目负责人根据组织提供的软件测试计划文档模板编写软件测试计划。软件测试计划的模板和编写指南见本书相关章节。

软件测试计划应按照评审和配置管理的要求进行评审和配置管理。

3.3.5 软件测试计划评审

软件测试计划的制订需要与研制人员、项目管理人员充分地沟通和协调,保证测试范围、测试方法、测试资源和测试进度的有效落实，并应进行评审。软件测试计划中常见的问题如下。

1）对被测软件的描述不完整。存在缺少被测软件版本、规模、关键等级的信息，运行环境中缺少关键的硬件配置信息和相关软件环境的描述，接口描述不清晰等问题。对被测软件的描述应包括：

（1）被测软件的名称、版本、规模、关键等级；

（2）运行环境应包括软/硬件环境和网络环境等，如果有数据库系统还应描述数据库系统的信息；

（3）主要功能、性能和接口，接口描述建议采用图形化方式进行清晰的描述。

2）引用文件描述不全面。在引用文件描述中缺少软件研制、测试所需要遵循的标准和规范，缺少被测软件相关技术文件。引用文件应包括：

（1）软件开发和测试应遵循的标准和规范；

（2）被测软件相关文档，如软件评测任务书、软件需求规格说明书、用户手册等，需要根据测试级别确定被测软件的相关文档；

（3）测试中需要遵循或依据的文件，如通信协议，与测试活动相关的会议纪要等。

3）测试总体要求中提出的测试类型不全面，与测试任务要求的不一致，未说明测试仿真环境的总体设计要求等。

4）测试项定义得不完整、不具体，主要体现在以下几个方面。

（1）对测试需求覆盖得不全面，如缺少对安全性需求的测试，缺少对工作模式的测试，缺少对隐含需求的测试等；

（2）对每个测试项说明得不具体、不完整，主要表现在：

① 测试项说明不具体，对需要测试内容描述不具体，特别是性能、精度等有具体数值要求的测试内容没有详细说明，对评估其满足情况的允许偏差未进行说明；

② 测试方法不具体，主要表现在未说明测试数据的注入方式、测试结果的捕获方法及测试结果分析方法等；

③ 测试方法不恰当，主要表现在测试方法无法满足测试要求，如对毫秒级性能测试要求，应使用更精确的测量方法进行测试；

④ 缺少测试项约束条件的描述；

⑤ 缺少测试项评判标准的描述，特别是性能测试项的评判标准、应满足的误差要求未进行具体说明；

⑥ 测试充分性要求不具体，主要表现在未对测试用例设计充分性方面提出具体要求；

⑦ 测试项终止条件不恰当，特别是容量、强度等的测试项终止条件未根据测试项的特点进行定义；

⑧ 优先级未定义或定义不恰当，优先级定义不恰当的最突出表现是所有测试项的优先级都相同；

⑨ 缺少测试项对测试依据之间的追踪关系或追踪关系不正确。

5）软/硬件环境描述不全面，不详细。测试的软/硬件环境直接影响测试结果，因此需要对测试环境进行全面、详细的描述，以便保证测试环境的有效性。存在的问题主要表现如下。

(1) 硬件环境不准确,被测软件的运行环境与实际运行环境不一致;

(2) 测试环境考虑得不全面,如强度测试需要的测试环境要求更高,考虑不全面时可能造成强度测试无法实现;

(3) 测试所需软件的要求不具体,如对测试程序所需要实现的功能、性能未提出要求,影响测试用例的实现;

(4) 硬件环境的配置,测试软件的版本等信息未进行说明。

6) 测试数据的要求不详细。测试数据的准备情况影响测试的进度和效率,因此需要对测试数据的要求尽早规划,以便从用户、研制人员等处获得测试数据,保证测试的顺利实施。

7) 测试环境差异性分析得不充分。测试环境直接影响测试结果,特别是性能等测试,应进行充分的分析,以便保证测试结果的可信性。

测试结束条件和测试通过准则不具体,可操作性不强。测试结束条件和测试通过准则需要与委托方进行充分沟通,获得具体、可操作、可实施的测试结束条件和测试通过准则。

3.3.6 软件测试计划变更控制

在项目进行过程中,可能会有多种因素对计划产生影响,项目负责人应根据具体情况组织对计划进行变更。

1) 入口准则及输入

计划变更发生的条件可能是:

(1) 在项目的阶段控制点/里程碑处,详细估计与初始估计所估工作量的偏差超过阈值;

(2) 在项目的阶段控制点/里程碑处,详细策划与初始策划的进度计划偏差超过阈值;

(3) 变更的需求项超过一定阈值时(如需求总项数的20%);

(4) 存在影响软件产品交付的其他因素。

计划变更所需要的输入包括:项目执行情况、软件开发计划、阶段进度计划表、项目初始估计表、WBS分解结果记录表。

2) 主要活动

【活动1】项目负责人组织对需求变更、工作量和计划偏离的影响等进行分析。若需要重新进行估计,应按照6.3节的要求进行项目估计,并按照6.4节的要求更改项目计划。

【活动2】计划的更改控制按照第8章的要求实施。

【活动3】变更后的计划应重新获得相关人员的承诺,有关承诺的重新获取方法与6.5节相同。

3) 出口准则及输出

完成计划变更的标志是完成变更后相关计划的评审,或是修订后的相关计划、阶段进度计划表得到会签。

3.4　软件测试项目策划记录

测试项目策划的记录包括测试计划和测试项目计划更改申请等，如表 3-8 所示。测试计划模板见相关章节的描述。

表 3-8　项目计划更改申请（通知）单　　编号：

<table>
<tr><td>项目名称</td><td colspan="3"></td><td>项目标识</td><td></td></tr>
<tr><td>更改原因
（依据）</td><td colspan="3"></td><td></td><td></td></tr>
<tr><td colspan="6">更改内容</td></tr>
<tr><td>计划名称</td><td>序号</td><td>更改项</td><td>更改前</td><td>更改后</td><td>备注</td></tr>
<tr><td rowspan="4"></td><td></td><td></td><td></td><td></td><td></td></tr>
<tr><td></td><td></td><td></td><td></td><td></td></tr>
<tr><td></td><td></td><td></td><td></td><td></td></tr>
<tr><td></td><td></td><td></td><td></td><td></td></tr>
<tr><td rowspan="4"></td><td></td><td></td><td></td><td></td><td></td></tr>
<tr><td></td><td></td><td></td><td></td><td></td></tr>
<tr><td></td><td></td><td></td><td></td><td></td></tr>
<tr><td></td><td></td><td></td><td></td><td></td></tr>
<tr><td colspan="2">其他更改说明</td><td colspan="4"></td></tr>
<tr><td colspan="2">项目负责人</td><td></td><td>申请时间</td><td colspan="2"></td></tr>
<tr><td colspan="2">技术领导</td><td colspan="4"></td></tr>
<tr><td colspan="2">相关人员</td><td colspan="4"></td></tr>
</table>

3.5　本章小结

软件测试项目策划是开展软件测试工作的基础。本章概述了软件测试项目策划的目的、任务和实施基础，定义了参与测试项目策划的角色及职责。对测试项目策划的内容进行了描述。测试项目策划的活动包括测试项目估计、规模估计、工作量估计、制订软件测试计划、评审测试计划和测试计划的变更控制。

软件测试项目监控

4.1 软件测试项目监控概述

4.1.1 软件测试项目监控的概念

在现代项目管理理论中，项目管理是以项目为对象的系统管理方法，通过一个临时性的专门的柔性组织，在项目活动中运用知识、技能、工具和技术对项目进行高效率的计划、组织、指导和控制，来达到项目要求。项目管理过程可以被分为5个过程组，每个过程组有一个或多个管理过程，如图4-1所示。

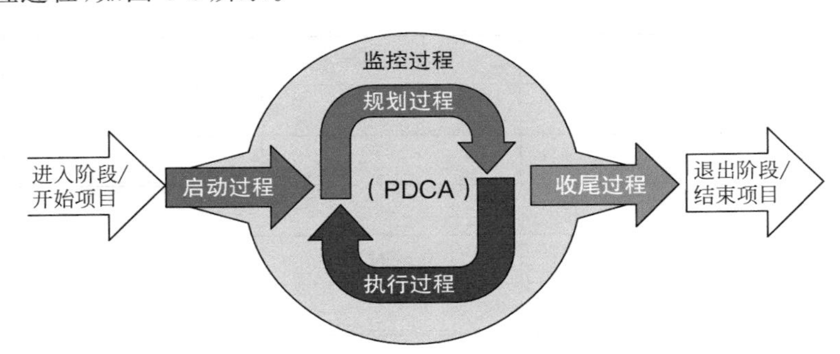

图4-1 项目管理过程的5个过程组

(1) 启动过程组：批准一个项目或阶段。由一组有助于正式授权开始一个新项目或一个项目阶段的过程组成。

(2) 规划过程组：界定和改进目标，从各种备选的行动方案中选择最好的方案，以实现所承担项目所要求达到的目标。项目管理团队是利用规划过程组、子过程及其相互关系来组织规划和管理成功的项目。规划过程组有助于从完整和把握程度不一的多种来源中收集信息，项目管理计划是经过各规划子过程制订出来的。

(3) 执行过程组：协调人力资源、设备资源和其他资源，执行项目管理计划。执行过程组由完成项目管理计划中确定的工作，满足项目要求的各个子过程组成。项目预算的绝大部分都耗费在属于执行过程组的各个过程之中。

(4) 监控过程组：通过定期监控和测量进展情况，确定与计划存在的偏差，以便在必要时采取纠正措施，从而确保项目目标的实现。监控过程组由观察项目的执行，以便及时识别潜在的问题并在必要时能够采取纠正行动，以控制项目的各个过程组成。这个过程组的重要好处是观察并定期测量项目的实施情况，以便识别项目管理计划在执行中的偏差，并在可能发生问题之前预先建议预防行动。

(5) 收尾过程组：项目或阶段的正式验收，并且有序地结束该项目或阶段。收尾过程组包括正式结束项目或项目阶段的所有活动，将完成的成果交与他人或结束已取消的项目的各个过程。这一过程组一旦完成，就证实了所有过程组中为结束某一项目或项目阶段而确定的各个必要过程均已完成，并正式表明该项目或项目阶段已经完成。

这五大过程组并非一定要按照项目的阶段进行准确的划分。一个项目根据实际要求可以划分成多个阶段，不论阶段如何划分，不论阶段规模大小，在每个阶段中都可以运用这5个过程组，也就是说，如果把项目的某个阶段视为一个子项目，那么这5个管理过程组仍然有效。

5个过程组之间通过它们的工作产品实现相互联系——每个过程组的结果或输出是另一个过程组的输入。

软件测试项目策划是跟踪软件测试活动、通报状态和修订软件测试项目计划的基础。因此在软件测试项目的实施过程中，一个好的软件测试项目计划有利于软件测试项目的实施和项目目标的实现。然而，尽管软件测试项目计划中考虑了软件风险，但项目计划本身仍存在假设性和预测性。从"打算怎样做"到"付诸实践"，项目的计划不可能编制得完美无缺，项目的实施也不可能进行得完美无缺。因此在项目实施过程中，项目计划与项目实际情况出现偏差是必然的。

项目监控就是为了确保计划与实际的偏差保持在合理的范围内，不至于出现偏差不可控最终导致软件过程失效的情况。软件测试项目监控，就是在一个软件测试项目中，项目监控过程组的全部工作。它包括了软件测试项目的跟踪、监督与控制，能够使项目负责人或相关方随时了解项目进展、各个阶段/轮次测试完成情况、测试的充分程度等情况，在测评项目的执行与要求背离时，能够及时采取有效的措施。

测试工作本身对项目其他环节的依赖性强，测试活动的进行变数较多，所以对测试的实行情况进行持续的监控和做出及时应对，是管好一个测试项目的必要工作。测试项目在实施过程中，可能发生与预期计划的偏差，需要及时了解这些偏差，采取必要的措施对项目进行控制，使测试项目进展处于可控范围。

4.1.2　软件测试项目监控的目的和任务

软件测试项目监控的目的主要有：

(1) 掌控进度，把握测试项目进度情况，根据实际与预期之间的差别及时做出调整；

(2) 管理风险，及时对测试项目中的风险进行识别和评估，并加以控制和缓解；

(3) 解决问题，管理方主动发现和解决测试团队成员工作中遭遇到的实际困难和问题；

(4) 加强协同，通过监控达到加强测试团队协同能力的目的。

软件测试项目在实施过程中，可能发生与预期计划的偏差，需要及时了解这些偏差，采取必要的措施对项目进行控制，使测试项目进展处于可控范围。软件测试项目监控的任务就是保证在软件测试项目实施过程中，项目实际进展情况与项目计划的偏差保持在合理的范围内，不至于出现由于偏差过大而最终导致软件测试项目过程失效的情况。

良好规划的测试计划是实施监督控制的基准和依据，会使监控工作更容易展开，有更明确的测试目标和安排，也就更容易让我们发现实际开展过程中的异常。

软件测试项目监控能够使项目负责人或相关方随时了解项目进展，了解各个阶段或轮次测试的进展、软件测试的充分程度等情况，使在测试项目的执行与要求背离时，能够及时采取有效的措施。对异常情况或者目标偏离的控制手段，可以是变更计划以适应实际情况，也可以是进行资源的调整。在这个过程中，很有可能需要项目其他方面的协调协助，测试管理人应该始终与项目相关方保持良好的合作关系。

4.1.3 软件测试项目监控的过程

软件测试工作本身对项目其他环节的依赖性强，测试活动的进行变数较多，所以对测试的实行情况进行持续的监控和做出及时应对，是管好一个测试项目的必要工作。

软件测试项目监控应制定完整的跟踪机制，明确跟踪控制的内容、责任人、措施及频度等要素。对项目进行跟踪的目的是保证测试过程始终处于受控状态，发生偏离时能够及时做出响应，以保证测评项目按要求得以顺利完成。其内容需包括：跟踪项目进展情况和计划执行情况，跟踪评估测试充分性，跟踪评价测试人员的工作效率。

在软件测试项目的实施过程中，必须定期对项目的进展进行测量，找出偏离计划之处，将其反馈到有关的控制子过程中。如果偏差很显著，还需要通过有关的规划子过程，对计划做出相应调整，甚至采取相应的预防措施。

项目监控的各子过程如下所示。

(1) 整体变更控制：即协调影响项目全局的变更；

(2) 范围变更控制：即控制影响项目范围的变更；

(3) 进度控制：即维持计划规定的进度；

(4) 费用控制：即控制影响项目预算的变更；

(5) 合同控制：即管理同承包或供应单位的关系；

(6) 质量控制：即监视具体的项目成果，判定是否符合有关质量标准的要求，找出办法，消除产生不良后果的根源；

(7) 风险控制：即对项目进展过程中风险形势的变化做出反应。

项目计划中的某些东西在付诸实施之后才会发现无法实现，即使勉强实现，也要付出很高的代价。遇到这种情况，就必须对项目计划进行修改，或者重新规划。在项目实施过程中要进行多次的规划(P)、实施(D)、检查(C)和行动(A)的循环。

项目监控要真正有效，就必须：

(1) 要有明确的目的。项目监控的基本目的就是保证项目目标的实现，实现项目的范围、进度、质量、费用、风险、人力资源、沟通、合同等方面的目标。

(2) 要及时。必须及时发现偏差，并迅速报告项目相关方，使他们能及时做出决策，采取措施加以更正。否则就会延误时机，造成难以弥补的损失。

(3) 要考虑代价。对偏差采取措施，甚至对项目过程进行监督，都是需要费用的。因此，一定要比较控制活动的费用和可能产生的效果，只有在收效大于费用时才值得进行控制。

(4) 要适合项目实施组织和人员的特点,监控要同人员的分工、职责、权限等结合起来,要考虑监控所采取的程序、做法、手段和工具是否能被项目组人员接受。项目监控要对项目的各项工作进行检查,要采取措施进行纠正,这些都涉及与人打交道。实施监控的项目经理或其他人员应该从心理学角度了解人们为什么对监控产生抵触,研究如何促使人们对监控积极配合。

(5) 要注意预测项目过程的发展趋势,事后及时发现偏差再纠正,不如在预见可能发生偏差的基础上采取预防措施,防患于未然。

(6) 要抓住重点。进行中的项目,千头万绪,不可能时时、事事关照,一定要抓住对实现项目目标有重大影响的关键问题和关键时点。例如,在项目进度管理中,就要抓住里程碑节点。抓住重点,还意味着把注意力集中在异常情况上,一般的正常情况无需多加关注,抓住了异常情况,就相当于抓住了牛鼻子,抓住了关键。

(7) 要有全局观念。项目各个方面都需要监控,进度、质量、费用、人力资源、合同等,要注意防止头疼医头、脚疼医脚。如在进度拖延时,不考虑其他后果,简单地靠增加投入来赶进度就不能算有全局观念,因为这样虽然挽救了进度目标,却往往会损害费用控制目标。

4.1.4 软件测试项目监控的角色及职责

软件测试项目监控活动涉及的主要角色包括软件测试项目负责人、质量保证人员、测试项目组成员及组织的中层和高层领导等。

软件测试项目负责人在进行任务分配时,应考虑到任务难易程度、任务执行中可能遇到的各种风险及监控的效果等方面的因素,分配的粒度应尽量与监控周期保持一致。

测试项目组成员应及时按照要求实施项目测量,及时收集和反馈项目运行中产生的各种问题,上报项目进度,反馈项目进展,当项目进度与计划进度发生显著偏离时,根据测量的结果及时调整进度或计划,保证计划与实际进度一致。项目组成员对问题进行收集,解决已识别的问题。

质量保证人员根据质量保证计划要求开展质量保证活动,在软件测试项目负责人对项目组成员反馈的问题或情况进行处理后,负责对问题进行监督闭环。

组织的中层和高层领导应接收相应的项目监控信息,需要时应及时做出对应处置。

4.2 测试项目监控的内容

跟踪与控制应按照制订的各项计划,跟踪和评价测试项目的实际结果和性能、测试人员工作的有效性,并测试工具的使用情况。当实际的进度、工作量等明显偏离计划时,应采取纠正措施,并使之关闭。测试项目跟踪与控制过程主要包含以下内容。

提交个人任务完成情况:测试人员根据任务完成情况填写个人工作日报并提交给项目负责人。

跟踪测试项目进展状态:①项目负责人或指定人员跟踪测试项目工作进度和工作量,按计划填写软件测试项目里程碑报告;②质量保证人员跟踪和评价测试人员工作产品和活动的有效性，按计划填写软件测试过程和产品检查表；③质量保证人员跟踪和评价测试工具的使用情况，填写软件测试过程检查表；④项目负责人或指定人员跟踪测试项目风险，并将分析结果填写到软件测试项目风险跟踪表中。

评审测试项目进展状态：项目负责人根据计划召开里程碑会议，检查里程碑所要求的计划和工作产品完成情况并对结果进行分析总结，对识别的重大风险和问题进行管理和记录。项目负责人整理形成测试项目里程碑评审报告，并通报各相关人员。

跟踪问题：项目负责人对跟踪与控制中发现的问题进行分析，制定解决方案，记录到问题/建议跟踪记录表中。项目负责人落实评审意见，质量保证人员负责跟踪问题的验证，直至解决。

4.2.1 进度控制

进度控制，又称时间控制，一般要以项目进度计划、进展报告等为依据。在控制过程中要对项目的实际进度进行测量，还要判断各项目活动出现的进度偏差是否需要采取行动加以纠正。如非关键活动即使延误很多，一般不会对项目整个工期造成大影响，而关键活动或接近关键路线的活动若出现较大的延误，则应马上采取行动。

进度出现偏差时，要求修改或重新进行实践估计，修改活动顺序或者研究替代进度计划。

进度控制的另一个重要手段就是进度后备措施，在关键路径上设置一段浮动时间，即没有被安排活动的工作时间。这些时段在必要时可以用于具体的活动或整个项目，作为防范风险的一种重要方式。

时间变更出现后，应修改同项目进度管理有关的资料和文件，必要时要将变更通知给所有相关方。修改项目活动进度有时候要求对项目的整体进度计划进行调整，一般要对原来经过批准的项目活动开始和结束时间进行修改。当进度延误后果很严重时，需要重新确定基准日期。对时间变更采取措施进行处理后，应当将造成时间变更的原因、采取的措施及采取此措施的理由、随之要求资源和预算的变更、从此次变更中吸取的教训等都记录在案，形成书面文件存入本项目和其他项目的数据库。

在时间控制方面采取的措施常叫作压缩关键路线，即为保证某项目活动按时完成或尽可能减少延误而采取的特别行动，如重新分配人力和其他资源、激励承包商、改变活动顺序及快速跟进等。快速跟进，就是让某些关键活动在其前导活动尚未结束时就开始，是一种平行作业的方式。个别情况是由于资金不到位或配套项目无法按时完成，而要求项目进度延缓的。

时间控制，必须要与整体、范围、费用等变更控制等控制过程紧密配合。

4.2.2 费用控制

项目费用必须和项目进度结合起来才能得到有效的控制。费用控制的工作内容包括：

(1) 监督费用实施情况，发现实际费用开支同计划的偏差，查找出正负偏差的原因；

(2) 将所有有关变更都准确地记录在费用基准中；

(3) 阻止不正确、不合理或未经核准的变更纳入费用基准中；

(4) 将核准的变更通知有关方。

实行费用控制的依据有费用基准、进展报告、变更请求和费用管理计划。

进行费用控制可以利用的方法与时间控制类似，也包括挣值法。

挣值法，又叫费用偏差分析法，是测量项目费用实际开销和项目进度情况的一种方法，这种方法将计划中列入的工作同实际已完成的工作进行比较，确定项目在费用支出和时间进度方面，是否符合原定计划要求，挣值法要求计算3个关键数值。

(1) 计划工作预算费用(BCWS)

BCWS是在费用估算阶段确定的一个累计值，是项目进展时间的函数。BCWS随着项目的进展而增加，在项目全部完成时达到最大，即项目的总预算费用。若以时间为横坐标，BCWS为纵坐标，则该函数的图形一般呈S状，故称S曲线。换言之，BCWS是应在某给定期间按计划完成的活动(或一部分活动)经过批准的费用估算(包括所有应分摊的管理费)之和。

(2) 已完成工作实际费用(ACWP)

ACWP是为在某给定期间内完成的工作所实际支出的总费用(直接和间接费用)。ACWP也是项目进展时间的函数，是个累计值，随着项目的进展而增加。ACWP是实际费用，不是实际工作量。

(3) 已完成工作预算费用(BCWP)

BCWP是在某给定期间内完成的活动(或一部分活动)经过批准的费用估算(包括所有应分摊的管理费)，即按照单位工作的预算价格计算出的实际完成工作量的费用之和。

为了测量项目活动是否按照计划进行，下面再引入两个量。

BCWP－ACWP为费用偏差，该项差值大于零时，表示项目未超支。

BCWP－BCWS为进度偏差，该项差值大于零时，表示项目进度提前。

下面我们举一个案例说明挣值法的用法。

某测试项目的待测代码总行数为10万行，完成白盒单元测试的单价为30元/行，则该测试项目的预算总费用为300万元。计划用100天完成，每天测试1000行代码。

开工后30天，项目管理人员前去测量，取得了两个数据：已完成单元测试代码3.5万行，支付给测试承包单位的首期款(ACWP)为100万元。

项目管理人员先计算已完成工作预算费用，BCWP＝30元/行×3.5万行＝105万元

接着，查看项目计划，计划表明，开工后30天结束时，应得到的工程进度款BCWS＝(300万元/100天)×30天＝90万元。

进一步计算得到：

费用偏差，BCWP－ACWP＝105万－100万＝5万元，表明测试承包单位未超支，尚有结余空间。

进度偏差，BCWP－BCWS＝105万－90万＝15万元，表明测试承包单位进度超前于计划。15万元的费用相当于15万元/30元/行＝5000行，正好是预算中5天的工作了，所以测试承包单位的进度已超前5天。

另外，还可以使用费用实施指数CPI和进度实施指数SPI来测量工作是否按照计划进行。

$$CPI=BCWP/ACWP$$
$$SPI=BCWP/BCWS$$

在进行费用控制时,需要进行必要的预测,根据项目过去的实施情况估算项目完成时的费用值。EAC就是对项目费用将来情况的一种预测,EAC最常用的计算方法有下列3种。

(1) EAC=目前的实际数加上项目剩余部分的预算,再乘上一个实际执行情况系数,一般是费用实施指数。这种方法假定了现在的偏差就代表了将来的偏差。

(2) EAC=目前的实际数加上所有剩余工作的新估算。重新估算所有剩余工作最准确,但也最费事、最昂贵。如果已发生的实际情况表明原来的估算假设前提基本上不对,或由于条件的某一变化使得当前的假设前提已经对估算没有多大影响,那么这就是唯一一种可取的办法。

(3) EAC=目前的实际数加上项目剩余部分的预算。这种方法假定任何现在的方差都是不正常的,将来不会发生类似的偏差。

上述3种方法可根据各项目活动的具体情况进行选用。

一些计算机工具,如项目管理软件电子表格等,不但能够跟踪计划费用和实际费用,而且能预测费用发生变更后产生的现实和潜在的后果,因此也是费用控制的有效工具。

费用控制的另一种重要武器是预备费用。预备费用是在预算中单列出的不属于任何具体项目活动的那部分金额,可以分配给具体的项目活动或整个项目。

在对费用偏差采取纠正行动,将项目未来预期的费用实施情况控制在项目计划范围内之后,应当对有关项目费用的资料和文件进行修正,必要时应通知相关方。修改项目估算之后,有可能需要对项目计划的其他方面进行调整,还应将产生偏差的原因,采取纠正行动的理由及吸取的其他教训形成文件,存入本项目及其他项目的历史数据库中。当费用超支严重时,需要重新确定测量费用和时间进度的基准,更新项目预算。更新预算将改变原来经过批准的费用机构,因此一般只在发生范围变更时才对项目预算进行更新。

费用控制必须同其他控制过程,即范围变更控制、时间控制、质量控制等紧密地结合起来。对费用偏差进行处理,有可能造成质量和进度方面的问题,或在以后给项目带来其无法承受的风险。

4.2.3 质量控制

质量控制就是监督项目具体结果,判断他们是否符合相关质量标准,并确定消除产生不良结果的原因的途径。项目具体结果既包括项目的产品(如可交付的成果),也包括项目过程的结果。项目产品的质量控制,一般由质量控制职能部门负责,而项目过程结果的质量却还需要进行控制。质量控制的依据是工作结果和质量管理计划、实施说明及核对表。质量控制的工具和技术有检查、控制图和排列图等。检查包括测量、审查和试验质量控制结果,以便判断这些结果是否符合要求。

质量控制的结果应该有项目质量的改进,工作结果验收或不予接受、返工和过程调整等。

4.2.4　风险控制

风险控制就是按照风险管理计划，对项目进行过程中出现的风险事件采取应对措施。在有变更时，要反复多次进行风险识别、风险量化并采取应对措施。项目班子必须认识到，即使最彻底、全面的分析，也不可能把所有风险及其出现的可能性都正确地识别出来，因此就必须对其进行控制。

进行风险控制，如果发生的风险事件出乎意料，或其后果比预期的严重，事先计划的应对措施不足以应对，还有必要重新研究应对措施。

若预期的风险事件并未发生，则应当对风险事件的概率和价值以及风险管理的其他方面作出修改。

4.2.5　软件测试项目监控的度量

软件测试项目的监控对象主要包括：质量风险、产品缺陷、测试进度、覆盖率、信心。应该尽量明确量化的标准，并且建立这些相关数据的采集办法。

对于质量风险的监控，可以采用的度量通常有：

(1) 完全缓解的风险百分比；

(2) 部分缓解的风险的百分比；

(3) 还未完全测试的风险的百分比；

(4) 按风险类别划分的风险百分比；

(5) 在初次质量风险分析后识别的风险的百分比。

对于产品缺陷的监控，可以采用的度量通常有：

(1) 缺陷到达率，缺陷在一定时间段内报出的数量比例；

(2) 缺陷移除率，缺陷在发生阶段被移除的比例；

(3) 缺陷分布，缺陷在不同模块或子系统中出现的比例；

(4) 缺陷修复率，单位时间内报出的、被修复的及遗留的缺陷数量的对比；

(5) 缺陷有效率，缺陷类型统计等有助于度量缺陷收敛情况的数据。

对于测试进度的监控，可以采用的度量通常有：

(1) 已定义的测试工作项(如用例设计)的完成度与完成时间；

(2) 已计划的、已设计的、已执行的、已通过的、未通过的、无法执行的和跳过不执行的测试项或测试用例数量；

(3) 回归测试的状态，包括未通过的及未执行的回归测试项或用例数量；

(4) 计划的测试时长与实际的测试时长；

(5) 测试环境的可用性(准备可用的测试环境占计划测试时长的百分比)。

对于测试覆盖率的监控，可以采用的度量通常有：

(1) 需求和设计要素的覆盖率；

(2) 风险覆盖率；

(3) 环境/配置覆盖率；

(4) 代码覆盖率。

在项目和业务中,质量风险、产品缺陷、测试进度和覆盖率通常以特定方式进行度量和汇报,如果这些度量数据和测试计划中定义的出口准则相关,则可以作为判断测试工作是否完成的客观标准。信心的度量可以通过调查或使用覆盖率作为替代度量,不过通常也会以主观的方式汇报信心。

4.3 软件测试项目监控的触发机制

参考 CMMI 中对软件研制项目的管理,软件测试项目监控的触发机制,也有以下三种启动形式。

(1) 定期监控:安排固定的监控周期,如每天、每周等。

项目的管理安排一般都会确定这样的定期活动,如周例会是很多项目会采取的形式,会议中与会各方会提供关于项目进展的信息以供跟踪控制。

(2) 阶段性监控:以项目生命周期各阶段的里程碑为标记,通过里程碑的评审会议来对项目的各种参数进行跟踪和监控。

在项目计划中,里程碑是一个很常见的设置。一个里程碑的到达标志着阶段性成果的达成。之所以要设置里程碑,最主要的意义就在于预先设立一个检查点,以检查项目进度情况。

测试项目中较为常见的里程碑包括测试需求分析完成、测试策划完成、测试设计与实现完成、测试执行完成、测试总结完成等节点。每个里程碑节点一般都有对应的工作产品产出。

(3) 事件触发性监控:当突发性事件发生时,需要启动及时的控制手段以应对事件的影响,如核心人员发生变动,测试发现重大问题导致后续用例无法执行等。

除了以上这些触发场景之外,测试管理人还需要实时关注测试工作进展,保证测试任务尽可能无偏差完成。

4.4 软件测试项目监控的流程

软件测试项目监控流程主要包含以下内容。

信息收集:测试人员根据任务完成情况填写个人工作日报并提交给项目负责人,项目负责人了解个人任务完成情况和项目进展情况。

跟踪状态:①项目负责人或指定人员跟踪测试项目工作进度和工作量,按计划填写软件测试项目里程碑报告;②质量保证人员跟踪和评价测试人员工作产品和活动的有效性,按计划填写软件测试过程和产品检查表;③质量保证人员跟踪和评价测试工具的使用情况,填写软件测试过程检查表;④项目负责人或指定人员跟踪测试项目风险,并将分析结果填写到软件测试项目风险跟踪表中。

分析问题:项目负责人根据计划召开里程碑会议,检查里程碑所要求的计划和工作产品完成情况并对结果进行分析总结,对识别的重大风险和问题进行管理和记录;项目负责人整理形成测试项目里程碑评审报告,并通报各相关人员。

实施控制:项目负责人对跟踪与控制中发现的问题进行分析,制定解决方案,记录到问题/建议跟踪记录表中;项目负责人落实评审意见,质量保证人员负责跟踪问题的验证,直至解决。

4.5　软件测试项目监控的活动

软件测试项目监控流程如图4-2所示,其中包括了制订项目监控计划、项目实时监控、项目月度/阶段跟踪、里程碑评审和管理纠正措施共五项主要活动。

4.5.1　制订项目监控计划

测试项目负责人依据软件测试计划,制订目监控计划,项目监控计划是整个生存周期内项目监控活动的依据,如图4-2所示。一个合理的项目监控计划应适时、合理地反映项目当前的状态。否则,既增加了许多管理成本,又无益于项目状态的准确、及时地反馈。

1) 入口准则及输入

制订项目监控计划的入口准则是已完成项目初始策划,输入为初始的软件测试计划。

2) 主要活动

由项目负责人依据软件开发计划制订项目监控计划,主要活动如下。

【活动1】确定项目监控人员及其职责。一般情况下,项目监控活动由项目负责人负责完成,以便项目负责人把握项目的整体进度等。

【活动2】确定项目监控所需要的资源。项目负责人根据项目的规模和人力资源,确定项目监控所需要的软硬件资源。包括支持工具和计算机资源等。用于项目监控常用的工具包括Microsoft Office Excel、Project等。项目监控应使用自动化工具保证监控数据准确、及时地进行采集和分析。

【活动3】确定项目监控活动,并根据项目监控活动确定每项活动的相关方参与计划。其中,项目监控的主要活动包括:

(1) 对照进度表监督项目进展;

(2) 监督项目的成本和所花费的工作量;

(3) 监督工作产品和任务的属性;

(4) 监督资源使用情况;

(5) 监督项目人员的知识和技能;

(6) 监督项目风险;

(7) 监督数据管理;

(8) 监督利益相关方的参与情况;

(9) 实施月度/阶段跟踪;

(10) 实施里程碑评审。

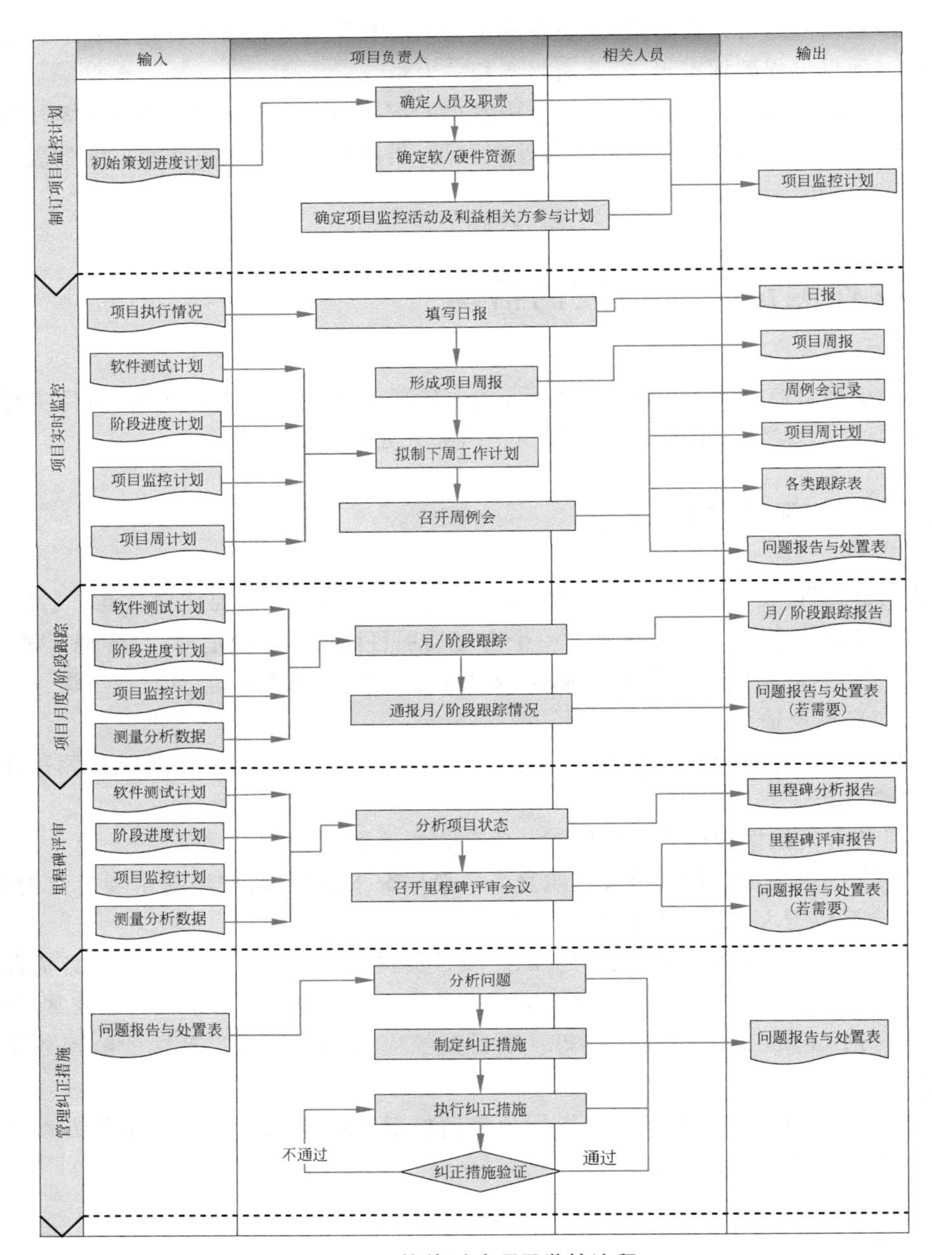

图 4-2 软件测试项目监控流程

相关方参与计划应包括：参与的人员和时间安排等内容。

3）出口准则及输出

完成项目监控计划的标志是项目监控计划获得相关人员的认可，认可的方式可以是会签，也可以是评审。

4.5.2 项目实时监控

项目的成员针对任务填写个人执行情况，任务的责任人定期填写任务报告，汇总任务完成信息和任务的当前属性，提交项目的负责人进行查阅和审批。

项目的负责人定期根据汇总的成员任务报告及提交审批的工作产品情况(包括需要利益相关方参与的活动完成情况，数据管理计划的完成情况、问题和风险的跟踪情况等)，总结形成项目的任务执行情况并对下一阶段的任务进行细化和分配，最终形成定期的项目进展报告提交中层领导审批。

项目的负责人定期(建议每周)召开项目组例会。项目的成员在会上报告任务的完成情况、工作产品的变更及相关技术问题和经验交流等，并对已知的问题和风险进行跟踪和纠正，重新识别、分析和记录新的问题和风险，并对已经提交和批准的变更进行沟通协商。

1) 入口准则及输入

项目实时监控的依据是软件测试计划、阶段进度计划、项目监控计划和项目周计划。实时监控的时机是在项目监控计划中明确的，一般结合周例会开展。

2) 主要活动

由项目负责人依据软件开发计划制订项目监控计划，主要活动如下。

项目实时监控的主要活动如下。

【活动 1】填写日报。

项目组成员根据每日任务的完成情况填写个人工作日报，并形成个人周报。个人周报一般包括：任务名称、实际工作量、实际测试执行规模、任务状态和问题等。具体如表 4-1 所示。

表 4-1 个人测试日/周报

<table>
<tr><td>项目名称</td><td colspan="2"></td><td>项目标识</td><td colspan="3"></td></tr>
<tr><td>阶段名称</td><td colspan="2"></td><td>填表人</td><td colspan="3"></td></tr>
<tr><td>开始时间</td><td colspan="2"></td><td>终止时间</td><td colspan="3"></td></tr>
<tr><td>日期
/星期</td><td>任务名称</td><td>产品名称</td><td>实际测试
执行规模</td><td>实际
工作量</td><td>任务
状态</td><td>备注</td></tr>
<tr><td></td><td></td><td></td><td></td><td></td><td></td><td></td></tr>
<tr><td></td><td></td><td></td><td></td><td></td><td></td><td></td></tr>
<tr><td></td><td></td><td></td><td></td><td></td><td></td><td></td></tr>
<tr><td>问题
和建议</td><td colspan="6"></td></tr>
</table>

【活动 2】形成测试项目周报。

项目负责人根据个人工作日报，汇总本周内各项任务的完成情况，填写项目周报如表 4-2 所示。项目周报一般包括：任务名称、任务状态、预计工作量、实际工作量、工作量偏差、预计测试执行规模、实际测试执行规模、规模偏差、项目的进度执行指标(SPI)、费用执行指标(CPI)等。

进度执行指标 SPI：已完成工作的计划工作量/计划完成工作的计划工作量。

费用执行指标 CPI：已完成工作的计划工作量/已完成工作的实际工作量。

表 4-2 测试项目周报

<table>
<tr><td colspan="2">项目名称</td><td colspan="2"></td><td colspan="2">项目标识</td><td colspan="4"></td></tr>
<tr><td colspan="2">阶段名称</td><td colspan="2"></td><td colspan="2">项目负责人</td><td colspan="4"></td></tr>
<tr><td colspan="2">开始时间</td><td colspan="2"></td><td colspan="2">结束时间</td><td colspan="4"></td></tr>
<tr><td rowspan="2">WBS 编码</td><td rowspan="2">任务名称</td><td rowspan="2">人员</td><td rowspan="2">任务状态</td><td colspan="3">工作产品规模</td><td colspan="3">工作量</td></tr>
<tr><td>预计</td><td>实际</td><td>偏差</td><td>预计</td><td>实际</td><td>偏差</td></tr>
<tr><td></td><td></td><td></td><td></td><td></td><td></td><td></td><td></td><td></td><td></td></tr>
<tr><td></td><td></td><td></td><td></td><td></td><td></td><td></td><td></td><td></td><td></td></tr>
<tr><td></td><td></td><td></td><td></td><td></td><td></td><td></td><td></td><td></td><td></td></tr>
<tr><td colspan="2">工作量偏差 CPI</td><td></td><td colspan="2"></td><td colspan="2">进度偏差 SPI</td><td colspan="3"></td></tr>
<tr><td colspan="2">偏差原因分析</td><td colspan="8">说明:分析原因后需要说明是否采取纠正措施,若需要采取纠正措施应填写问题报告与处置表</td></tr>
<tr><td colspan="2">纠正措施</td><td></td><td colspan="7"></td></tr>
</table>

【活动 3】拟制下周工作计划。项目负责人根据测试任务完成情况和阶段进度计划表拟制初步的下周工作计划,如表 4-3 所示。周计划应包括:任务名称、人员、测试执行规模、工作量和验收准则等。

表 4-3 测试项目周计划

<table>
<tr><td colspan="2">项目名称</td><td colspan="2"></td><td>项目标识</td><td colspan="2"></td></tr>
<tr><td colspan="2">阶段名称</td><td colspan="2"></td><td>项目负责人</td><td colspan="2"></td></tr>
<tr><td colspan="2">开始时间</td><td colspan="2"></td><td>结束时间</td><td colspan="2"></td></tr>
<tr><td>WBS 编码</td><td>任务名称</td><td>工作产品</td><td>人员</td><td>测试执行规模</td><td>工作量</td><td>验收准则</td></tr>
<tr><td></td><td></td><td></td><td></td><td></td><td></td><td></td></tr>
<tr><td></td><td></td><td></td><td></td><td></td><td></td><td></td></tr>
<tr><td></td><td></td><td></td><td></td><td></td><td></td><td></td></tr>
<tr><td></td><td></td><td></td><td></td><td></td><td></td><td></td></tr>
</table>

【活动 4】召开周例会。项目负责人组织召开周例会,周例会的内容主要包括:

(1) 通报上周任务完成情况,分析工作量、测试执行规模和进度偏差的原因,需要时,制定纠正措施。

(2) 分析资源使用情况,包括人力资源和软硬件资源的使用情况。

(3) 监督项目人员的知识技能情况,分析知识技能获取、培训计划等的完成情况。

(4) 监督承诺完成情况,重点分析评估未履行承诺的原因和可能造成的影响,并分析是否存在可能无法满足的承诺。

(5) 监督风险缓解措施的实施情况,对已标识的风险进行重新评估,并分析是否存在新的潜在风险,若发现新的风险进行风险分析与评估,并将已有风险的评估结果和新标识的风险写入风险列表中。对风险缓解措施和应对措施的实施情况及风险的状态的跟踪情况应记入风险跟踪表中,风险跟踪的内容如表4-4所示。风险跟踪表应与风险列表建立对应关系,风险跟踪表主要反映对应对措施和缓解措施等的落实情况,风险列表反映对风险的实施评估、缓解措施和应对措施等。

表4-4 测试项目风险跟踪表

项目名称					项目标识			
序号	风险标识	风险事件	风险描述	优先级	缓解措施落实情况	应对措施落实情况	责任人	状态
1								
2								

(6) 对照数据管理计划,检查数据管理活动,标识数据管理中重大问题,并分析影响程度,制订纠正措施。

(7) 监督利益相关方参与活动的情况,标识利益相关方参与活动中出现的问题,分析影响程度,制定纠正措施。

(8) 监督以往所发现问题的解决情况,对未能及时解决的问题提出处理意见。问题跟踪记录如表4-5所示。

表4-5 问题跟踪表

项目名称						项目标识			
序号	问题标识	问题描述	处理意见	计划解决时间	实际解决时间	责任人	验证人	状态	备注
1									
2									
3									

(9) 项目配置管理组说明配置管理情况,重点说明被测软件和软件测试产品的相关更动情况。

(10) 项目质量保证组说明质量保证情况,重点说明不符合项的情况。

(11) 确定下周工作计划。

(12) 形成周例会记录。项目负责人将周例会的内容形成周例会记录,如表4-6所示。

(13) 测试项目负责人、测试工作组、配置管理组和质量保证组等相关人员对周例会记录进行会签。

3) 出口准则及输出

项目实时监控完成的标志是完成项目下周计划的制订,并且该计划得到相关人员会签。同时,完成各类跟踪表、项目周报和周例会记录。

表 4-6 周例会记录表

<table>
<tr><td>项目名称</td><td colspan="3"></td><td>项目标识</td><td></td></tr>
<tr><td>阶段名称</td><td></td><td>例会时间</td><td></td><td>例会地点</td><td></td></tr>
<tr><td>与会人员</td><td colspan="5"></td></tr>
<tr><td>例 会
内 容</td><td colspan="5"></td></tr>
<tr><td>会签</td><td colspan="5"></td></tr>
</table>

4.5.3 项目月度/阶段跟踪

项目的月/阶段跟踪是对项目各参数在本月/阶段的跟踪与分析，重点是对进度、工作量及项目实施过程中的重大问题进行跟踪分析。项目月/阶段跟踪包括：项目月跟踪和项目生存周期阶段跟踪。

项目的月度/阶段跟踪完成后，一般应开展月度/阶段会议，由中层领导主持，项目的负责人在会上报告项目当前质量、进度和成本的进展状况，项目存在的问题和风险及拟采取的纠正和预防措施，并提出项目所需要组织提供的支持等。最终由中层领导给出指导建议、决议，以及为资源的要求提供承诺。

1）入口准则及输入

项目月/阶段跟踪的依据是软件测试计划、项目监控计划、阶段进度计划表和测量分析数据。

2）主要活动

项目月/阶段跟踪主要活动如下。

【活动 1】月/阶段跟踪。项目负责人应根据测量数据，按月/阶段分析项目进展情况。内容包括：本月/阶段安排的各项任务的进度、工作量及工作产品规模的完成情况，本月/阶段内出现的重大问题和计划的偏离情况，工作产品和过程中出现的所有更改情况等。将上述分析跟踪情况形成项目月/阶段跟踪报告。项目跟踪报告模板如下所示。

月/阶段跟踪报告

1 概述

简要说明月/阶段跟踪报告的主要内容。

2 项目进展情况

用图、表形式说明计划完成情况。

2.1 进度完成情况

说明截至本月/阶段的各项任务的完成情况，内容如表 1 所示。

表 1　进度完成情况表

任务名称	计划日期		实际日期	
	开始	完成	开始	完成
进度执行指标 SPI				
进度执行指标 SPI 偏差趋势	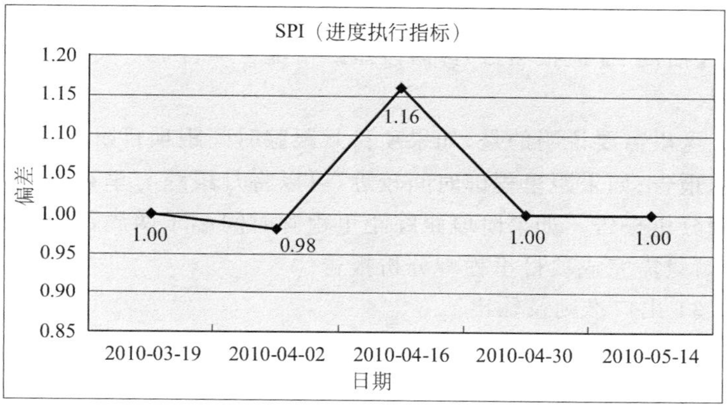 SPI（进度执行指标） 偏差：1.20 1.15 1.10 1.05 1.00 0.95 0.90 0.85 1.00 0.98 1.16 1.00 1.00 2010-03-19 2010-04-02 2010-04-16 2010-04-30 2010-05-14 日期			

2.2　工作量完成情况

说明截止到本月/阶段的各项任务工作量完成情况，内容如表 2 所示。

表 2　工作量完成情况表

任务名称	工作量/（人・时）		实际偏差
	计划	实际	
工作量偏差 CPI			
工作量偏差趋势	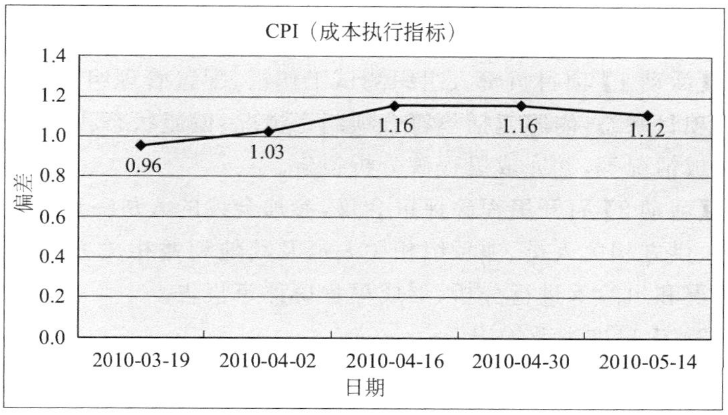 CPI（成本执行指标） 偏差：1.4 1.2 1.0 0.8 0.6 0.4 0.2 0.0 0.96 1.03 1.16 1.16 1.12 2010-03-19 2010-04-02 2010-04-16 2010-04-30 2010-05-14 日期 CPI 保持平稳，实际工作量低于预期		

3 变更情况

说明项目中的所有变更情况,包括需求变更情况、计划变更情况、资源变更情况及与配置管理相关的变更情况等。

4 计划偏离情况分析

说明计划偏离情况,分析偏离的原因,说明解决情况或提出解决措施。

5 重大问题分析

说明出现的重大问题,分析原因,说明解决情况或提出解决措施。

6 后续计划安排

说明后续的主要工作计划。

【活动 2】通报项目月/阶段跟踪情况。项目负责人应向相关人员通报项目月/阶段跟踪情况。

这里需要说明的是,如果项目月跟踪时间距项目阶段结束时间较近,只需完成项目阶段跟踪报告;如果距里程碑时间较近,可以将月跟踪与里程碑评审一同进行,只需完成项目里程碑分析报告。如果阶段跟踪距里程碑时间小于两周,可以将阶段跟踪与里程碑评审一同进行,只需完成项目里程碑分析报告。

3)出口准则及输出

项目月/阶段跟踪完成的标志是项目月/阶段跟踪报告已通报相关人员。

4.5.4 里程碑评审

当项目到达计划的里程碑节点时,应召开里程碑评审会,里程碑评审一般应为正式评审。评审内容一般包括:检查里程碑所要求的计划完成情况,工作产品的完成及变更情况,相关工作的执行情况和风险等情况,并在会上对所收集的项目度量数据进行分析,标识重大问题及其影响,提出解决措施,并跟踪解决措施直到结束。

1)入口准则及输入

里程碑评审应依据软件测试计划、阶段进度计划和项目监控计划,以及项目测量分析数据进行。

2)主要活动

里程碑评审的主要活动如下。

【活动 1】项目负责人组织测试工作组、配置管理组和质量保证组等利益相关方讨论并分析项目状态,内容包括不符合项纠正情况、偏差状态和趋势、风险与缓解措施落实情况、承诺完成情况等,并完成里程碑分析报告。

【活动 2】召开里程碑评审会议,参加会议的人员一般应包括客户、用户、主管单位、责任单位、供方相关人员、项目组相关人员及其他利益相关方。参会人员就项目的承诺、计划完成情况和风险等进行分析,形成里程碑评审报告。

3)出口准则及输出

完成里程碑评审的标志是形成一致意见的里程碑评审报告。输出的工作产品包括里程碑分析报告、里程碑评审报告。

4.5.5　管理纠正措施

项目监控中的问题识别(而非被测软件本身的问题)来自多方面,如评审的缺陷、项目QA 审计的不符合项、每周对进度和成本的计算和分析、项目组例会、项目成员任务报告中提交的问题,以及非正式的讨论都可以为项目的负责人识别问题提供客观帮助。对于已识别的问题,项目的负责人需及时发现与原始项目计划的偏离,此时应采取适当的纠正措施,减少差异的产生。

项目的负责人应定期(建议每周)根据项目计划中的风险管理计划跟踪风险状态,记录风险的处理结果,并及时识别可能发生的新风险及制定相应的缓解措施。对于已经发生的风险,应采取适当的处理方式来应对风险,尽可能降低风险产生的影响。必要时采取新的预防或纠正措施来改善风险缓解执行的不理想情况。对于风险的执行情况和状态,项目的负责人应及时与利益相关方进行沟通。

项目的负责人根据项目的测量与监控结果或问题和风险的纠正措施的实施效果,在必要时(如超过偏差阈值时),依据项目策划过程重新修改项目计划并说明修改原因。修改后的项目计划需再次得到利益相关方的认可和承诺。

项目的负责人在项目结束时对项目各类执行情况进行总结。在软件项目的实施过程中,项目的负责人必须不断比较实际的开发进程与软件项目计划的预测值,以确定进展情况并标识存在的问题。在存在显著偏离时,应根据实际情况适当地采取纠正措施或修订项目计划,并重新策划后续工作。

1) 入口准则及输入

管理纠正措施的输入是项目进行过程中发现了执行层面的问题(而非被测软件的问题),填写了问题报告与处置表,对问题进行了清晰的描述。

2) 主要活动

管理纠正措施的主要活动如下。

【活动 1】分析问题。对在评审及各过程的实施中发现的问题进行分析,确定是否需要采取纠正措施。

【活动 2】制定纠正措施。对活动 1 中确定需要采取纠正措施的问题制定适当的纠正措施。制定的纠正措施应与利益相关方进行评审,以便协商内部和外部承诺的更改。

【活动 3】管理纠正措施直到结束。管理纠正措施的主要活动包括:

(1) 纠正措施执行人按照活动 2 中制定的纠正措施解决问题;

(2) 项目负责人组织实施验证,确定纠正措施的有效性。当纠正措施的执行人是项目负责人时,验证活动可以由质保人员组织实施;

(3) 发现的问题和制定的纠正措施应作为组织资产进行统一管理,并可以作为项目策划和风险管理的参考。

3) 出口准则及输出

管理纠正措施完成的标志是纠正措施执行完毕,并通过验证,验证人员完成问题报告与处置表中验证信息的填写。

4.6 本章小结

软件测试项目跟踪及控制是软件测试项目管理的重要内容，主要是在计划制订时为每个人分配活动和任务，指定预计工作量，通过个人日志和周例会对工作进展数据进行采集，随时掌握测评项目的实际进展情况，周期性采用挣值分析法等对项目任务工作量进行统计，以便在测评项目的执行与要求背离时，能够及时采取有效的措施。本章首先介绍了软件测试项目跟踪及控制的概况，包括目的、任务、方针、角色及职责等，然后主要从软件测试项目跟踪及控制的内容、软件测试项目跟踪及控制的活动这两个方面进行了描述，详细介绍了软件测试项目跟踪及控制的五项活动。

CHAPTER 5 第5章

软件测试配置管理

软件测试人员开展的各项工作，都需要相应的规章制度和工作流程进行约束和管理控制，以确保其能够按照规范、高效的工作流程和工作方法去实施，最终达到理想的既定目标。软件测试工作是由人来进行的，因而首先要考虑到人的问题，一项工作只要有人的参与，就必须要将人的因素考虑进去。金无足赤，人无完人，测试人员的不当操作对软件测试工作造成的负面影响在软件中是不能被忽视的。为了更好地进行软件测试，我们应该对测试人员、测试环境、生产环境等实施配置管理。只有建立了完整、合理的软件测试配置管理体系，软件测试工作才能更好地进行，更加完美地完成测试目标。软件测试过程如果缺少配置管理也会导致极其严重的后果。

随着软件测试团队的规模越来越大，软件测试任务将不断增加，被测软件版本会不断变化，为确保测试工作规范高效，软件版本管理精确有序，就需要对其技术状态进行控制与管理，从而保证测试工作的完备性和可追踪性。软件产品测试是确保软件质量的关键环节，与其他环节相比，配置管理有其特殊性。本章将从软件测试角度，介绍软件测试配置管理相关的要求与规范。

5.1 配置管理概述

软件项目从立项论证、需求分析、研制开发、测试验收到设计定型等过程都需要进行管理与控制，配置管理工作在整个过程中起到了至关重要的作用。GJB 5235—2004《军用软件配置管理》对软件配置管理(SCM)中给出的定义是：为保证软件配置项的完整性和正确性，在整个软件生存周期内应用配置管理的过程。它可以有效地记录相关的某一特定的软件产品的全部配置项，包括构成一个软件产品的全部代码、文档、数据和测试用例等的历史变更轨迹，并控制变更行为，使变更在一种受控的状态下进行，以保证变更的正确性。它涵盖了软件生命周期的所有领域并影响所有数据和过程，能够完整、准确地记载开发过程中的历史变更，形成规范化文档，从而既能确保软件开发者在软件开发生命周期中各个阶段都能得到精确的产品配置，也可以解决多个用户对同一文件进行修改所引起的多重维护问题和资源冲突问题。

软件配置管理是一套规范、高效的软件开发基础结构。作为管理软件开发过程中的有效方法，早已被发达国家软件产业的发展和实践所证明，不仅可以系统地管理软件系统中的多重版本，全面记载系统开发的历史过程，包括为什么修改，谁做了修改，修改了什么，还可以管理和追踪开发过程中危害软件质量及影响开发周期的缺陷和变化。

软件测试过程中的配置管理是软件配置管理中的重要组成部分，是项目组成员对软件产品演化过程进行控制的重要手段，可以保证被测软件在测试过程中受控。

5.1.1 配置管理相关概念

5.1.1.1 配置/配置项

所谓配置，就是一系列相关内容又被称为可配置项或配置项的集合，它满足以下要求：

(1) 通过配置可以唯一地标识配置；

(2) 其中的项是一致的，如每一项与其他项之间的关系都是清楚明确的；

(3) 作为一个整体，这一系列的内容都是可以重新构建出来的。

配置项是配置中的基本部分，是配置管理的最小单元。软件配置项，是软件配置管理的对象，一组软件配置项通过特定的系统模型组合形成一个特定的软件配置。GB/T 20158—2006《信息技术 软件生存周期过程 配置管理》中指出："软件配置是一个软件产品在软件生命周期的各个阶段所产生的各种形式机器可读或人工可读和各种版本的文档、程序及其数据的集合。该集合中的每一个元素被称为该产品的软件配置中的一个配置项。"

各种管理文档和技术文档、源代码及其可执行代码、运行时所需的各种数据及相应的存储介质等，均可构成软件配置项，它们经过评审和检查通过后进入软件配置管理。版本控制的对象可以是大粒度的软件配置，也可以是小粒度的软件配置项。GB/T 19003—2008《软件工程 GB/T 19001—2000 应用于计算机软件的指南》进一步指出配置项可以是：

(1) 与合同、过程、计划和产品有关的文档及数据；

(2) 源代码、目标代码和可执行代码；

(3) 相关产品，包括软件工具、库内可复用软件、外购软件及顾客提供的软件等。

作为软件配置项，其自身还必须满足以下要求：

(1) 可标识和可版本化，每一个配置项都有一个版本号，用于标识它的变更历史；

(2) 可跟踪，作用于配置项上的任何活动都是可以跟踪的；

(3) 可控制，只有通过一个已文档化的并且可控制的过程，才能对每个配置项加以改动。

随着软件过程的进展，软件配置项迅速增长，即需要纳入管理的各种工作产品越来越多，配置管理的作用也会越来越明显。

5.1.1.2 基线

1) 基线的定义

基线是在软件开发中经过正式审核作为下一步开发基础的软件配置，是项目情况的度量点，是后继开发的基础，以及对后继开发工作进行验证的基准。基线在形体上体现为一组冻结了的软件配置项，也就是说，组成基线的每一配置项是软件开发过程中所产生的某一软件实体的一个特定版本。基线是软件开发过程中的一个里程碑，其标志是有一个或多个软件配置项的交付，且这些软件配置项已经经过技术审核而获得认可。

ISO/IEC/IEEE 24765:2017 中对于基线的定义是:已经通过正式复审和批准的某规约或产品,它因此可以作为进一步开发的基础,并且只能通过正式的变更控制过程进行改变。

简单地说,基线就是项目储存库中每个工件版本在特定时期的一个“快照”。它提供一个正式标准,随后的工作将基于这个标准进行,并且只有经过授权后才能变更这个标准。建立一个初始基线后,其后对它进行的每次变更都将被记录为一个差值,直到建成下一个基线。可以说,基线是软件生命周期各阶段末尾的特定点,亦称里程碑,其作用是把各阶段的工作划分得更加明确,使本来连续的工作在这些点上断开,以便于检验和确认阶段开发成果。

2) 基线的属性

基线的主要属性包括重现能力、可追踪性和报告能力。

重现能力是指返回并重新生成软件系统给定发布版本的能力。可追踪性则建立了项目的各种类型工件需求、设计、实现、测试等之间的横向依赖关系,其目的在于确保设计满足需求、代码实施设计及能够使用正确代码编译生成可执行文件。

报告能力来源于一个基线内容同另一个基线内容的比较,基线比较有助于程序调试并生成发布说明。基线具有以下特点。

(1) 通过正式的评审过程建立。

(2) 基线存在于基线库中,对基线的变更接受更高权限的控制。

(3) 基线是进一步开发和修改的基准和出发点。

(4) 进入基线前,不对变化进行管理或者较少管理。

(5) 进入基线后,对变化进行有效管理,而且这个基线能够作为后继工作的基础。

(6) 不会变化的内容不要纳入基线。

(7) 变化对其他没有影响的可以不纳入基线。

3) 建立基线的必要性

建立基线之所以是必要的,是因为建立基线具有以下几点好处。

(1) 基线为开发工件提供了一个定点和快照。新项目可以从基线提供的定点之中建立。

(2) 当认为更新不稳定或不可信时,基线为团队提供了一种取消变更的方法。

(3) 可以利用基线重新建立基于某个特定发布版本的配置,这样也可以重现被报告的错误。

(4) 利用基线可实现版本隔离。基线为开发工件提供了一个定点和快照,新项目可以从基线提供的定点之中建立。作为一个单独分支,新项目将与随后对原始项目在主要分支上进行的变更进行隔离。

5.1.1.3 版本

源文件是一个软件最为重要的组成单元之一,因此对源文件的管理也就成为软件组成单元管理的最重要的一环,是进行高效的软件开发的关键所在。对源文件的标识包括文件名和版本两个基本方面。版本作为源文件的一个标识部分,软件开发人员在对它的引用过程中所关心的问题,实际上是该版本能够给出什么内容的源文件。因此,版本实际上是一种抽象,用来定义一个具体实例应该具有什么样的内容和属性。随着软件的开发,源文件的版本也不断地演变,这些不同的版本便形成了一个源文件的版本空间。

5.1.1.4 软件配置库

软件配置库又称作软件受控库，是指在软件生命周期的某一个阶段结束时，存放作为阶段产品而释放的、与软件开发工作有关的计算机可读信息和人工可读信息的库。软件配置管理就是对软件配置库中的各软件项进行管理。

对软件配置库的要求首先是安全可靠，必须保证软件配置库中的内容不被任意删除、修改，保证软件配置库不被非法用户获取到；其次是完整性，要保证各阶段的基线各配置项的完整性；再次，是要能够对软件配置库方便地进行备份和恢复，在正常的情况下做好每日或每周的备份，保证在出现异常的情况下，能够方便地进行恢复。

5.1.2 配置管理的目的和任务

软件测试配置管理是软件配置管理中的一个子集，涵盖了软件测试的各个工作阶段，其管理对象包括软件测试计划、测试方案（或测试用例）、测试版本、测试工具及环境、测试结果等与软件测试紧密相关的工作。软件测试配置管理的目标是帮助测试机构和测试团队对软件测试的全过程进行有效的变更控制，高效、有序地存放、查找和利用被测软件的相关信息，促进软件缺陷和问题尽可能地被发现和找出，从而最终提高软件产品的质量，主要包括控制和审核测试活动的变更、在测试项目的里程碑建立相应的基线、记录和跟踪测试活动变更请求，并确保相应的软件测试活动或产品都能够被标识、控制和可用。

软件测试配置管理的目标应包含：

（1）确保每个测试项目的配置管理责任明确；

（2）配置管理贯穿项目的整个测试活动；

（3）配置管理应用于所有的测试配置项，包括支持工具；

（4）确保相应的软件测试活动或产品被标识、控制并是可用的；

（5）在测试项目的里程碑建立相应的基线、建立配置库和基线库；

（6）记录和跟踪测试活动变更请求，控制和审计测试活动的变更；

（7）定期评审基线库内容和测试配置项活动。

其主要任务是：

（1）制订项目的配置计划；

（2）对配置项进行标识；

（3）对配置项进行版本控制；

（4）对配置项进行变更控制；

（5）向相关人员报告配置的状态；

（6）定期进行配置审核。

5.1.2.1 配置管理的目的

软件测试配置管理是软件配置管理中的一个子集，涵盖了软件测试的各个工作阶段，其管理对象包括软件测试计划、测试方案（或测试用例）、测试版本、测试工具及环境、测试结果等与软件测试紧密相关的工作，在软件质量体系中处于中心地位，它将软件配置中其他支持活动结合起来，形成一个整体，相互促进，切实保障软件质量体系的实施。在软件配置管理中一般采用系统的方法来制定软件测试管理体系，换句话说，即将测试管理视为一个完整的系统，对该系统涉及的各个过程进行管理，使各个过程之间相互合作，相互促进，从而实现既定的系统目标，实现系统运行质量大于各过程单独作用质量之和。软件测试配置管理的目的是帮助测试机构和测试团队对软件测试的全过程进行有效的变更控制，高效、有序地存放、查找和利用被测软件的相关信息，促进软件缺陷和问题尽可能地被发现和找出，从而最终提高软件产品的质量。

有效的软件测试配置管理可以解决如下问题，有利于测试过程中的软件控制。

(1) 测试过程中软件开发人员未经授权修改代码或文档。

(2) 无法找到软件或文档的早期版本。

(3) 在测试过程中发现的一些问题已修复，但在新版本的软件中又重新出现该问题。

(4) 软件规模庞大时测试进度缓慢。

(5) 因某些原因无法按期完成测评任务而影响整个项目的进度或导致整个项目失败。

(6) 配置管理制度与现实不符，难以实施。

(7) 软件版本不能有效控制，导致测试过程中出现重复性工作，影响测试进度。

软件测试配置管理的目标应包含以下几种。

(1) 确保每个测试项目的配置管理责任明确。

(2) 配置管理贯穿项目的整个测试活动。

(3) 配置管理应用于所有的测试配置项，包括支持工具。

(4) 确保相应的软件测试活动或产品被标识、控制并是可用的。

(5) 在测试项目的里程碑建立相应的基线、建立配置库和基线库。

(6) 记录和跟踪测试活动变更请求，控制和审计测试活动的变更。

(7) 定期评审基线库内容和测试配置项活动。

5.1.2.2　配置管理的任务

软件测试配置管理的任务主要包含以下几个方面。

(1) 制订软件测试配置计划

在进行软件测试前，必须制订软件测试配置计划。它有利于软件测试过程质量的控制和最终软件测试产品质量的提高，同时可以保证软件测试的进度。

(2) 软件配置项标识

为方便对软件配置项进行控制和管理，不致造成混乱，必须对配置项进行命名。标识的对象通常包括测试样品、测试标准、测试工具、测试过程文档(测试需求规格说明、测试说明、测试记录、问题报告单、测试报告)。

(3) 软件配置项控制

对于某一软件来说，若对配置项不进行控制，会导致软件状态混乱，对软件开发和测试均不利。因此，配置项控制是一项最重要的软件配置任务。

软件配置项控制包括以下方面。

① 版本控制。版本控制指的是对软件各个阶段的版本进行标识，避免软件版本混乱，保证每个软件版本(从低版本到高版本，小版本到大版本的变化)的可追踪性；

② 变更控制。软件变更控制的目的是保证在测试过程中发现软件问题,开发人员对问题进行更改,软件版本升级后软件仍然可用,不会因软件升级后影响原有正确功能。变更控制的流程一般是:首先测试人员发现软件问题,提交问题报告,用户对所提问题进行分析并需提交变更申请,详细说明申请变更的原因、更改方案及对应的影响范围(影响域分析)等;然后变更控制机构对提交的变更申请进行评审,确定变更的技术价值、变更影响及对其他配置项和整个系统功能的影响,并将评审结果提交给变更控制负责人。配置管理员按照出库控制规程实施配置管理项的更动出库;最后项目组对软件进行变更,并将更改后的软件进行入库。

(4) 软件配置状态报告

软件配置状态报告是对测试项目的状态进行报告,使相关人员对软件配置状态有一定的了解。一般来说,软件配置报告包含以下几方面内容。

① 各软件配置项的状态(包括是否入库、当前软件版本、软件是否有过更改)。

② 软件出入库及变更的时间、原因。

③ 问题的当前状态。

④ 各软件版本的变更情况。

⑤ 软件出、入库的记录。

(5) 软件配置审核

软件配置审核是根据软件需求对软件产品配置进行检测,验证所有的软件产品是否被正确描述,所有的变更要求是否可以根据确定的软件配置管理过程进行解决,保证配置项的完整性(基线上的配置项完整)和一致性(每个配置项之间文文一致,文实一致)。

5.1.3 实施基础

配置管理活动分布在软件组织所有的测试和维护工作中。在整个软件测试的生命周期中,软件所有的变更都要被识别、管理和控制。软件配置项包括软件过程中产生的所有信息(包括程序源代码和可执行程序、针对软件开发者和用户的描述文档、程序数据),因此是配置管理活动的基础,同时配置项的识别也是制订配置管理计划的重要组成部分。配置管理的实施基础包括以下内容。

5.1.3.1 配置项标识和控制

配置标识的内容主要包括测试样品、测试工具、测试标准、测试报告文档等配置项的名称标识和类型标识。如果在配置管理过程中引入配置管理工具,则所有配置项都可以以一定的方式保存在产品配置库中,测试人员对每个配置项的内容和状态可以了解得更清楚、方便。有效的配置标识是进行其他配置管理活动的前提,如果配置项和相关的配置文档没有被很好地确定,想要控制这些配置项的变更、建立准确的记录和报告、审核配置项的有效性是不可能的。配置项按照规定统一编号,根据相应的模板生成文档,在生成文档的指定章节内容中记录相应的标识信息。

配置标识和控制是配置管理的基础。所有配置项角色的操作权限都有严格的管理,管理的基本原则为:测试人员对不同类型的基线的读取权限各不相同。配置管理员对所有配置项的操作权限进行严格管理。管理原则是：软件开发人员可获得基线配置项的读取权限；其他相关人员可获得非基线配置项的读取权限。另外，配置标识和控制也是标识管理的重要内容。

5.1.3.2　定义配置管理的角色

明确的角色、职责和权限是保证配置管理流程能够正常运转的前提条件。在配置管理流程中引入软件配置管理的工具后，所有参与配置的管理人员应按照不同的角色要求、根据系统分配的权限来执行相应的工作内容。一个配置管理系统中，一个人员既可担任一个角色，也可兼任多种角色，但一项任务在同一时刻只能由一个角色担任。

配置管理中的角色主要包括：项目负责人、质量管理人员、配置管理员和软件测试人员。同时，相关人员还需要接受以下培训。

(1) 测试人员培训。测试人员参加培训，主要学习配置管理工具的使用及测试工作的常用内容。

(2) 管理员培训。配置管理员参加培训，主要学习配置管理工作内容及配置管理工具的管理内容。

(3) 管理流程培训。全体人员参加培训，主要了解配置管理流程和策略，并与开发管理和项目管理内容相结合。

5.1.3.3　制订配置管理计划

成立一个测试项目之初，其中最基础且十分重要的是确定该项目的管理计划。软件配置管理的活动如果没有管理计划做基础，那么相关管理活动就无法有效、有序地展开。唯有确定与之契合、相关、适宜的管理计划后，才能有序、高效地开展软件配置管理活动。否则，不仅会造成项目开展的过程混乱，也会影响项目开展的进度。因此，在成立一个测试项目之初，首先要制订合理的软件配置管理计划，这样才能保障项目能够顺利开展。

配置管理计划是开展软件测试工作的配置管理条款，能够确保软件测试过程规范、高效、有序，从而使交付的软件能够满足测试任务书或需求，最终提高软件质量。配置管理计划的内容应包括但并不局限于相关工作人员的职责、分工，与之相关的软硬件资源，以及与配置项、基线、软件测评配置库备份、配置状态统计、安全保密等相关的计划，如负责软件配置管理的机构、任务及其有关的接口控制；配置标识、配置控制、配置状态记录与报告及配置检查与评审等四方面的软件配置管理活动的需求；为支持特定项目的软件配置管理所使用的软件工具、技术和方法；对供货单位的控制；要保存的软件配置管理文档等。

5.1.3.4　搭建配置管理环境

运用配置管理工具(如 SVN、CASE、SYNERGY)来搭建配置管理环境，是构建软件配置管理系统的主要途径。在网络环境下，配置管理系统以数据库和文件管理技术为基础，以客户/服务器端为结构，通过运行配置管理工具构成。目的是构建出一个可以管理配备开发库、产品库、受控库的客户端处理配置管理系统，保证项目测试下不同阶段的软件配置项，能够分别存放在与之对应的开发库、产品库和受控库中。同时应对 3 个库采取物理隔离的方式来保证软件产品的安全性。

配置管理员需要负责创建和维护配置的管理环境，如设置软件环境、网络环境、硬件环境，建立一个储存项目配置项的配置管理库，以及安装配置管理工具等。根据项目实际情况统筹确定具体的资源需求、空间需求、处理配置管理服务器的能力、配置管理软件的选择及网络环境的配置等。同时，我们也应根据需要来综合考虑各个方面的因素以确定配置管理的环境确定，包括采用的配置管理工具，不同角色和权限人员对配置管理工具的熟悉程度等，另外一个必须考虑的因素是测试工具的集成程度和配置管理软件的选择。根据经验，有效的配置管理工具可以大幅减少配置管理人员的工作量，如与测试环境集成紧密的配置管理工具可以减少保持配置库完整的工作量。

5.1.4 角色与职责

5.1.4.1 角色

在软件测试项目中，与被测软件相关的软件测试配置项（如软件程序、测试基线、测试环境、测试数据、测试脚本、测试文档、测试变更、测试工具、测试人员等）定义了在软件测试周期过程中软件的初始测试状态、变更后测试状态、回归测试状态和最终状态，可以有效实现软件测试工作的过程溯源。对软件测试配置项实施有效管理是软件测试项目管理工作的重要组成部分，是伴随着软件测试项目的开展而实施的测试过程管理工作，同时也是落实项目质量管理各项具体要求的重要手段。

软件测试配置管理在一定程度上体现了项目管理的规范性和符合性，配置管理工作的精细化程度反映出软件测试项目管理水平的高低，配置管理人员的个人素质直接影响项目管理的成效。所以，在开展软件测试项目工作时，安排专门人员（称为配置管理员）组织开展软件测试配置管理工作是非常重要的，配置管理员可以协助项目负责人、质量管理人员等项目管理人员和软件测试人员共同完成整个软件测试项目工作，确保软件测试项目过程质量受控。

5.1.4.2 职责

针对软件测试项目的具体实际情况，项目负责人、质量管理人员、配置管理员和软件测试人员分别按照以下职责开展软件测试配置项的管理工作。

1）配置管理员

在软件测试配置管理工作中的主要职责有：针对软件测试项目，编制详细的《软件测试配置管理计划》，该计划至少包括软件测试配置管理工作项目、计划时间、参与人员、完成形式等内容，用于指导软件测试配置管理工作能够有序开展。《软件测试配置管理计划》一般应规定软件测试配置管理的组织方针（包括管理部门/机构、组织协调机制、人员构成和岗位职责等内容），确定软件测试配置管理所需资源（包括配置管理工具、数据/文档管理工具、资料归档工具及相应的硬件等），明确软件测试配置项的标识办法，策划软件测试配置管理工作项目和计划时间，制定软件测试配置管理库的备份方案，确定软件测试各个阶段的基线节点、软件测试配置项的变更审批流程，规定软件测试配置管理审核的节点等内容。

（1）按照《软件测试配置管理计划》，对软件测试配置项（如软件程序、测试基线、测试环境、测试数据、测试脚本、测试文档、测试变更、测试工具、人员信息等）进行标识、登记、入库、出库、存档等管理工作，从而确保整个软件测试过程有据可查并可追溯。

（2）在软件测试配置项发生变更（如测试基线变更、程序版本更改、需求变更等）时，对软件测试变更实施管理工作。导致软件测试变更常见的原因有：修改软件问题引起软件程序更改，软件文档关键内容发生变化，软件需求或测试需求发生变化。变更控制管理是软件测试配置管理工作的核心内容，是保证软件测试及软件产品质量受控的重要手段。

（3）定期（如每季度或大型项目结束时）编制《软件测试配置管理工作报告》，该报告一般包括：软件测试配置管理工作内容、工作问题、管理经验和实施建议等。

（4）协助软件测试项目负责人、质量管理人员开展与软件测试配置管理相关的工作。

2）质量管理人员

在软件测试配置管理工作中的主要职责如下。

（1）负责审核《软件测试配置管理计划》规定的工作内容是否符合并覆盖软件测试质量管理要求。软件测试配置管理作为软件测试质量保证工作的一部分，应与各项质量管理工作要求保持一致并能有效落实。

（2）负责监督软件测试质量管理要求在配置管理工作中的落实情况（如测试记录是否真实有效，软件文档是否进行有效审查，报告是否经过规范评审等）。

（3）负责对软件测试配置项标识、登记、入库、出库、存档等工作流程进行质量监督，确保流程审批正确。

（4）负责软件测试配置项变更环节的质量监督和审核工作，保证软件测试变更管理有效开展。

（5）组织开展软件测试配置管理审核工作。配置管理审核的主要对象包括软件测试基线的完整性和合理性，测试配置项变更管理的正确性和符合性等方面，一般在软件首轮测试完成前，测试工作阶段总结时和测试总结报告提交前进行，此项工作应随项目质量管理审核一同进行。

（6）负责审核《软件测试配置管理工作报告》，提出质量整改建议等。

3）项目负责人

在软件测试配置管理工作中的主要职责如下。

（1）负责确定软件测试工作基线，视情况随时调整《软件测试配置管理计划》，对《软件测试配置管理计划》进行审批。

（2）负责组织项目组人员落实各项软件测试配置具体工作，督促有关人员按照计划时间节点完成各自的工作。

（3）负责审批软件测试配置项的标识、登记、入库、出库、存档、变更等工作流程。

（4）负责审批《软件测试配置管理工作报告》，并提出合理化建议。

（5）对软件测试项目配置管理工作进行有效指导。

4）软件测试人员

在软件测试配置管理工作中的主要职责如下。

（1）在软件测试操作的同时，根据《软件测试配置管理计划》的规定，配合相关人员对软件测试配置项的标识、登记、入库、出库、存档、变更等流程提出申请，保证软件测试配置管理工作顺利开展。

（2）按照《软件测试配置管理计划》的规定，输出软件测试不同阶段对应的软件测试配置项（如软件测试大纲、软件测试说明、软件测试报告等）。

5.1.4.3 工作流程

一般情况下，软件测试配置管理工作大致流程为：针对软件测试项目，配置管理员编制《软件测试配置管理计划》，项目负责人、质量管理人员负责审批《软件测试配置管理计划》，软件测试人员按照计划规定的内容开展软件测试配置方面的工作，质量管理人员对软件测试配置管理工作进行质量监督和审核，项目负责人对软件测试配置管理工作进行审批和指导。工作流程如图 5-1 所示。

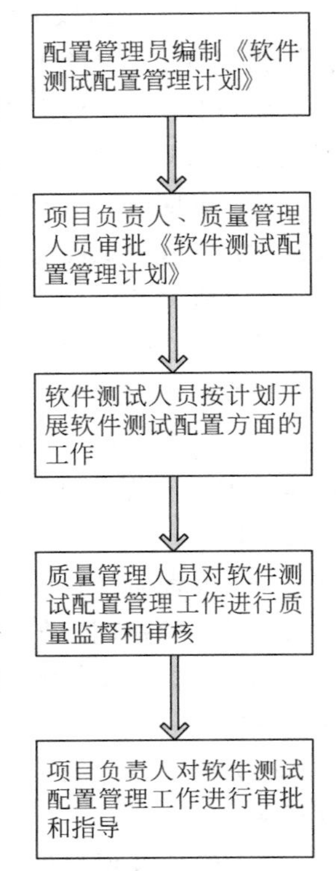

图 5-1 配置管理工作流程

5.2 软件测试配置管理的内容

软件测试开始前，软件开发单位需要提交被测件的相关文档、被测件源程序、被测件可执行程序及相关开发方测试数据。软件测试过程中，需要产生相应的测试技术文档和过程文档及相关的测试辅助管理软件等，这些都应当纳入软件测试配置管理的范畴。

5.2.1 开发方提供的被测件

开发方提供的被测件包括以下方面：

（1）软件研制总要求；
（2）软件研制任务书；
（3）软件需求规格说明；
（4）软件概要设计说明；
（5）软件详细设计说明；
（6）软件用户手册；
（7）被测件源代码；
（8）被测件可执行程序（安装程序）；
（9）测试数据；
（10）输入项评审记录表。

开发方提供的被测件文档是对软件进行测试的依据。研制总要求为开发方进行软件开发的依据，是最顶层文件，开发方依据软件研制总要求对总体要求进行任务拆分，制定软件研制任务书，阐明软件开发的目标和目的。软件需求规格说明是对软件研制任务书的说明，根据任务书阐明本次软件开发需要解决的问题。软件概要设计说明和详细设计说明是针对软件需求规格说明中需要解决的问题进行详细设计，提出解决方法。软件用户手册主要给软件开发人员和使用人员提供软件使用方法、软件常用故障和处理方法、安装、卸载等内容。依据被测件文档对软件源代码和可执行程序进行测试。测试数据是开发方提供的测试过程中必要的数据(一般测试方无法提供)。输入项评审记录表是开发方组织的对软件研制任务书、软件需求规格说明、软件设计说明、软件用户手册进行评审的记录和依据。测试方对评审记录进行审查,确定开发方文档是否经过评审进而确定本次测试是否可以继续进行。

开发方提供的被测件文档、源代码和可执行程序、开发方测试数据均为软件测试的测试范围,必须纳入配置管理。

5.2.2　测试技术文档

伴随着软件测试工作的进行,在每个测试阶段都会产生与软件测试技术有关的软件配置项,涉及软件测试环境、输入数据、输出数据、测试脚本、测试文档等方面。软件测试的不同阶段及对应的配置项分别说明如下。

5.2.2.1　软件测试需求分析阶段

在软件测试开始时,软件测试项目组根据软件测试相关方(软件用户、委托方或开发方等)提供的被测软件配置项,组织开展软件测试需求分析工作,研究制订软件测试需求计划、测试需求项目、测试时间、测试背景、测试重点和难点、陪测硬件和软件环境、测试策略和方法、测试采用标准、项目风险及应对措施、测试文档种类等方面内容,形成对应的软件测试技术配置项,如《软件测试需求规格说明书》《软件测试计划》《软件测试方案(大纲)》等技术文档。当软件测试需求发生变更时,该阶段软件测试配置项的名称、标识、状态、内容、版本、签署、日期等也要发生相应变更,并纳入软件测试配置管理中。

5.2.2.2　软件测试设计阶段

软件测试设计人员根据上一阶段《软件测试需求规格说明书》《软件测试方案(大纲)》等软件测试技术配置项,设计并明确测试用例、测试脚本、测试数据、测试工具和测试环境等方面的内容,形成对应的软件测试技术配置项,如《软件测试说明(用例)》《环境建立表》等技术文档。当上一阶段软件测试配置项发生变更时,该阶段软件测试配置项的名称、标识、状态、内容、用例、版本、签署、日期等也要发生相应变更,并纳入软件测试配置管理中。

5.2.2.3　软件首轮测试阶段

软件测试人员按照上一阶段《软件测试说明(用例)》《环境建立表》等软件测试技术配置项的要求和步骤,执行首轮软件测试工作,形成对应的软件测试技术配置项,如《软件测试记录》《软件测试问题报告单》等技术文档。当上一阶段软件测试配置项发生变更时,软件测试人员需按照变更后的要求重新或补充执行测试工作,形成新的软件测试技术配置项,并纳入软件测试配置管理中。

5.2.2.4　软件回归测试阶段

在软件首轮测试并发现问题后,软件开发方或研制方根据《软件测试问题报告单》的内容和建议,应对软件测试问题进行处理,一般分两种情况:①当软件本身或软件配置项需要更改时,软件开发方或研制方应针对问题严重程度、软件更改后的影响范围等方面重点进行客观分析，形成对应的软件配置项，如《软件更改影响域分析报告(说明)》等；②当软件本身或软件配置项不需要更改时，软件开发方或研制方应明确说明不更改的原因并经过批准，然后在《软件测试问题报告单》中进行详细记录。这些配置项都应该纳入软件测试配置管理中。

在软件首轮测试问题处理后，软件测试设计人员根据软件变更后的情况重新设计测试用例，形成对应的软件测试技术配置项，如《软件回归测试说明(用例)》等技术文档。软件测试人员按照《软件回归测试说明(用例)》等软件测试技术配置项的要求和步骤，执行软件回归测试工作，形成对应的软件测试技术配置项，如《软件测试记录》《软件测试问题报告单》等技术文档，并纳入软件测试配置管理中。

经软件回归测试验证，如果仍然存在未解决的软件问题，则需重复该阶段工作，直到软件测试发现的问题得到全部解决为止，对应的软件测试技术配置项应纳入软件测试配置管理中。当软件测试发现的问题得到全部解决后，则转入下一阶段工作。

5.2.2.5 软件测试总结阶段

在软件测试工作完成后，软件测试项目组应及时对测试工作进行总结，详细说明软件测试项目、测试时间、陪测硬件和软件、测试方法、测试标准、测试阶段、测试问题、问题处理情况、软件质量符合标准情况等内容，形成对应的软件测试技术配置项，如《软件测试总结报告》等技术文档，并纳入软件测试配置管理中。

5.2.3 测试过程文档

测试过程文档包括以下方面：

(1) 测试项目跟踪记录表；

(2) 测试大纲评审记录；

(3) 测试报告评审记录；

(4) 测试总结报告。

测试过程文档是在测试的全过程中保证测试工作、测试产品与测试要求相一致、与被测件的指定版本相一致，保证测试工作的每一步骤都经过了审核，具备可追踪性。

测试项目跟踪记录表是在软件测试项目进展的各阶段，建立和维护测试需求及测试产品的完整性、一致性和可追踪性的依据。测试大纲评审记录是对软件测试大纲的评审内容和结果进行记录，为梳理测试依据、划分测试类型、定义测试内容和方法的软件测试大纲评审结果保留可追踪性的依据。测试报告评审记录是对软件测试报告的评审内容和结果进行记录，为梳理软件阶段性测试工作成果的软件测试报告评审结果保留可追踪性的依据。测试总结报告主要包括在测试过程中发现的问题及对问题修改情况，系统功能是否实现，是否与需求规格说明要求一致，以及硬件和网络环境对系统的影响，是对软件测试工作的全面总结。

5.2.4　测试辅助工具

测试辅助工具包括以下方面：

（1）测试驱动程序；

（2）测试桩模块；

（3）测试支撑软件；

（4）测试脚本程序。

软件测试根据软件测试策略与测试过程分类，可分为单元测试、集成测试、系统测试、回归测试，系统测试依据测试类型还可分为功能测试、接口测试、性能测试、强度测试等。测试人员依据被测软件及被测软件的需求规格说明等文档选择适当的测试方法，在测试过程中测试人员需要借助相应的测试辅助软件来完成测试，测试辅助软件能够在测试过程中提高测试效率，节省测试资源。单元测试过程中，测试人员采用测试工具验证软件程序模块的逻辑、容错、接口等内部数据结构，现在市面上使用的测试工具有 TestBed、C++ Test 等，测试工具根据被测代码生成驱动程序动态运行软件代码，验证输出数据是否准确。集成测试是将程序模块组装起来运行，在集成测试过程中测试人员需要准备桩模块，桩模块即为模拟被测模块的下级模块功能的替身模块，代替被测模块的接口，接收或传递被测模块的数据。系统测试是模拟实际用户使用的测试过程，需要在特定的环境中运行，因此测试人员在测试过程中需要了解被测软件的开发环境、环境数据库、各种接口软件和工具等，测试过程中除被测软件外使用的其他软件均属于测试支撑软件，是验证被测软件必不可少的部分。对于某些需求相对稳定、项目周期较长、自动化测试脚本可重用率较高的项目，或者手工测试无法完成，需要投入大量时间与人力的项目均需采用自动化测试方法。

综上所述，软件测试过程中使用的测试工具、测试支撑软件及相应版本，测试工具产生的驱动程序、桩模块、脚本程序等均需要纳入配置管理中。

5.3　软件测试配置管理的活动

5.3.1　配置管理计划

软件测试配置管理计划的目的在于对所测试的软件规定各种必要的配置管理条款，以保证所交付的被测软件能够满足软件测试任务书或者测试合同中规定的各种原则需求，能够满足测试项目总体制定的、经批准的软件测试大纲中规定的各项具体需求。配置管理计划要求软件测试组在软件测试的同时制订配置管理计划，它有利于软件测试过程质量的控制和最终软件测试产品质量的提高，确保软件测试过程规范、高效、有序，最终提高软件质量，满足用户需求。

5.3.1.1　配置管理计划的内容

软件测试配置管理实施的首要活动，就是按照文档化的规程建立一个切实可行的满足需求的软件测试配置管理计划，用来说明配置管理的各阶段及相应的里程碑、配置项的标识、配置控制、配置状态记录和配置审核及相应的接口管理活动。配置管理计划一般包含以下内容。

（1）引言。简要说明软件测试配置管理活动的概况，包括计划的目的、定义和缩写词、参考资料三部分内容。

（2）管理。描述负责软件配置管理的机构、任务及其有关的接口控制。

（3）软件配置管理活动。描述配置标识、配置控制、配置状态记录与报告及配置检查与评审这四方面的软件配置管理活动的需求。

（4）工具、技术和方法。指明为支持特定项目的软件配置管理所使用的软件工具、技术和方法，指明它们的目的，并在开发者所有权的范围内描述其用法。

（5）对供货单位的控制。供货单位是指软件销售单位、软件开发单位或软件子开发单位。必须规定对这些供货单位进行控制的管理规程，从而使从软件销售单位购买的、其他开发单位开发的或从开发单位现存软件库中选用的软件能满足规定的软件配置管理需求。管理规程应该规定在本软件配置管理计划的执行范围内控制供货单位的方法；还应解释用于确定供货单位的软件配置管理能力的方法及监督他们遵循本软件配置管理计划需求的方法。

（6）记录的收集、维护和保存。指明要保存的软件配置管理文档，指明用于汇总、保护和维护这些文档的方法和设施（其中包括要使用的后备设施），并指明要保存的期限。

5.3.1.2 制订配置管理计划的步骤

经过软件测试需求分析，在测评项目的测试策划阶段进行软件测试配置管理计划的制订。在测试项目的启动阶段制订配置管理计划是项目成功的重要保证，可以保障配置管理的许多关键活动有序地进行，避免造成项目测试过程的混乱。在实施配置管理的过程中，由配置管理组与项目负责人一起制订出一份完整的工作计划作为下一阶段的行动纲要。要将制订配置管理计划的任务分配给指定的人员，要确保所有受影响的部门或者个人都参与评审配置管理计划。制订配置管理计划的步骤如下。

（1）建立并维护配置管理的组织方针。通过对现状的评估，结合常规的配置管理方法建立行之有效的配置管理组织方针。组建或完善配置管理部门，定义配置管理过程与测试过程的协调关系，以及各个测试阶段的测试人员的构成、在配置管理流程中的责任划分等。

（2）确定配置管理需使用的各种资源，包括软件和硬件资源，如配置管理工具、数据管理工具、归档和复制工具、数据库程序等。对工具的评估应侧重于功能的适用性，应确定工具的哪一方面功能可解决测试组的当前问题，满足该组织在软件配置管理上的需求，工具在峰值负荷下的运行效率将如何，工具对并发使用的支持情况如何，工具与现有系统、工具、流程、环境的兼容性如何，工具的成熟性和稳定性，应尽可能选择市场占有率高的工具。

（3）分配责任，确定配置管理的负责人、配置管理人员、质量管理人员、测试人员及其职责权限。明确配置管理组的组织成员和成员关系，为每个成员分派相应的任务和职责。这些任务应该具体、细化到可操作的程度。

（4）培训计划，包括测试过程和测试质量保证的各类培训。描述配置管理过程的构造和配置管理工具培训的时间安排、主讲人及培训范围，一般由配置管理技术负责人或质量管理人员开展。

(5) 确定配置管理的相关人员及介入时机。结合生存周期各阶段,列出构造过程中所要解决的问题,设置里程碑(基线),描述配置管理人员介入的时间节点及名单。

(6) 制订识别配置项的准则。描述在生存周期各阶段中,产品配置项构成的划分准则,标识方法。进行配置管理,必须要统一标识那些将处于版本控制之下的配置项,使用配置项标识来记录该测试软件,与被测软件有关的文档也应作为配置项来进行标识。

(7) 制订配置项管理表,包括标识号、配置管理名称、重要特征预计进入配置管理的时间、实际进入配置时间、拥有者及责任。

(8) 制订基线计划,确定每个基线的名称及主要配置项,预计每个基线建立的时机。描述软件测试项目的基线,也就是最初配准的配置标识,并把它们与生存周期的特定阶段相联系。

(9) 制订配置库备份计划,明确配置库的备份方式、地点、责任人等。描述配置库的使用者,并结合生存周期各阶段与基线,确定配置库备份的时间、地点、责任人及备份方式。

(10) 制订变更控制流程。描述对配置项变更的申请、标识、审批、验收等活动的规定。

(11) 制订审批计划。描述在生存周期各阶段中,产品配置项测试及评审状态的标识方法,状态发送变化时应执行的程序。

5.3.2 生成或发布基线

在软件测试项目管理中,基线是项目管理生存周期中各阶段的一组稳定状态,或正式受控状态,整体记录此阶段的完成成果,作为可以转入下一阶段的标识。通过建立基线,可以进一步细化各阶段的工作划分,明确各阶段的工作结点,保存阶段性的成果状态,便于完成项目的记录、追踪、管理、控制和检验。在软件测试的各阶段中,基线可以看作里程碑,记录当前阶段完成的内容,这些内容需要是稳定的,不可更改的,评审和检验通过后纳入基线库并作为可以开展下一阶段的基础和依据。下一阶段所需开展的工作均需以本次形成的阶段性成果为基础进行修改,直到完成下一阶段的工作,形成新的基线。如需更改基线,只能通过正式的变更控制过程进行更改。在生成基线时,应根据行业标准、行业体系要求或管理规定等,明确每个基线应交付的文档和程序、与每个基线有关的评审和审批事项及验收标准。

在制定每一基线时,把基线要求受控的软件实体标识为软件配置管理项,并为每个软件配置管理项赋予唯一的标识符。配置库也与基线密切相关,下面先来介绍一下配置标识和配置库。

5.3.2.1 配置标识

在软件测试的生存周期中,为了控制和管理方便,所有软件配置项都应该按照一定的方式来命名和组织,这是进行软件测试配置管理的基础。软件测试过程中形成的各类技术文档和管理文档,除一些临时性文档外一般都应进行配置管理。此外,被测程序也需要进行配置管理。

1）文档标识

通常判定一个文档是否进行配置管理的标准应当是此文档是否有多人需要使用，这些文档往往在项目测试过程中需要不断修改完善。因此，要确保每一个使用者都能够使用同一个版本的文档，就必须将这些文档统一纳入配置管理，成为受控的配置项。

以 QJ 1912.2—1999《航天型号软件文档管理制度》中规定的隶属编号法或分类编号法为例，文档的标识可以采用隶属编号法，其格式如下：

型号代号/分系统代号/软件名/文档类型/版本号

其中，

（1）型号代号指该软件所属型号的代号；

（2）分系统代号指分系统（设备）名称或代号；

（3）软件名可用汉语拼音或英文缩写字母表示；

（4）文档类型的代号见表 5-1；

（5）版本号由版本号和修订号组成，取 3 位数字（×.××），第 1 位表示版本号，第 2 位和第 3 位用来表示修订号。

表 5-1　文档类型的代号

序号	文档名称	文档代号
1	软件任务书	RW
2	软件需求规格说明	RX
3	概要设计说明	GS
4	详细设计说明	XS
5	软件使用说明（用户手册）	YC
6	测试计划	CJ
7	测试需求说明	CX
8	测试方案	CF
9	测试说明	CS
10	测试用例	YL
11	测试大纲	DG
12	测试记录	JL
13	测试报告	BG

以 AAA 软件为例，它是 BBB 型号系统中的一个软件配置项，固化后安装在智能终端 CCC 上。因此 AAA 软件部分文档的标识符为：

（1）BBB/CCC/AAA/RX-1.01 AAA 软件需求规格说明；

（2）BBB/CCC/AAA/GS-1.01 AAA 概要设计说明；

（3）BBB/CCC/AAA/XS-1.01 AAA 详细设计说明；

（4）BBB/CCC/AAA/CJ-1.21 AAA 测试计划；

（5）BBB/CCC/AAA/CX-1.21 AAA 测试需求说明；

(6) BBB/CCC/AAA/CF-1.21 AAA 测试方案；

(7) BBB/CCC/AAA/CS-1.21 AAA 测试说明；

(8) BBB/CCC/AAA/YL-2.01 AAA 测试用例；

(9) BBB/CCC/AAA/DG-2.01 AAA 测试大纲；

(10) BBB/CCC/AAA/BG-2.01 AAA 测试报告。

2) 程序标识

程序包括源程序代码和可执行程序代码。程序的配置管理项可以是整个软件配置项，也可以是软件部件或软件单元。程序的标识也以 QJ 1912.2—1999《航天型号软件文档管理制度》中规定的隶属编号法或分类编号法为例，这里提供的范例采用隶属编号法，其格式如下：

型号代号/分系统名/程序名/程序类型/版本号

其中，

(1) 型号代号指该软件所属型号的代号；

(2) 分系统名指分系统(设备)的名称或代号；

(3) 程序名指软件配置项、软件部件或软件单元的名称；

(4) 程序类型指源程序代码或可执行程序，用英文字母表示，S 表示源程序代码，E 表示可执行程序；

(5) 版本号由版本号和修订号组成，取 3 位数字(×××)，第 1 位用来表示版本号，第 2 位和第 3 位用来表示修订号。

程序名应反映其功能或用途，并应与《概要设计说明》和《详细设计说明》中所采用的名称一致，以便于跟踪。此外，在源程序代码的前面应加一个程序首部，其中包括：

(1) 标识符；

(2) 程序员名；

(3) 编程日期；

(4) 更改日期；

(5) 更改人名等。

仍以 AAA 软件为例，程序的标识符为：

(1) BBB/CCC/AAA/RX-1.2 AAA 源程序代码；

(2) BBB/CCC/AAA/RX-2.1 AAA 可执行程序。

总之，不论是文档的标识还是程序的标识，其标识方法有多种。承制方应根据需要选择合适的标识方法。选择标识方法时应注意如下几点：

(1) 应保证标识的唯一性，绝不能出现同名的标识符；

(2) 应保证能容纳所有的配置管理项。不能因为增加了新的配置管理项，而需要合并或撤除其他配置管理项；

(3) 应保证不同软件项目或不同型号软件之间不混淆。

5.3.2.2 配置库

配置库也称配置项库，是软件测试及过程中各种中间产品构建的基于规则的目录存储结构，是软件测试配置管理的必备工具，针对软件测试工作的特点和实际需求，通常应建立软件测试“三库”，即开发库、受控库和产品库。

（1）开发库

开发库也称动态库、程序员库、工作库，通常建立在测试组内，用于存放软件测试过程中需要保留的各种信息，供测试人员个人专用，并由测试人员自己进行管理和维护，库中的信息可能会频繁地修改，而且也不影响其他部分，通常管理层无须对其做任何限制。开发库供软件测试人员进行需求分析、设计和测试使用。开发库还用来存放测试过程中产生的未经评审的文档，这些文档经内部评审和批准后，应适时转入受控库。

（2）受控库

受控库也称主库、系统库，通常建立在测试团队内部，由专职或兼职库管理员进行管理和维护，用于管理开发库中转入的各种文档、软件代码，以及委托方提交的种类需求文档、软件程序和软件源代码。测试人员可以自由读写修改受控库中的各种信息，但应严格履行相应的审批手续。受控库中的相关测试文档在经过外部评审及上级批准后应适时转入产品库。

受控库建立在单位内部哪个层级部门并无严格规定。无论建在何处，总的原则是都要有利于开发工作的顺利进行和软件技术状态的控制。

（3）产品库

产品库也称静态库、软件产品库，通常建立在测试机构内部的质量管理部门内，并由专职或兼职库管理员进行管理和维护，用于存放测试完成待发放的最终软件产品和归档的文档及程序。产品库中的文档和程序不得进行更改，确需更改时，应将该需要更改的产品返回受控库处理后重新提交到产品库。

配置库建立和管理过程中，通常应建立测试配置管理备份库，用于存放配置项备份版本，通过定期对配置库进行备份的方式，防止意外情况导致的配置项信息丢失。

5.3.2.3 基线的划分

对软件测评来说，一组稳定状态应包含开发方提交的源代码和相应的开发文档，以及测评方的测评文档。该组稳定状态应满足行业标准及项目要求。根据项目管理生存周期的4个不同阶段，每个阶段的基线均有不同的侧重方面。

在测评项目的概念或启动阶段，基线的生成应侧重甲方的需求分析，识别项目干系人并确定基线的管理范围。此时应开始组建项目团队，配置管理人员应识别配置项并分配唯一的项目标识，同时创建配置库。

测试机构应根据被测软件的规模和关键程度等级确立基线，通常应建立计划基线、需求基线、策划基线、设计基线、执行基线、回归基线、总结基线和交付基线等，如图5-2所示。

在测评项目的规划阶段，基线的生成应侧重时间管理、质量管理、风险管理和成本管理。在该阶段中，项目负责人应根据项目内容、需求和时间要求，规划项目的基线完成时间，明确所需的测试工具，完成风险识别和分析。

（1）计划基线包括开发方提供的从受控库中提交的被测件源代码，经过评审的相关开发文档，软件测试人员提供的测试计划。计划基线用于确立软件测评项目的初始状态，测评人员在后续阶段中依据计划基线中的代码和开发文档进行测试的设计和执行。其中相关开发文档应包含软件研制任务书、软件需求规格说明、软件概要设计说明、软件详细设计说明、

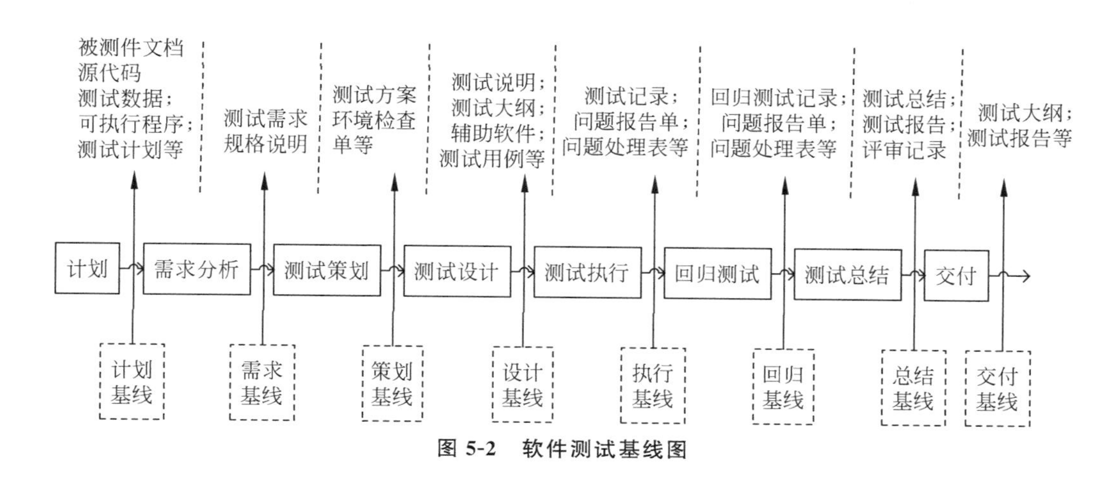

图 5-2　软件测试基线图

用户手册等文档。

(2) 需求基线包含测试需求规格说明等，通常在测试计划完成之后，测试需求分析开始之前建立。

(3) 策划基线包括软件测试人员提供的测试方案、测试需求规格说明、环境检查单、相关评审记录等。用于明确测试方法，细化测试计划，记录真实的测试环境、测试数据和测试工具，为后续根据软件功能设计具体的测试用例提供前期准备。因此，策划基线通常在计划基线后，设计基线前建立。

(4) 设计基线包括软件测试人员提供的测试大纲或测试说明、相关评审记录等。该基线明确了项目的详细的测试用例，作为下一阶段执行测试用例的依据，因而在策划基线之后、执行基线之前建立。

以上 4 个阶段为软件测评的输入，需要依据相关标准和规定，组织专家进行评审，评审通过后方可进入项目执行阶段。后续 4 个阶段为软件测试的输出，逐步形成测试结果和最终报告。

在测评项目的执行阶段，基线的生成需要侧重实施质量保证、时间管理，软件测试人员应依据前一阶段设计的测试用例，在计划时间内保质、保量地完成测试用例的执行，完成执行基线的生成。如开发方提交的被测件源代码或文档存在问题，双方应对提交问题进行沟通，并对问题和修改方法进行审核，审核通过后进行软件回归测试，直到发现的问题均已关闭或协商后对下一版本进行另行修改。因此，在被测件确实存在问题的前提下，测评项目的执行阶段还应包含回归基线。

(5) 执行基线包括测试记录、测试问题记录、测试问题报告单及软件问题修改审核意见等，作为开发方进行软件版本或文档升级的依据。同时，软件问题修改审核意见还是测评方设计并执行回归测试的前提和依据。因此该基线是回归基线或总结基线的前提，需在回归基线或总结基线前建立。

(6) 回归基线包括开发方提交的修改后的被测件源代码或开发文档，回归测试说明，回归测试记录等。该基线作为项目执行周期中衡量首轮测试发现问题是否关闭的基线，必须在执行基线后，总结基线前。若首轮测试未发现问题，则该基线是不必要的，创建完执行基线后可直接创建总结基线。

在软件项目的结果阶段，应侧重整体项目管理，梳理测试过程的重要节点、数据和风险，核查测试覆盖的全面性及准确性，同时给出软件测评结论，创建总结基线、交付基线并组织评审验收活动。

（7）总结基线包括开发方提交的修改无误的被测件代码和相关开发文档，软件测试人员提供的软件测评报告及相关评审记录等，该基线是项目是否依据合同要求完成测评任务，测评是否覆盖全面、准确的验收内容。

（8）交付基线为依据项目的合同要求，最终需要交付给甲方的测试文档，可以为全部纳入本项目基线库的测试过程文档、测评报告和测评结论，在产品交付前创建。

应注意的是，当软件测试为系统级测试时，执行完全部配置项测试后，还应进行软件系统测试，软件系统测试基线的生成与上述一致，但在计划基线中，开发方应提交相关的系统级设计文档而非单独的软件功能开发文档。

由此可见，基线是进一步修改的基础和基准，在进入基线前不对变化进行管理，进入基线后对变化进行严格管理，不会变化或变化对其他无影响的可以不纳入基线。

5.3.2.4 基线生成或发布的步骤

基线的建立应具备可追踪、可控制、可重复、可复用的特点。

（1）可追踪：基线按照配置管理的流程严格执行并监控，保留了一个软件测评项目各个阶段的成果和稳定版本，每个基线的内容均具有唯一标识和版本，可依据要求进行各项目结点的审计。

（2）可控制：生成或发布基线有助于配置管理中变更控制的实施。由于每个阶段的基线均已纳入基线库，不可更改或变更权限要求高。因此在配置管理过程中，可将文档或代码与基线库中的内容进行比较，严格识别版本的变更。

（3）可重复：当发现测评过程中存在疏漏，或开发方进行了软件需求变更时，可根据配置管理的流程，将该阶段的基线取消或变更，返回到上一阶段基线的受控正式版本，再依据补充要求或软件变更影响与分析，重新进行修改。

（4）可复用：当软件测评项目存在复用需求时，可根据复用需求，从受控的基线库中，依据流程提取所需文档，从而在保证质量的前提下，既降低了项目实施的成本，又实现了新旧项目复用的版本差异控制。

基线生成或发布的主要步骤如下。

（1）明确测试需求：识别配置项并分配唯一的配置标识，创建配置库，组建项目团队；

（2）制订基线计划：计划每个基线建立的时机，基线变更控制流程，依据行业相关标准、规定及企业体系文件，进行配置项的规范性检查，同时创建基线库；

（3）生成基线：依据甲方需求生成基线，并确定唯一的标识和版本号；

（4）获得授权：将形成的阶段性文档进行评审；

（5）形成文件：评审通过后纳入基线库，作为生成下一基线的基础；

（6）发布基线：审核基线内容，提交基线发布申请，审核通过后完成基线发布；

（7）使基线可用：使现行的基线库中内容可供使用并严格管理，不得随意修改。

5.3.3　变更控制

变更控制是软件配置管理的核心和关键，指在整个软件生命周期中控制软件产品的发布和变更。变更控制的目的是建立一个帮助保证生产符合质量标准的软件，保证每个版本的软件包含所有必要的元素，以及工作在同一版本中的各元素可以一起正常工作的机制。有变更的软件配置项的管理流程可以归纳为：初次入库→初次出库→变更→再次入库，受控库的配置管理流程如图 5-3 所示。产品库的变更控制与受控库的变更控制类似。

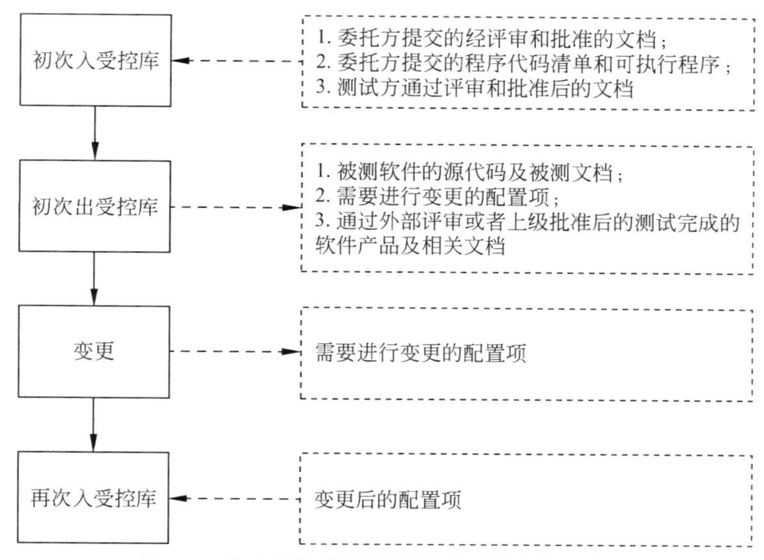

图 5-3　有变更的软件配置项的受控库管理流程

变更控制要求记录每次变更的相关信息，如变更的原因、变更的实施者、变更的内容及相关审批意见。这些信息有助于追踪出现的各种问题。加入到配置库中的各基线配置项，即使在权限允许的情况下也不得随意变更，无控制的变更将迅速导致混乱，对于大型的软件测试项目而言更是如此。但现实生活中的各种要素，如市场的变化、技术的进步、客户对于项目认识的深入等，都可能导致软件测试过程中变更的发生。变更控制告诉我们什么是受控的，受控产品如何变更，谁控制变更，何时接受、恢复、验证变更。

变更控制的管理必然要涉及配置库的控制及配置项版本的控制，下面先介绍配置库的控制。

5.3.3.1　配置库的访问控制

1）入库和出库

配置库的控制主要针对的是受控库和产品库的控制管理。入库和出库应注意以下几个方面：

（1）需纳入受控库的文档在通过评审和批准后，应从开发库转入受控库；

（2）委托方提交的经评审和批准的文档存入受控库；

(3) 委托方提交的经单元测试和集成测试的程序代码清单和可执行程序应存入受控库;

(4) 测试完成的软件产品及相关文档在通过外部评审或者上级批准后,应从受控库转入产品库;

(5) 进、出受控库的配置项,在入库或出库前应填写软件入(出)库申请单;

(6) 在入受控库和产品库前,库管理员应对各配置管理项进行检查,确认满足要求后方能入库,主要检查以下 4 个方面的内容: ①是否有评审通过的结论; ②审批手续是否齐备; ③介质的标记是否齐全; ④介质是否带有病毒等。

2) 配置库的访问控制

配置管理系统应允许访问和使用存放在配置库中的配置管理项,并允许进行下列操作。

(1) 读出,对配置库中的配置管理项进行查阅或复制;

(2) 插入,向配置库增加新的配置管理项;

(3) 更换,将配置库中旧的配置管理项撤掉,换上新的配置管理项;

(4) 删除,从配置库中去掉配置管理项。

对配置库的访问应受控,配置库仅对软件测试组内部人员开放,杜绝非法访问配置库及两个人同时访问同一配置管理项,测试组内部人员,也应根据其具备的访问权限执行。测试人员的访问权限见表 5-2,而库管理员的访问权限见表 5-3。

表 5-2 人员的访问权限

类型	读出	插入	更换	删除
开发库	Y	Y	Y	Y
受控库	Y	N	N	N
产品库	Y	N	N	N

表 5-3 库管理员的访问权限

类型	读出	插入	更换	删除
开发库	Y	Y	Y	Y
受控库	Y	N	N	N
产品库	Y	N	N	N

5.3.3.2 版本控制

在变更控制中,为了纠正错误和满足用户的需求,往往对一个软件配置项要保存多个不同的版本,并随着软件测试的进行,软件配置项的版本数目也逐渐增加。版本控制(version control),又有别名为 revision control 或 source control,它属于软件配置管理的一部分,是对文档、程序、大型网站或其他信息集合变化的一种管理。为此,软件配置管理中对软件配置项的版本控制也有以下要求:

(1) 保存软件配置项的老版本,以便能够对以后出现的问题开展调查;

(2) 能够根据用户的不同需求,提供不同版本的软件配置项以配置不同的系统;

(3) 将各软件配置项的各种版本进行高效存储。

版本记录了配置项的演化过程。通常说的版本指的是已经交付给用户使用的产品的版本。在交付给用户使用之前,同样也会产生各种各样的版本。软件配置项在不同的时期,由于不同的要求会出现不同的组合,为了表明不同的特性,也会标明不同的版本。因此,每个软件配置项有一个版本组。他们彼此之间有特定的关系,这种关系用以描述其演变情况,通常软件配置项的版本组成树形结构。所有置于配置库中的元素都应予以版本的标识,并保证版本命名的唯一性。对于配置库中的各个基线控制项,应该根据其基线的位置和状态来设置相应的访问权限。一般来说,基线版本之前的各个版本都应处于被锁定的状态,如需要对它们进行变更,则应按照变更控制的流程来进行操作。

版本控制是一种自动记录备份一个或若干文件内容变化,以方便查阅到任意特定版本修订情况的过程。测试文档更改后,表示其状态发生了变化。其版本应能及时地、准确地反映出这种变化,否则技术状态便混乱了。这不仅影响测试工作的正常进行,而且也影响被测软件产品的质量和使用。因此,应对测试文档版本进行严格控制。

版本控制的主要任务包括版本信息的存储,版本的创建、删除,版本的选取,分支合并管理,版本表示,版本审计,工作区管理和事务管理等。

控制流程:

(1) 配置管理员根据项目测试计划建立配置管理库并通知相关人员。

(2) 测试人员在开发库中编制测试相关文档。

(3) 相关文档版本状态固化后由配置管理员转入受控库。

(4) 测试过程中,测试人员根据测试情况依据更改控制程序实施更改控制。

(5) 测试工作完成后并经过评审后,配置管理员将对应的版本转入产品库。

5.3.3.3　变更控制

变更控制是对已批准的各类配置管理项状态发生变更时所采取的控制管理过程,以保证相应的文档始终处于受控制的状态,并随时可跟踪回溯到某个历史状态,是测试项目配置管理中最重要的过程之一,如图 5-4 所示。

1) 更改控制类型

对软件配置管理项的更改进行适当的控制是配置管理系统最基本的,也是最关键的功能,是一个软件配置管理系统的精髓。在软件测试周期内,由于计划调整、需求变动、问题整改、环境改变和人为差错等因素,往往需要对受控库中的产品进行更改。

按照更改的影响范围可将变更类型分为以下 3 类。

(1) A 级更改:更改后会影响测试范围和测试策略的调整,这类更改必须经过配置控制委员会(CCB)的审核,并经软件研制技术总体和使用总体的批准和确认。

(2) B 级更改:更改后会影响测试内容和方法的调整,这类更改必须经过配置控制委员会(CCB)或者测试负责人批准和确认。

(3) C 级更改:更改后会影响测试充分性的调整,这类更改应当经过测试负责人批准和确认。

需要注意的是,任一配置管理项的更改,都必须履行严格的审批手续并在受控库的控制下进行更改。也就是说,凡对产品库中任一配置管理项进行更改,都应将需要更改的配置管

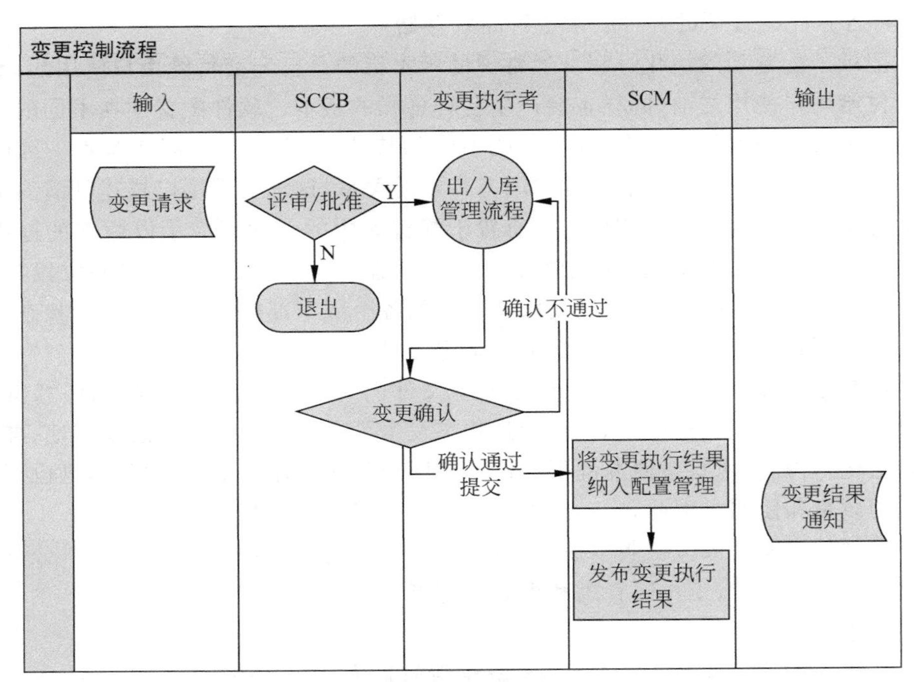

图 5-4 变更控制流程

理项返回受控库。

2）更改控制要求

对已纳入受控库和产品库中的配置管理项进行更改时，应满足下列要求。

（1）一旦涉及更改都必须要有充分的更改依据，并按照质量管理体系的要求签署更改审批单；

（2）只有承担测试任务的测试组才有权对项目相关的文档和程序进行更改；

（3）影响被测试件重要性能的更改应经过充分论证和验证后方能实施；

（4）由于各文档间的相关性，当一个文档的更改可能会影响其他文档的状态时，其他所有文档都应同时进行更改，确保状态一致；

（5）更改时必须对所有的更改项进行影响域分析，并对更改的内容进行回归测试，确保更改有效落实；

（6）实施更改应按照测试单位制定的更改控制程序进行，不得出现不受控制的随意更改；

（7）涉及多个更改时，不得多个更改工作同时开展，应当逐项实施更改、验证，前一个更改全部完成并验证合格后，再实施下一个更改；

（8）必须对所有的更改情况及验证情况做好详细记录，做到有据可查、可追溯。

3）更改步骤

更改步骤包括提出更改意见、填写更改单、审批更改单、实施更改、发布更改结果等。

（1）提出更改意见。

发现产品库中的产品存在问题需要实施更改时，应填写问题报告单。问题报告单应简明扼要地记录问题的相关信息，描述清楚问题的名称、类型、涉及的范围并进行影响域分析。

每个问题都应填写一份问题报告单。

(2) 填写更改单。

测试人员收到问题报告单后，应当针对需要更改的问题进行深入分析，弄清问题产生的原因，确定问题类型，提出更改问题的方案，并填写问题更改单。一份更改单只能对一个配置管理项进行更改。

(3) 更改审批单。

将填写好的软件更改单连同问题报告单一起提交给有关技术负责人，履行相应的审批手续。对涉及软件功能、性能和外部接口等重大问题的更改应通过专家评审的方式进行确认。

在审批和评审过程中，应重点关注以下几个方面的内容。

① 更改的意义，确认是否需要更改。

② 更改方案是否正确、合理、可行。

③ 本次更改是否牵涉其他文档和程序，是否要实施同步更改。

④ 实施更改后，需要在什么范围内开展回归测试。

⑤ 本软件中是否还存在类似的问题需要举一反三地进行更改。

⑥ 更改后的版本如何确定，旧版本如何处理。

(4) 软件更改单批准后，测试人员应填写入(出)库申请单，向受控库管理员申请提取需更改的配置管理项。

(5) 受控库管理员收到入(出)库申请单后，办理出库手续。该配置管理项一旦出库，便处于锁定状态，禁止其他人使用。

(6) 测试人员按批准的更改单对配置管理项实施更改。若更改程序，应进行相应的回归测试，并提出回归测试分析报告。更改完成后，测试人员应填写入(出)库申请单，向受控库管理员申请重新入库。

(7) 将更改单和更改后的配置管理项提交给受控库管理员，履行入库手续。入库时，受控库管理员应从以下几个方面进行检查。

① 审批手续是否完整。

② 是否按更改单更改，有无多改或漏改现象。

③ 若更改程序，是否有回归测试分析报告。

④ 重大更改是否经过了评审。

⑤ 是否文文一致，文实相符。

(8) 更改后的配置管理项一旦入库，便应解锁，可供相关人员使用。

(9) 将更改后的配置管理项通知或分发给测试相关人员。

(10) 若更改的是已交付的配置管理项，应将该配置管理项从受控库返回产品库，如需向上级主管单位或者用户提交的则应重新提交。

4) 更改控制权限

更改应慎重，必须履行相应的审批手续，尤其是对基线产品的更改必须履行更加严格的审批手续。通常审批权限分为三级，分别是文档及软件作者、测试项目负责人和测试评审委员会。

（1）文档及软件作者

文档的编写者负责文档的编写，并可以在文档送审前对文档进行更改，测试软件及脚本负责软件编码，并可以在测试软件状态确认前对程序进行更改。

（2）测试项目负责人

测试项目负责人负责测试软件的状态确认，在测试软件状态确认前对软件配置项具有控制权。

（3）测试评审委员会

测试评审委员会拥有对基线产品和对基线产品更改的批准权。各类更改评审均由评审委员会来完成，在被测试件交付客户之前，测试评审委员会对所有基线产品拥有控制权。软件评审委员会确定基线产品能否更改，并授权测试人员实施更改。这种控制权是不能返回的，必须坚持，决不允许发生未经测试评审委员会批准便实施更改的现象。

在设置审批权限时，应从以下两个方面进行考虑。

（1）被测软件的关键程度等级越高，更改的审批权限也应相应提高，审批权限应按照D、C、B、A依次递增。

（2）审批权限也应随测试软件的类型有所不同，通常按照单元测试、第三方测试、定型测评依次递增。

5.3.4 状态报告

配置状态报告用于准确描述配置项和基线的内容及其变更状态，确保配置项和基线的状态及变更历史准确清晰，变更可追溯。

5.3.4.1 配置状态报告的优势

配置状态报告的任务是及时、准确地给出软件配置项的当前状态，使受影响的组和个人可以使用它，同时报告软件开发活动的进展状况。通过不断地记录状态报告可以更好地进行统计分析，便于更好地控制配置项，更准确地报告开发进展状况。当一个软件配置项标识更改，或变更控制审核者批准一次变更时，则生成一个配置状态报告。主要描述配置项的状态、变更的执行者、变更时间和有何影响。

配置状态报告的最大好处是记录了配置管理活动的过程，确保配置项内容和状态可恢复到以前的版本；能确保相关方能存取和了解配置项的配置状态；可以详细描述配置项和基线的历史版本、相关版本和当前版本及其之间的差异；使软件更改时，更新每个配置项和基线的状态。

5.3.4.2 配置状态报告的内容

配置状态报告也称配置状态纪实，其任务是在软件测试周期内对软件测试全过程所有配置管理项的状态变化情况进行有效记录和报告，以反映开发活动的历史情况，供软件测试人员了解和掌握。通过不断地记录状态报告可以更好地进行统计分析，便于更好地控制配置项，更准确地报告开发进展状况。由此可见，配置状态报告的对象包括：配置项的状态、更改申请和对已被批准的更改的实现情况。

每次新分配一个配置项或更新一个已有配置项的标识，又或者一项变更申请被变更控制负责人批准，并给出了一个工程变更顺序时，在配置状态报告中就要增加一条变更记录条目，一旦进行了配置审计，其结果也应该写入报告中。配置状态报告可以放在一个联机数据库中，配置管理人员可以对它进行查询或修改。此外在配置报告中，新记录的变更应当及时通知管理人员和其他工程师。在变更请求批准后，实施变更需要一段时间，要设置一种管理手段来反映变更所处的状态，这就是变更说明，它可供项目经理和配置控制委员会（CCB）追踪变更的情况。变更说明的信息可以通过变更请求和故障报告得到，变更状态可分为活动（正在实施变更）、完成状态（已完成变更）和未列入变更状态 3 种。

在每个阶段结束时，都应产生相应的配置状态报告，也可定期产生配置状态报告，其主要内容包括：

（1）基线及配置项的状态，基线标识/名称、配置项标识/名称、版本号；

（2）变更要求是否被批准；

（3）变更或问题编号、变更人、变更开始时间、变更说明；

（4）新旧版本有什么不同；

（5）有多少错误被改变；

（6）错误的原因是什么；

（7）受影响配置项及变更后版本号、变更完成日期；

（8）纳入基线日期、状态及标识日期。

库管理员应随时记录这些信息，当状态发生变化时，应及时地通知有关人员。状态变化情况最好采用表格形成。可以为每个配置管理项单独地建立一个状态纪实表，也可以综合地建立一个状态纪实表。文档的状态纪实表可参考表 5-4，它记录了各配置管理项版本的演变情况。从表 5-5 中可以看出，各种文档的版本号可以不一致。

表 5-4　文档状态纪实表

文档代号	标识符	更改单编号	更改时间	重入库时间

表 5-5　版本状态纪实表范例

文档类型	需求分析阶段	测试设计阶段	测试执行阶段	测试总结阶段	验收交付阶段
软件研制总要求 YQ	1.0	1.0	1.0	1.0	1.0
软件研制任务书 RW	1.0	1.0	1.0	1.0	1.0
软件需求规格说明 RX	1.0	1.0	1.0	1.0	1.0
软件概要设计说明 GS	1.0	1.0	1.0	1.0	1.0
软件详细设计说明 XS	1.0	1.0	1.0	1.0	1.0
软件用户手册 SC	1.0	1.0	1.0	1.0	1.0

续表

文档类型	需求分析阶段	测试设计阶段	测试执行阶段	测试总结阶段	验收交付阶段
测试计划 CJ	1.0	1.01	1.01	1.01	1.01
测试需求说明 CX	1.0	1.01	1.01	1.01	1.01
测试方案 CF		1.0	1.01	1.01	1.01
测试说明 CS		1.0	1.01	1.01	1.01
测试用例 YL		1.0	1.01	1.02	1.02
测试大纲 DG		1.0	1.01	1.02	1.02
测试记录 JL			1.01	1.02	1.02
测试报告 BG				1.0	1.01

5.3.5 配置审核

5.3.5.1 配置审核的目的

配置审核是配置管理活动的有机组成部分，它的主要任务是验证配置项对配置标识的一致性，其作为变更控制的补充手段，被用来确保某一软件需求的变更被切实落实了。软件开发和测试的实践表明，虽然我们在配置管理中对配置项做了标识，也完成了变更控制、版本控制，但是如果忽略了配置检查或配置审核验证，软件的配置项管理还是会出现混乱。配置审核一般需要完成以下 4 项验证。

（1）对配置项的处理是否有背离初始的规格说明或已批准的变更请求的现象。

（2）配置标识的准则是否得到了遵循。

（3）变更控制规程是否已遵循，变更记录是否可供使用。

（4）在规格说明、软件产品和变更请求之间是否保持了可追溯性。

而且配置审核不是一次性的活动，而是在软件的整个生命周期内都需要持续进行的活动。一般是在出入库事件触发时，完成配置审核。配置审核有两个目的，一个是确保软件开发和测试基线的完整性，另一个是对软件变更进行控制。

5.3.5.2 配置审核的类型

在 GJB 5000A—2008《军用软件研制能力成熟度模型》的配置管理过程中，配置管理审核有 3 类：配置管理审核、功能配置审核和物理配置审核，但是标准中只给出了这 3 种配置审核的目的，没有给出具体的实施方法。标准中对这 3 种配置审核的描述如下。

（1）配置管理审核（CMA）：主要是确认配置管理记录和配置项是否完备、一致和准确。

（2）功能配置审核（FCA）：主要是验证配置项的所测试功能特性是否已经达到功能基线文档中的要求，操作和支持文档是否完备与满足要求。

（3）物理配置管理（PCA）：主要是验证构造的配置项是否符合定义它的技术文档要求。

GJB 5000A—2008《军用软件研制能力成熟度模型》中并没有给出配置管理审核的具体做法，其他标准如GB/T 20158—2006《信息技术软件生存周期过程配置管理》、GJB 5235—2004《军用软件配置管理》和GJB 5880—2006《软件配置管理》中也没给出。但是结合技术状态管理审核的做法，可以给出配置管理审核的实施建议如下。

1）配置管理审核

根据配置审核的要求，结合对标准的理解和各行业多年实施经验，配置管理审核实施建议如下。

（1）组织形式：由配置管理人员或质量保证人员负责，对多个软件测试项目同时进行或单独进行实施。

（2）审核时机：定期进行，一般可采用季度或半年审核。

（3）审核内容：

① 审核配置状态记录是否完整、准确；

② 审核配置状态记录与配置库中配置项状态是否一致；

③ 基线发布内容是否与基线实际内容一致；

④ 配置项出入库单内容是否与配置项实际状态一致。

2）功能配置审核

（1）组织形式：由软件任务书提出方、软件开发方和软件测试方共同完成，审核组长由软件任务书提出方担任，审核副组长由软件测试方担任。

（2）审核时机：软件完成测试交付测试报告前，可与测试总结评审一同进行。

（3）审核内容：

① 软件产品的功能和性能是否满足任务书要求；

② 测试方的测试过程和测试结果是否符合技术文档的要求；

③ 测试报告内容是否准确、全面；

④ 测试记录内容是否真实可行；

⑤ 配置项变过程是否符合相关过程说明、规范和标准要求；

⑥ 软件用户手册和软件版本说明等软件运行和支持类文档是否完整、准确。

3）物理配置管理

（1）组织形式：同功能配置审核。

（2）审核时机：软件交付验收前，功能配置审核后，可与功能配置审核同时进行。

（3）审核内容：

① 软件可执行代码与源代码版本是否匹配；

② 软件代码结构是否与设计文档一致；

③ 需求文档与设计文档之间是否协调、一致；

④ 软件产品规格说明和固件保证手册等保障类文档是否正确、完整；

⑤ 功能配置审核遗留的问题是否已经解决。

实施配置审核的责任人一般为项目组成员，另外还可以是非项目组成员，如其他项目的配置管理人员、软件测评单位的内部审核员及软件测试的配置管理人员。在软件测试项目的配置管理中，如果配置管理活动是一个正式的活动，则该活动由软件质量保证人员单独执行。

5.4 配置管理记录

配置管理记录也称为配置管理状态说明，其任务是有效地记录和说明在软件的整个生存期内软件所处的状态，目的是能够及时、准确地记录软件配置项当前所处的状态。在软件测试的配置管理中，一般需要记录以下信息。

（1）软件配置项基本信息：软件配置项信息、软件源代码信息。

（2）软件开发文档信息：软件研制任务书信息、软件需求规格说明信息、软件设计说明信息、软件使用手册信息。

（3）软件测试文档信息：软件测试计划信息（三方测试/开发方测试）、测试需求/大纲分析阶段文档（软件测试需求规格说明信息（三方测试/开发方测试）、软件测评大纲信息（定型测试）、软件回归测试方案信息）、测试设计阶段文档（软件测试说明/软件回归测试说明）、测试设计阶段文档（软件测试记录/软件回归测试记录）。

（4）Bug 追踪信息。

下面将详细地说明每一类信息需要记录哪些内容。

5.4.1 软件配置项基本信息

软件配置项基本信息包括软件配置项基本信息、软件配置项各个版本及测试情况信息，它是配置管理记录的基本信息，其他所有的信息都需要依赖此信息。

在软件测试的配置管理活动中，软件测评单位在接收到软件研制方新提交的被测件后，应先分析本次接收的配置项是全新的软件，还是原来已经完成过测试的配置项的新版本。如果是全新的软件，则应同时记录配置项基本信息和配置项的当前版本及测试情况信息；如果是原来已经完成了测试工作的配置项，本次只是提交了一个新版本的软件进行测试，则在软件配置项基本信息中应有该软件配置项的基本信息，本次只需针对新提交的版本，记录新版本的信息及测试情况。

软件的配置项基本信息表可参考表 5-6，它记录了各软件配置项的基本情况。软件配置项各版本及测试情况信息表可参考表 5-7，它记录了软件配置项各个版本的情况及测试相关情况。

表 5-6 配置项基本信息表

序号	属性名称	参考取值	备注
1	软件配置项名称	依据软件任务书或软件需求规格说明文档获取	—
2	软件配置项标识	依据软件任务书或软件需求规格说明文档获取	软件标识应唯一
3	项目代号	测评单位根据项目管理办法分配项目代号	项目代号应唯一
4	研制单位	根据实际情况填写	—
5	编程语言	根据实际情况填写	—

续表

序号	属性名称	参考取值	备注
6	安全等级	根据实际情况填写	—
7	运行的操作系统	软件运行环境中的操作系统环境	—
8	软件类型	嵌入式/非嵌入式	—
9	所属军种/行业	根据实际情况填写，如火箭军/陆军/空军/海军/载人航天/探月工程等	—
10	其他信息 1	可根据实际情况补充其他信息	—
11	其他信息 2	可根据实际情况补充其他信息	—

表 5-7　各个版本及测试情况信息表

序号	属性名称	参考取值	备注
1	软件配置项名称	依据软件任务书或软件需求规格说明文档获取	—
2	软件配置项标识	依据软件任务书或软件需求规格说明文档获取	软件标识应唯一
3	项目代号	测评单位根据项目管理办法分配项目代号	项目代号应唯一
4	版本号	根据实际情况填写	—
5	测试类别	根据实际情况填写，开发方测试/第三方测试/定型测试	—
6	测试级别	根据实际情况填写，单元测试/配置项测试/系统测试/回归测试	—
7	被测件交付时间	接收到被测件的时间	—
8	研制方出库时间	研制方提交被测件时出入库单的时间	—
9	测试材料入库时间	测试方接收到被测件后入库的时间	—
10	入库材料清单	被测件的源代码、可执行程序、数据、配套开发文档	—
11	测试材料出库时间	测试人员出库材料的时间	—
12	测试工作开始时间	测试人员开始测试工作的时间	—
13	其他信息 1	可根据实际情况补充其他信息	—
14	其他信息 2	可根据实际情况补充其他信息	—

5.4.2　软件测试输入文档信息

在软件测试的配置管理活动中，研制方提供的开发文档作为软件测试的输入信息也需要进行记录，从而可以确定软件研制方每个版本的软件所对应的开发文档情况。软件提交测试时，由研制方一同提交配套的技术文档，通常应提交的文档包括：软件研制任务书信息、软件需求规格说明信息、软件设计说明信息和其他文档，例如，软件如果是进行回归测试则需要提供该软件的更改说明及影响域分析文档，软件有操作界面的还应提交软件使用手册，软件有单独接口协议文档的则需要提供该文档，软件如果有其他设计/测试约束文档的也应该提交这些文档。

软件测试输入文档信息表可参考表5-8。

表5-8 软件测试输入文档信息表

序号	属性名称	参考取值	备注
1	文档名称	根据实际情况填写	—
2	文档标识号	根据实际情况填写	文档标识应唯一、完整
3	对应软件配置项标识	文档对应的软件配置项标识	软件标识应唯一
4	软件配置项版本	文档对应的软件版本	—
5	项目代号	测评单位根据项目管理办法分配项目代号	项目代号应唯一
6	编写单位	根据实际情况填写	—
7	文档交付时间	测试单位接收到文档的时间	—
8	研制方文档出库时间	研制方提交该文档时出入库单的时间	—
9	测试材料入库时间	测试方接收到被测文档后入库的时间	—
10	文档审查情况	文档是否通过评审，是/否	—
11	文档审查时间	文档审查会的时间	—
12	其他信息1	可根据实际情况补充其他信息	—
13	其他信息2	可根据实际情况补充其他信息	—

5.4.3 软件测试产品文档信息

软件在测试的过程中会形成一套测试文档作为软件测试的产品，通常应包括软件测试计划信息(三方测试/开发方测试)、测试需求/大纲分析阶段文档(软件测试需求规格说明信息(三方测试/开发方测试)、软件测评大纲信息(定型测试)、软件回归测试方案信息)、测试设计阶段文档(软件测试说明/软件回归测试说明)、测试设计阶段文档(软件测试记录/软件回归测试记录)。

在软件测试的配置管理活动中，同样需要对测试文档进行配置管理，并对文档进行记录，从而确定软件配置项每个版本的测试情况。软件的测试输入文档信息表可参考表5-8。软件的更改及影响域分析文档信息表可参考表5-9。

表5-9 软件更改及影响域分析文档信息表

序号	属性名称	参考取值	备注
1	文档名称	根据实际情况填写	—
2	文档标识号	根据实际情况填写	文档标识应唯一、完整
3	对应软件配置项标识	文档对应的软件配置项标识	软件标识应唯一

续表

序号	属 性 名 称	参 考 取 值	备注
4	软件配置项版本	文档对应的软件版本	—
5	项目代号	测评单位根据项目管理办法分配项目代号	项目代号应唯一
6	编写单位	根据实际情况填写	—
7	文档开始编写时间	测试人员开始编写文档的时间	—
8	文档开始结束时间	测试人员完成文档编写的时间	—
9	文档入库时间	测试人员完成文档编写后入库的时间	—
10	文档审查情况	文档是否通过评审，是/否	—
11	文档审查时间	文档审查会的时间	—
12	其他信息 1	可根据实际情况补充其他信息	—
13	其他信息 2	可根据实际情况补充其他信息	—

5.4.4 Bug 追踪信息

在软件测试的过程中，测试人员将记录测试过程中发现的问题。在软件测试的配置管理活动中，需要对测试的问题进行配置管理，并对文档进行记录，从而确定软件配置项每个版本的测试情况。软件的 bug 追踪信息表可参考表 5-10。

表 5-10 bug 追踪信息表

序号	属 性 名 称	参 考 取 值	备注
1	问题编号	自动编号	—
2	问题标识号	根据项目代号和软件名称拟定	标识应唯一、完整
3	问题标题	根据实际情况填写	—
4	对应软件配置项标识	问题对应的软件配置项标识	软件标识应唯一
5	软件配置项版本	问题对应的软件版本	—
6	项目代号	测评单位根据项目管理办法分配项目代号	项目代号应唯一
7	问题发现者	填写测试人员	—
8	测试开始时间	测试人员开始测试的时间	—
9	问题报告时间	测试人员报告问题的时间	—
10	问题类别	程序问题/文档问题/设计问题/其他问题	—
11	问题级别	致命/严重/一般/轻微	—
12	问题修改情况	修改程序/修改文档/不修改	—
13	其他信息 1	可根据实际情况补充其他信息	—
14	其他信息 2	可根据实际情况补充其他信息	—

5.5 本章小结

本章介绍了软件测试配置管理相关的要求与规范。

5.1节首先对软件配置管理进行了简要概述，分别介绍了配置管理相关概念，包括配置项、基线、版本、软件配置库，并着重介绍了基线的特点和建立基线的必要性。基线为开发工件提供了一个定点和快照；当认为更新不稳定或不可信时，基线为团队提供了一种取消变更的方法；可以利用基线重新建立基于某个特定发布版本的配置；利用基线可实现版本隔离。其次，对软件配置管理的目的和任务分别进行了阐述，软件测试配置管理的目的是帮助测试机构和测试团队对软件测试的全过程进行有效的变更控制，高效、有序地存放、查找和利用被测软件的相关信息，促进软件缺陷和问题尽可能地被发现和找出，从而最终提高软件产品的质量。软件测试配置管理的任务包括制订项目的配置计划，对配置项进行标识，对配置项进行版本控制，对配置项进行变更控制，向相关人员报告配置的状态，定期进行配置审核。然后，对配置管理的实施基础进行了说明，包括配置项的标识和控制，定义配置管理的角色，制订配置管理计划，搭建配置管理环境四个方面。最后，对配置管理过程中不同角色的分工和职责进行了详细描述。

5.2节对配置管理的主要内容进行了详细描述，配置管理的内容包括：被测件的相关文档、被测件源程序、被测件可执行程序及相关开发方测试数据，这些内容均应纳入配置管理。

5.3节基于5.1节提出的配置管理的任务及5.2节提出的配置管理的内容，对如何开展配置管理具体活动进行了详细描述。配置管理活动包括以下几项：制订配置管理计划，生成或发布基线，变更控制，配置状态报告和配置审核。这五项活动贯穿整个软件的生命周期。其中，变更控制是软件配置管理的核心，它通过创建产品基线，在产品的整个生命周期中控制它的发布和变更。配置管理计划是第一步，在测试计划和需求分析阶段执行。制订切实可靠的配置管理计划可以满足各项需求，同时提高测试过程和最终产品的质量。生成或发布基线在需求分析、测试策划和测试设计这3个阶段执行。其主要目的是记录当前阶段的活动内容，并作为下一阶段的重要依据。基线一经建立，不可随意更改，只能通过正式的变更控制进行更改。建立基线还具有可追踪、可控制、可重复、可复用这4个优点。变更控制应用在需求分析、测试策划、测试设计、测试执行和测试总结5个阶段。对于影响软件可靠性的技术状态的变更控制是最主要的，也是其核心和关键，是软件配置管理的重点。其目的是防止在软件开发过程中因盲目修改而产生混乱。变更在这个项目中是不可避免也是必不可少的，确保每次变更都是可控制的、可管理的是变更控制的意义所在。配置审核同样应用在需求分析、测试策划、测试设计、测试执行和测试总结这5个阶段。目的是验证配置项对配置标识的一致性，它作为变更控制的补充手段，被用来确保某一软件需求的变更被切实落实。配置审核不是一次性的，其持续应用在软件的生命周期中。

5.4 节详细描述了配置管理记录的相关内容。为了准确记录配置管理活动，配置管理记录是必不可少的。其任务是有效地记录和说明在软件的整个生存期内软件所处的状态，目的是能够及时、准确地记录软件配置项当前所处的状态。记录的内容包括：软件配置项基本信息，软件开发文档信息，软件测试文档信息，bug 追踪信息。其能有效保证配置管理活动的执行，记录配置管理过程中的重要信息。

第6章 CHAPTER 6

软件测试质量保证

6.1 概述

过程和产品质量保证的目的是使开发人员和管理者对过程和相关的工作产品能有客观、深入的了解，以便进一步提高软件质量。

过程和产品质量保证过程通过在项目整个生存周期，向开发人员和各层次的管理者提供对过程和相关工作产品适当的可视性和反馈，以支持交付高质量的产品和服务。

过程和产品质量保证评价的客观性是项目成功的关键。客观性通过独立性和准则两方面来达到。但经常使用的是一种组合方法，由不开发该工作产品的人员按照准则采用不太正式的方法进行日常评价，而定期采用更正式的方法，可以保证客观性。

通常，独立于项目的质量保证组提供这种客观性。可是在某些组织中，在没有这种独立性的条件下，实施过程和产品质量保证职责可能是适合的。例如，在一个具有开放、重视质量文化的组织中，过程和产品质量保证角色能由同行部分或全部担任，并且质量保证可以嵌入到过程中。对于小型组织，这可能是最切实可行的方法。

开展实施质量保证活动的人员应经过质量保证方面的培训。实施工作产品质量保证活动的人员应与直接参与开发或维护该工作产品的人员分开。必须有独立向组织的适当层次管理者报告的渠道，使必要时不符合项可以逐级上报。

质量保证应始于项目的早期阶段，以制订使项目成功的计划、过程、标准和规程。实施质量保证的人员参与制订计划、过程、标准和规程，能确保它们满足项目的需要，并能用于进行质量保证评价。此外，还应指定在项目期间待评价的特定过程和相关工作产品。这种指定基于抽样或客观准则，这些准则与组织方针和项目的需求及需要相一致。

当标识出不符合项时，尽可能先在项目内处理与解决。无法在项目内解决的任何不符合项，需提升到合适的管理层解决。

过程和产品质量保证贯穿整个软件项目生存周期。过程和产品质量保证的主要内容包括制订软件质量保证计划、过程评价、工作产品评价这3个活动。制订软件质量保证计划是指提出项目过程和产品质量保证活动的实施计划，说明要进行的过程和产品质量保证活动的内容、时间、人员及利益相关方；过程评价是对照适用的过程说明、标准和规程，客观地评价所指定的已实施过程；工作产品评价是对照适用的过程说明、标准和规程，客观地评价指定的工作产品和服务。在过程和工作产品评价完成后，对在项目生存周期中发现的不符合项进行处理，并对不符合项的处理情况进行跟踪验证，直至不符合项关闭；在编制质量保证报告的时机到达时，项目质量保证组将实施过程评价活动的情况及结果和质量趋势分析写入《质量保证报告》。过程和产品质量保证过程各任务间的相互关系如图 6-1 所示。

另外，组织级质量保证组应对项目的过程和产品质量保证活动进行客观评价。

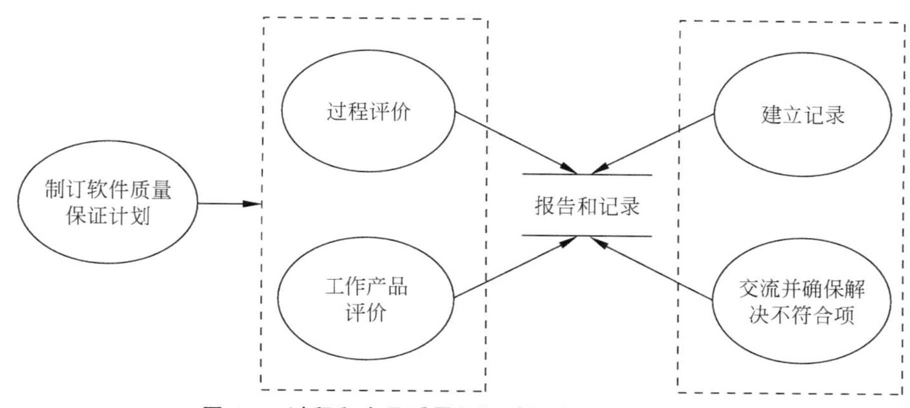

图 6-1　过程和产品质量保证过程主要任务示意图

6.2　制订软件质量保证计划

软件质量保证计划是项目整个生命周期内过程和产品质量保证活动的依据，因此在项目开展的早期，项目质量保证组就应该依据软件研制任务要求和主管单位下达的软件研制任务通知，结合项目策划初步制订的软件开发计划中确定的生存周期模型、工作产品和进度安排等制订软件质量保证计划。有关软件研制任务要求、软件研制任务通知的详细内容可参见需求管理中相关内容的描述。

【活动 1】确定项目质量保证组人员及其职责。

（1）确定过程和产品质量保证活动的总负责人及其责任和权限。

（2）确定过程和产品质量保证人员的责任和权限。

（3）确认相关人员能够理解并接受分配给他们的责任和权限。

【活动 2】确定过程和产品质量保证活动所需要的资源，包括工具、设备等。

【活动 3】确定项目应遵循的标准、规范、规程和准则（如设计准则、编码准则）等。

【活动 4】可参考如下内容确定项目的过程评价准则。

（1）一般情况下，过程评价包括对软件开发过程、项目策划及集成项目管理过程、项目监控过程、需求管理过程、配置管理过程、测量与分析过程、供方协议管理过程、风险管理过程、定量项目管理过程、需求开发过程、技术解决方案过程、产品集成过程、验证过程、确认过程、原因分析和决定过程及决策分析和决定过程的评价，当项目对过程有裁剪时，可根据具体情况制定相应的检查表以反映过程裁剪的要求。

（2）过程评价采用时间驱动与事件驱动相结合的方式。当时间驱动指定时实施过程评价，时间周期可根据项目的具体过程活动的不同而变化，对项目监控和测量与分析过程可采用时间驱动的方式进行评价，通过参加周例会、里程碑评审来实施。事件驱动指当一些突发的、关键性的活动发生时实施过程评价，驱动事件一般包括各类变更的发生、基线到达、里程碑到达等。对需求管理过程，当需求发生变更、维护双向跟踪表时应进行评价。对项目策划过程，当初始策划、详细策划发生变更时应进行评价。对配置管理过程，当发生配置管理项变更、基线发布、配置审核时应进行评价。

(3) 项目质量保证组依据应遵循的过程说明、标准、规程和准则，结合项目的具体质量要求，参考6.6节制定过程评价表，按照过程评价表实施过程评价；项目质量保证组在过程评价中，对过程评价表中所涉及的评价内容逐一进行审查并给出评价情况。

(4) 评价参与者主要有项目质量保证组和利益相关方。利益相关方包括需求提供者、项目负责人、软件工程组、项目配置管理委员会、项目配置管理组和软件测试组。项目质量保证组应根据每个过程域评价的具体要求，在软件质量保证计划中明确参与每个过程域评价的利益相关方。

(5) 过程评价准则应随着软件过程的持续改进不断进行完善，定期进行维护。

【活动5】可参考如下内容确定项目的工作产品评价准则。

(1) 一般情况下，对于在软件研制任务要求中确定的需交付的软件产品必须进行评价，包括软件系统设计说明、软件系统危险分析报告(如需要)、软件开发计划、需求规格说明、概要设计说明、详细设计说明、测试文档(测试计划、测试说明、测试记录、测试报告)、用户手册、软件源代码和可执行程序等。另外，可根据需要对其他内部工作产品进行评价。

(2) 对于研制任务要求中明确的需交付的文档类工作产品都应进行评价，对文档类工作产品一般应在完成后进行评价；对软件代码应按照组织规定的抽样准则进行评价，抽样准则可参考：每个软件开发人员的第一个软件单元代码必须评价，对较高安全关键等级的软件至少抽查全部代码产品的20%，对高安全关键等级的软件至少抽查全部代码产品的50%；当工作产品发生变更后，可只评价变更部分。

(3) 项目质量保证组依据研制任务要求和初步的软件开发计划中确定的标准、规范和准则(如设计准则、编码准则等)，结合项目的具体质量要求，参考6.6节制定工作产品评价表，按照工作产品评价表实施工作产品评价；项目质量保证组在工作产品评价中，对工作产品评价表中涉及的评价内容逐一进行审查并给出评价，项目质量保证组可通过参与评审、验证等方式来评价工作产品。

(4) 评价参与者主要有项目质量保证组、利益相关方。利益相关方包括项目负责人、软件工程组、项目配置管理委员会、项目配置管理组和软件测试组。项目质量保证组应根据每个工作产品评价的具体要求，在软件质量保证计划中明确参与每个工作产品评价的利益相关方。

(5) 工作产品评价准则应随着软件过程的持续改进不断进行完善，定期进行维护。

【活动6】确定质量保证报告的要求。

在项目过程中，可一个阶段或事件驱动地完成质量保证报告。驱动事件一般包括基线到达、里程碑到达和产品交付等。质量保证报告的主要内容参见6.3节活动5。

【活动7】确定过程和产品质量保证主要活动，并根据主要活动确定每项活动利益相关方参与计划，包括参与的人员和时间安排等内容。

过程和产品质量保证主要活动包括：

(1) 过程评价；

(2) 工作产品评价；

（3）处理与跟踪不符合项；

（4）制定质量保证报告；

（5）必须参与的其他活动包括评审、配置审核和例会等。

【活动 8】依据初步的软件开发计划中确定的标准、规范、规程和准则等，结合项目的具体质量要求，参考 6.6 节制定过程/工作产品评价表（参考表 6-1）。

表 6-1　过程/工作产品评价表

项目名称		项目标识			
评价类型		评价内容			
序号	评价要点	符合	不符合	不适用	评价情况记录
评价情况	（描述不符合项性质与统计信息、不符合项影响等内容）				
评价人员		评价时间			

下面以×××××软件为例，说明过程（见表 6-2）和工作产品评价（见表 6-3）情况。

表 6-2　×××××软件过程评价表

项目名称	×××××软件	项目标识	×××××		
评价类型	过程评价	评价内容	项目监控过程		
序号	评价要点	符合	不符合	不适用	评价情况记录
1	项目负责人是否在项目监控活动开始前制定项目监控活动（包含在《软件开发计划》中）	√			
2	项目负责人是否在监控周期开始前制订工作计划（《任务分派与跟踪表》）并发给项目各成员	√			
3	项目人员是否每日填写《个人工作记录表》，并在监控周期结束时发给项目负责人	√			
4	项目负责人是否在收到《个人工作记录表》后将汇总情况填写到《任务分派与跟踪表》中	√			
5	项目负责人是否定期召开例会，并在例会后编写《例会记录》；各问题处理责任人是否在例会后，形成《问题跟踪表》	√			
6	对于项目负责人无法解决的问题，是否填写《问题报告与处置表》			√	
7	项目负责人是否在里程碑评审前召开会议，讨论确认是否具备里程碑评审条件，并形成《里程碑跟踪报告》	√			

续表

序号	评价要点	符合	不符合	不适用	评价情况记录
8	是否按照里程碑事件驱动召开里程碑评审，并形成《评审意见》	√			
9	项目负责人是否对已经发现的问题及其纠正措施进行了跟踪，至其关闭	√			
10	项目负责人是否对风险进行跟踪并调整风险优先级	√			
11	项目监控过程产生的工作产品是否根据计划纳入配置管理		√		需求分析内审意见未纳入配置管理
评价情况	不符合项情况：需求分析内审意见未纳入配置管理。 不符合项影响分析：影响管理数据的完整性				
评价人员	×××	评价时间		××××年××月××日	

表 6-3　×××××软件工作产品评价表

项目名称	×××××软件	项目标识	×××××		
评价类型	工作产品评价	评价内容	软件配置管理计划 ××××× /DOC_SCMP/0.0		
序号	评价要点	符合	不符合	不适用	评价情况记录
1	是否明确软件配置管理的组织与成员	√			
2	是否为每个成员分配配置管理的职责与权限	√			
3	是否明确软件配置管理所需的资源保障条件		√		配置管理计划中对受控库管理工具的策划(ISC-Manager)与实际(SPM)不符
4	是否明确定义软件项目的基线和基线工作产品	√			
5	是否明确规定各个基线的到达时间	√			
6	是否明确定义基线工作产品的标识	√			
7	是否明确定义入库规则	√			
8	是否明确定义出库规则	√			
9	是否清晰定义软件更动控制流程和规则	√			
10	配置管理计划与其他计划是否协调一致	√			
11	文档编制是否规范、内容完整、描述准确一致	√			
评价情况	不符合项情况：配置管理计划中对受控库管理工具的策划(ISC-Manager)与实际(SPM)不符。 不符合项影响分析：可能会为项目的配置管理工作带来不便				
评价人员	×××	评价时间		××××年××月××日	

【活动9】将上述策划的内容文档化，形成软件质量保证计划。可参考如下软件质量保证计划模板。

软件质量保证计划

1　范围

1.1　标识

描述本文档所适用的系统和(或)CSCI的完整标识，包括其标识号、标题、缩略名和版本号。

(1) 已批准的标识号；

(2) 标题；

(3) 本计划适用的系统和(或)CSCI。

1.2　系统概述

概述本文档所适用的系统和(或)CSCI的用途和内容。

1.3　文档概述

概述本计划的目的和用途。

1.4　与其他计划的关系

写明本计划与其他计划的关系。例如，与软件开发计划的协调性等。

2　引用文档

按文档号、标题、编写单位(或作者)和出版日期等，列出本文档引用的所有文件。

3　术语和定义

给出所有在本文档中出现的专用术语和缩略语的确切定义。

4　组织与资源

4.1　组织和职责

描述实施质量保证活动的组织机构，包括组织机构的名称及各组织机构在质量保证活动所需的人员和应履行的职责，如表1所示。

表1　组织与职责

组织机构名称	人员	职责

4.2　资源

描述实施质量保证活动所需要的工具、技术和方法及它们的用途和用法，资源配置表如表2所示。

表2　资源配置表

序号	资源名称	资源标识	数量	配置要求	到位时间	使用说明	获取方式

5　标准和规范

描述项目依据的标准、规范、规程和准则(如设计准则、编码准则)等。

6　过程评价

描述过程评价的活动安排，包括被评价的活动、评价时机、评价方法和依据、必需的参与者，如表3所示。

表3 过程评价

序号	被评价的活动	活动的工作产品	评价方法和依据	必需的参与者	评价时机

7 工作产品评价

描述工作产品评价的活动安排,包括被评价的工作产品、评价时机、评价方法和依据、必需的参与者,如表4所示。

表4 工作产品评价

序号	被评价的工作产品	评价方法和依据	必需的参与者	评价时机

8 不符合项处理与跟踪

描述过程评价和工作产品评价产生的不符合项处理和跟踪的方法。

不符合项的处理与跟踪包括评估和处理不符合项、跟踪验证不符合项、通报不符合项的处理情况。

9 其他活动

描述项目质量保证组参与的其他活动,如评审、配置审核和例会等。

10 记录的收集、维护和保存

描述要保存的软件质量保证活动的记录,并指出用于汇总、保存和维护记录的方法和设施及要保存的期限。

附录A 过程评价表

给出实施过程评价的相关过程评价表。

附录B 工作产品评价表

给出实施工作产品评价的相关工作产品评价表。

【活动10】评审软件质量保证计划,评审人员应包括责任单位领导、项目负责人、软件工程组、软件测试组、项目质量保证组和其他利益相关方等。

6.3 过程评价

软件开发计划、软件质量保证计划通过评审后,当软件质量保证计划中确定的过程评价时机到达时,项目质量保证组根据软件质量保证计划规定的内容对项目过程(包括过程活动和记录)实施客观评价,及时发现偏离情况,以便采取措施,确保正在实施的过程符合过程说明、标准和规程的要求。

项目质量保证组应对在项目生存周期中发现的不符合项与相关人员进行沟通,由相关人员完成处理,并对不符合项的处理情况进行跟踪验证,直至不符合项得到关闭。

在编制质量保证报告的时机到达时,项目质量保证组编制质量保证报告,报告其按照软件质量保证计划实施质量保证活动的情况及结果和质量趋势分析。

【活动 1】对过程进行评价。

在软件质量保证计划规定的评价时机到达时，利用软件质量保证计划中明确的过程评价表对过程进行评价，检查其对过程说明、标准和规程等的遵循性。

【活动 2】标识不符合项。

对识别出的每个不符合项应填写不符合项报告与处置表（参考表 6-4）。不符合项标识规则可采用：项目标识—不符合项—序号（如 PrjX-NCI-001）。

表 6-4　不符合项报告与处置表

<table>
<tr><td>项目名称</td><td colspan="2"></td><td>项目标识</td><td></td></tr>
<tr><td>不符合项标识</td><td colspan="4">（项目标识—不符合项—序号）</td></tr>
<tr><td>不符合项情况</td><td colspan="4">（描述不符合项来源：过程或工作产品；其次描述不符合项所偏离的标准、规范、规程、设计准则、计划、约定等。）
（注：项目质量保证组审核时，项目质量保证组签字；组织级质量保证组审核时，组织级质量保证组组长签字。）
审核人员：
日　　期：</td></tr>
<tr><td>不符合项评估</td><td colspan="4">严重程度：□ 严重　　□ 一般
产生原因：
影响分析：</td></tr>
<tr><td rowspan="2">纠正措施
（可另附页）</td><td colspan="4">纠正措施：（描述制定的纠正措施，采取纠正措施所需要的资源以及纠正措施完成时间。）</td></tr>
<tr><td>责任人</td><td colspan="3">（签字）（日期）</td></tr>
<tr><td>结果验证</td><td colspan="4">（应明确说明纠正措施的执行情况。若不符合项是针对产品的，应在此处对变更后的产品进行评价说明。）</td></tr>
<tr><td>不符合项
关闭情况</td><td colspan="3">□ 不处理已获批准 □ 纠正措施已落实 □ 无纠正措施</td><td>（审核人员）
（日期）</td></tr>
<tr><td>项目负责人</td><td colspan="4">（签字）（日期）</td></tr>
<tr><td>责任单位领导</td><td colspan="4">（签字）（日期）</td></tr>
<tr><td>会签</td><td colspan="4">（签字）（日期）</td></tr>
</table>

【活动 3】形成过程评价表。

每次过程评价完成后，项目质量保证组填写过程评价表，并将评价结果通报给责任单位领导、项目负责人、软件工程组和其他利益相关方等。

【活动 4】处理与跟踪不符合项。

1）评估和处理不符合项

项目质量保证组和相关人员对不符合项进行分析评估，确定每个不符合项的严重程度并提出处理意见。

不符合项的严重程度可分为两级：严重和一般。严重不符合项指未按照过程或工作产品的相关要求执行，对项目进度或软件产品质量造成严重影响；一般不符合项指未按照过程或工作产品的相关要求执行，但未对项目进度造成影响或纠正后不影响最终交付的软件产品质量。

不符合项的处理包括：

(1) 确定每个不符合项的纠正措施，明确责任人和完成时间。

不符合项纠正措施可以采用以下方法。

① 纠正不符合项；

② 修改不适用的过程说明、标准和规程；

③ 获准不处理不符合项。

(2) 如果不符合项的处理意见为不处理、不符合项在项目组内不能处理或者不符合项是由于过程说明、标准和规程等不适当造成的，项目质量保证组应填写问题上报表(参考表 6-5)，依据不符合项的严重程度向主管单位直至最高管理者报告。一般情况下，一般不符合项上报到主管单位进行处理；严重不符合项上报到最高管理者进行处理。若项目质量保证组认为一般不符合项必须得到解决也可上报至最高管理者。

2) 跟踪验证和评审不符合项

项目质量保证组应跟踪每个不符合项的纠正措施，并对结果进行验证，直至不符合项关闭。项目质量保证组可结合周例会、里程碑评审和管理者验证会对尚待解决的不符合项和趋势进行评审。

3) 通报不符合项处理结果

对不符合项的处理和跟踪应客观记录在不符合项报告与处置表中，并将处理结果通报给责任单位领导、项目负责人、软件工程组和其他利益相关方，如表 6-4 和表 6-5 所示。

表 6-5 问题上报表

<table>
<tr><td>项目名称</td><td colspan="2"></td><td>项目标识</td><td></td></tr>
<tr><td rowspan="2">问题描述</td><td colspan="4">(1) 描述在项目组内不能解决的不符合项或不处理的不符合项；
(2) 尚未纳入软件质量管理体系文件中的依据；
(3) 描述由于过程说明、标准、规程等不适当造成的不符合项</td></tr>
<tr><td>项目质量保证组</td><td>(签字)</td><td>日期</td><td></td></tr>
<tr><td>最高管理者/主管单位领导意见</td><td colspan="4">(签字)(日期)</td></tr>
<tr><td>责任人意见</td><td colspan="4">(签字)(日期)</td></tr>
<tr><td>会签</td><td colspan="4">(签字)(日期)</td></tr>
</table>

【活动 5】编制质量保证报告。

项目质量保证组应定期(一般一个月一次)对照软件质量保证计划，分析软件质量保证计划的完成情况，主要包括：已实施的质量保证活动、应完成但未完成的质量保证活动及其原因。分析发现的不符合项及其严重程度、不符合项的状态、纠正措施的完成情况。

在编制质量保证报告的时机到达时，项目质量保证组将实施过程评价活动的情况及结果和质量趋势分析写入《软件质量保证报告》。

（1）质量趋势分析。项目质量保证组可利用趋势图或不符合项在软件生存周期各阶段的分布图分析不符合项以确定质量趋势。

（2）项目质量保证组提出软件工程过程改进建议，例如，修改管理措施、更新技术标准/规范、改进软件生存周期过程模型和评价准则等。

（3）当软件产品完成后，在产品交付前应对产品质量进行评价，评价要交付的软件产品是否符合用户的质量要求。

（4）项目质量保证组编制质量保证报告，并将其通报给责任单位领导、项目负责人、软件工程组和其他利益相关方。涉及软件过程改进的内容应提交给软件工程过程组。质量保证报告的主要内容如下。

软件质量保证报告

1 概述

概述本文档的用途和内容。

2 质量保证报告

2.1 过程评价完成情况

说明项目当前已完成的过程评价情况见表1。

表1 过程评价完成情况统计表

被评价的活动	起止时间	当前阶段	计划评价时间	实际评价时间	偏离原因说明	不符合项总数

过程评价不符合项统计情况见表2。

表2 过程评价不符合项情况统计表

不符合项标识	严重程度	偏离原因说明	预期完成时间	应完成状态	当前状态	责任人

2.2 工作产品评价完成情况

说明项目当前已完成的工作产品评价完成情况见表3。

表3 工作产品评价完成情况统计表

被评价的工作产品	起止时间	当前阶段	计划评价时间	实际评价时间	偏离原因说明	不符合项总数

工作产品不符合项统计情况见表4。

表4 工作产品评价不符合项情况统计表

不符合项标识	严重程度	偏离原因说明	预期完成时间	应完成状态	当前状态	责任人

3 质量趋势分析/评估

描述软件质量趋势分析或质量评估结果。

在项目过程中应进行质量趋势分析;在产品交付前应进行产品质量评估。

4 过程改进建议

项目质量保证组提出软件工程过程改进建议,例如,修改管理措施、更新技术标准/规范、更换软件生存周期过程模型和更新评价准则等。

6.4 工作产品评价

软件开发计划、软件质量保证计划已通过评审后,同时工作产品评价时机到达时,项目质量保证组根据软件质量保证计划规定的内容对工作产品进行客观评价,发现偏离情况,以便及时采取措施,确保工作产品符合要求。

项目质量保证组应对在项目生存周期中发现的不符合项与相关人员进行沟通,由相关人员完成处理,并对不符合项的处理情况进行跟踪验证,直至不符合项得到关闭。

在编制质量保证报告的时机到达时,项目质量保证组编制质量保证报告,报告其按照软件质量保证计划实施质量保证活动的情况及结果和质量趋势分析。

【活动1】对工作产品进行评价。在软件质量保证计划规定的评价时机到达时,利用软件质量保证计划中明确的工作产品评价表对工作产品进行评价,检查其对标准、规范的遵循性。

【活动2】标识不符合项,对识别出的每个不符合项应填写不符合项报告与处置表(参考表6-4)。不符合项标识规则可采用:项目标识—不符合项—序号。

【活动3】形成工作产品评价表。每个工作产品评价完成后,项目质量保证组填写工作产品评价表,并将评价结果通报给责任单位领导、项目负责人、软件工程组和其他利益相关方等。对于变更后的工作产品,可在不符合项报告与处置表纠正措施验证栏给予评价。

【活动4】处理与跟踪不符合项。参见6.3节活动4。

【活动5】编制质量保证报告。参见6.3节活动5。

6.5　评价过程和产品质量保证活动

组织级质量保证组应适时开展对项目的过程和产品质量保证活动的客观评价。一般情况下，每半年组织一次审核，软件质量管理体系运行初期可根据需要增加审核频度。

1）确定年度审核计划

每年年初组织级质量保证组制订本年度的审核计划，包括审核项目、责任单位和审核人员，根据审核计划制订审核实施计划（参考表 6-6），审核实施计划的内容包括审核目的、审核依据、审核范围、审核日程及人员安排等，年度审核实施计划应得到最高管理者批准。

组织级审核一般可每半年审核一次，每个项目在其生存周期内至少审核一次。

表 6-6　××××年度第×次审核实施计划

<table>
<tr><td colspan="2">审核目的</td><td colspan="5">审查项目质量保证组按照要求评价过程和工作产品的执行情况，及时发现并解决存在的问题，确保软件过程管理有效运行并持续改进</td></tr>
<tr><td colspan="2">审核依据</td><td colspan="5">（1）CMMI 二级对各过程的要求；
（2）本单位软件质量管理体系；
（3）项目的软件质量保证计划</td></tr>
<tr><td colspan="2">审核范围</td><td colspan="5">（列出受审核的项目名称、责任单位）</td></tr>
<tr><td colspan="2">审核人员</td><td colspan="2">（组织级质量保证组）
组长：
成员：</td><td>审核日期</td><td colspan="2"></td></tr>
<tr><td colspan="7">审核日程及人员安排</td></tr>
<tr><td>序号</td><td>项目名称</td><td>责任单位</td><td>项目
负责人</td><td>项目质量
保证组</td><td>组织级
质量保证组</td><td>审核
时间</td></tr>
<tr><td></td><td></td><td></td><td></td><td></td><td></td><td></td></tr>
<tr><td></td><td></td><td></td><td></td><td></td><td></td><td></td></tr>
<tr><td colspan="2">EPG 组意见</td><td colspan="5">（签字）（日期）</td></tr>
<tr><td colspan="2">最高管理者意见</td><td colspan="5">（签字）（日期）</td></tr>
</table>

2）审核准备

（1）组织级质量保证组组长组织召开审核会议，明确任务、计划、分工。审核人员不得参与审核与自己有关的项目。

（2）组织级质量保证组提前 15 天通知受审核项目的相关人员。

（3）组织级质量保证组准备组织级质量保证组审核评价表，评价表的制定可参考以下内容：

① 项目是否确定了独立的项目质量保证组；

② 项目质量保证组是否进行了所需的培训；

③ 为软件质量保证配备的资源是否到位；

④ 软件质量保证计划的内容和格式是否符合要求；

⑤ 软件质量保证计划是否同软件开发计划相协调；

⑥ 软件质量保证计划是否进行了评审；

⑦ 是否根据评审意见修改了软件质量保证计划；

⑧ 软件质量保证计划是否进行受控管理；

⑨ 软件质量保证计划在变更后是否执行了规定的审批；

⑩ 是否依据质量保证计划、标准、规程等对软件工作产品进行了评价；

⑪ 是否依据质量保证计划、标准、规程等对过程进行了评价；

⑫ 是否记录了发现的问题；

⑬ 是否按软件质量保证计划编写过程和产品质量保证评价表并通报责任单位领导及利益相关方；

⑭ 不处理的不符合项是否得到责任单位领导或最高管理者批准；

⑮ 项目组内不能处理的不符合项是否逐级上报给责任单位领导、组织级质量保证组直至最高管理者，由其协调解决；

⑯ 由于过程说明、标准、规程等不适当造成的不符合项，是否及时上报到 EPG 组；

⑰ 是否跟踪验证每个纠正措施至不符合项关闭；

⑱ 是否将不符合项的处理结果通报给利益相关方；

⑲ 是否按照软件质量保证计划规定的时间节点制定了质量保证报告，并通报给利益相关方和责任单位领导；

⑳ 质量保证记录和文档是否纳入项目的配置管理；

㉑ 质量保证记录和文档是否齐全、规范。

(4) 受审核项目如果对审核日期和审核内容有异议，可提前报告组织级质量保证组，经过协商可以另行安排。否则，项目质量保证组和项目负责人应做好必要的准备工作。

3) 审核实施

(1) 组织级质量保证组依据计划，按照评价表所列内容进行客观评价。组织级质量保证组讨论确定不符合项和审核结论，审核结论包括：项目质量保证组是否遵循软件质量保证计划客观、独立地对项目进行了过程和产品评价。

(2) 审核结束后，组织级质量保证组组长向受审核项目责任单位领导、项目负责人、项目质量保证组通报审核结果，并发放不符合项报告与处置表。

4) 审核报告

组织级质量保证组编写组织级质量保证组审核报告，报送软件工程过程组和最高管理者，发往受审核项目责任单位。组织级质量保证组审核报告的主要内容包括：审核目的、审核依据、审核日期、审核范围、审核情况综述、不符合项及纠正措施要求和过程改进建议等。

5) 不符合项处置

【活动 1】受审核项目在收到不符合项报告与处置表后，按照 6.3 节活动 4 评估和处理不符合项。

【活动 2】组织级质量保证组人员负责对审核出的不符合项的纠正措施进行跟踪验证，

客观记录验证结果，直至其关闭。

【活动 3】对不符合项的处理结果及验证情况应通知到责任单位领导、项目负责人、项目质量保证组和其他利益相关方。

6.6　评价要点

6.6.1　过程评价要点

1）测试项目过程评价要点

对软件开发过程每个阶段的评价一般包括完整性、规范性、一致性和符合性评价等，但应根据所选生存周期模型的特点确定评价要点。本书以 W 模型说明各阶段的评价要点。

（1）完整性评价：主要目的是评价每个阶段是否按要求完成了该阶段的任务、提交了相应的工作产品，下面分阶段描述各阶段完整性评价的要点。

① 软件系统分析与设计阶段是否完成了软件系统设计说明、软件系统测试计划、软件研制任务书。

② 软件需求分析阶段是否完成了软件需求规格说明、软件接口需求规格说明（如需要）、软件配置项测试计划。

③ 软件概要设计阶段是否完成了软件概要设计说明、软件接口设计说明（如需要）、软件数据库设计说明（如需要）、软件集成测试计划。

④ 软件详细设计阶段是否完成了软件详细设计说明、软件单元测试计划。

⑤ 软件实现阶段是否完成了软件静态测试报告（包括代码审查、静态分析和代码走查）、单元测试说明、软件单元测试记录、软件单元回归测试方案（如需要）、软件单元回归测试记录（如需要）、软件单元测试问题报告（如需要）、软件单元测试报告。

⑥ 软件单元集成与测试阶段是否完成了集成测试说明、软件集成测试记录、软件集成测试报告。

⑦ 软件配置项测试阶段是否完成了软件配置项测试说明（含有关测试辅助程序和测试数据）、软件配置项测试记录、软件配置项测试问题报告、软件配置项测试报告、软件版本说明、软件产品规格说明、软件用户手册、软件程序员手册（如需要）、固件保障手册（如需要）、计算机系统操作员手册（如需要）。

⑧ 软件系统测试阶段是否完成了软件系统测试说明、软件系统测试记录、软件系统测试问题报告、软件系统测试报告。

⑨ 软件验收与移交阶段是否完成了软件研制任务书中要求提交的产品。

（2）规范性评价：各个阶段的每个工作产品是否符合软件开发计划规定的标准、规范或规程的要求。

（3）一致性评价：每个工作产品自身的前后描述是否一致，上个阶段与本阶段文档之间是否协调、一致。

（4）符合性评价：各个阶段的每个工作产品的内容描述是否准确、是否达到了相应的技术要求和管理要求，详细的技术要求可参见第 5 章。

(5) 是否完成了本阶段要求的评审，且评审问题是否归零。

(6) 测试执行情况评价：除了上述(1)～(5)条的要求外，对有测试活动的开发过程，还应评价测试活动是否充分、客观、可追踪。

2) 项目策划过程评价要点

(1) 项目负责人、项目质量保证组、配置管理员是否明确。

(2) 参与项目策划的人员是否接受过有关知识技能的培训或曾经参与过软件项目策划工作。

(3) 是否建立了WBS，确定了技术解决途径、项目生存周期阶段，进行了规模和复杂度估计。

(4) 工作量估计过程是否按照选定的方法进行了估计。

(5) 项目估计的结果是否形成了项目估计报告。

(6) 是否制定了进度计划表，描述了重大里程碑、关键路径。

(7) 是否标识并分析了项目风险。

(8) 是否策划了数据管理。

(9) 是否策划了项目必要的知识与技能。

(10) 是否描述了相关方参与计划。

(11) 策划的相关信息是否写入了软件开发计划。

(12) 软件开发计划是否进行了评审，是否按照评审意见对相关计划进行了调整。

(13) 软件开发计划是否得到了相关方的承诺。

(14) 软件开发计划是否纳入配置管理。

3) 项目监控过程评价要点

(1) 项目负责人是否在项目监控活动开始前制订项目监控计划(包含在软件开发计划中)。

(2) 项目组成员是否按要求填写了日报。

(3) 项目负责人是否在周例会前形成了项目周报。

(4) 项目负责人是否定期召开例会，并在例会后编写例会记录；各问题处理责任人是否在例会后，形成问题跟踪表。

(5) 对于项目负责人无法解决的问题，是否填写问题报告与处置表。

(6) 是否按照里程碑事件驱动召开里程碑评审，并形成评审意见。

(7) 是否对已经发现的问题及其纠正措施进行了跟踪，至其关闭。

(8) 是否对风险进行跟踪并调整风险优先级。

(9) 是否指派人员对问题纠正措施结果进行验证，并在问题跟踪表中签字确认。

(10) 项目监控过程产生的工作产品是否根据计划纳入配置管理。

4) 需求管理过程评价要点

(1) 在接收软件研制任务要求或软件更改要求时，这些分配需求是否已经被正式文档化。

(2) 在接收软件研制任务要求或软件更改要求时，项目参与者是否进行了需求的内部评审，并在评审记录表上签字。

(3) 在评审中发现的问题是否有问题报告与处置表，需求管理人员是否跟踪到问题关闭并签字确认。

(4) 需求管理计划是否明确了需求管理的资源,包括人员和工具。

(5) 在软件开发计划确定的各个阶段,需求管理人员是否进行了需求跟踪,并更新了需求跟踪矩阵和需求状态跟踪表,当发现需求不一致时是否填写问题报告与处置表来标识不一致性。

(6) 需求更改发生后,需求管理人员是否填写需求更改申请/确认表,项目参与者是否对需求更改进行影响分析评估,是否进行评审并在“会签意见”签字,是否有最高管理者审批。

5) 测量与分析过程评价要点

(1) 是否按测量分析计划中规定的采集时机采集了数据。

(2) 测量数据是否按照计划的数据源获取。

(3) 数据遗漏或不一致的数目是否低于 20%。

(4) 测量数据是否可重复。

(5) 测量数据单位是否符合与测量分析计划一致。

(6) 项目语境是否与测量数据同时提供。

(7) 是否按照要求存储数据。

(8) 是否按测量分析计划中规定的分析时机进行了数据分析。

(9) 对指示器超出阈值的情况是否采取了纠正措施。

(10) 是否对测量分析计划进行了评审。

(11) 是否及时将分析结果与利益攸关方进行了交流。

(12) 采集、存储、分析和交流结果是否按要求保存了记录。

(13) 记录是否纳入了配置管理。

6) 配置管理过程评价要点

(1) 配置管理人员是否接受过有关知识技能的培训。

(2) 配置管理的硬件环境、软件环境是否能正常运行。

(3) 受控库是否按软件配置管理计划中规定的时机进行了备份。

(4) 开展配置管理是否使用了工具,配置管理工具是否能正常运行。

(5) 是否编写了软件配置管理计划,并对其进行了评审。

(6) 是否按照评审意见对计划进行了调整,修改了软件配置管理计划。

(7) 软件配置管理计划是否得到相关方的承诺。

(8) 软件配置管理计划是否纳入配置管理。

(9) 软件配置管理计划基线划分是否与软件开发计划一致。

(10) 基线的变更是否受控,并符合更动控制规程。

(11) 基线发布的内容是否与配置管理计划中基线生成计划中的内容一致。

(12) 基线发布是否走正式流程,是否有基线发布表。

(13) 是否生成配置管理状态报告。

(14) 变更请求是否与最终修改的工作产品保持一致。

(15) 根据配置审核检查单检查配置项是否正确和完整。

(16) 库中配置项和基线内容是否与软件配置管理计划一致。

(17) 根据配置审核报告单检查是否进行配置审计，所有配置审计发现的不一致都被记录。

(18) 配置管理活动出入库控制是否符合要求。

(19) 配置项更动是否符合更动控制规程。

(20) 配置库管理是否符合配置管理规程。

(21) 记录管理是否符合记录管理规程。

7) 供方协议管理过程评价要点

(1) 各个利益相关方在协议实施之前是否理解全部要求并对正式协议做出了承诺。

(2) 修改后的正式协议是否获得了各个利益相关方的承诺。

(3) 是否对供方协议管理计划进行了评审。

(4) 是否按供方协议管理计划进行了供方协议管理。

(5) 是否对所选择的供方工作产品进行了评价。

(6) 是否按照供方协议的规定对供方进展和性能进行了监督。

(7) 是否对供方过程进行了监督。

(8) 是否对所选择的供方工作产品进行了验收评审。

8) 产品集成过程评价要点

(1) 是否策划了产品集成顺序，集成顺序的选择是否与技术解决过程域中有关解决方案的选择和产品/产品部件的设计活动相协调。

(2) 是否将确定的产品集成顺序及选择或拒绝的理由写入集成测试计划。

(3) 是否策划了产品集成环境，并将集成环境写入软件集成计划。

(4) 当影响导致集成顺序发生改变时，是否修改了集成测试计划中集成顺序的相关内容，并记录修改原因。

(5) 是否确定了集成规程和准则，并写入集成测试说明中。

(6) 在整个生存周期中，在建立、变更接口需求、接口设计时，是否评审了内、外部接口的充分性、一致性；对发现的接口矛盾、不一致问题是否及时进行解决。

(7) 接口更动是否及时反应在接口设计文档中(或概要设计文档中接口所在章节)。

(8) 对于待集成的产品部件具备集成状态后，是否跟踪其集成状态。

(9) 是否有确认集成产品部件已就绪的活动，对确认过程中发现的问题是否提交问题报告，并进行了排查和解决。

(10) 是否按照集成顺序实施相应集成。

(11) 对已集成的产品部件是否进行了评价。

(12) 在修订、优化产品集成顺序和规程时，是否及时修订相应的软件集成测试计划。

(13) 是否在集成测试报告中总结说明评价结果，并评价实际集成过程对集成规程的偏离情况、配置变化等，还对集成规程提出优化、改进意见。

(14) 交付已集成的产品时是否有交付清单。

9) 定量项目管理过程评价要点

(1) 是否确定并文档化项目需度量的质量和过程绩效的目标、优先级及权重，以及测量这些目标的方法。

(2) 是否确定了用于选择统计管理的子过程的准则。

(3) 是否利用选择准则选择欲统计管理的子过程。

(4) 是否标识要测量和控制的所选子过程的产品属性和过程属性。

(5) 是否定期审查每个子过程的度量指标,跟踪供方在实现其质量和过程绩效目标方面的结果。

(6) 是否使用所获得的关键属性测量值校准过的过程绩效模型估计实现项目的质量和过程绩效目标的进展。

(7) 是否标识和管理与实现项目的质量和过程绩效目标相关联的风险。

(8) 是否文档化为了解决在实现项目的质量和过程绩效目标方面的不足之处所需采取的措施。

(9) 是否确定用于对所选择的子过程实施统计管理的统计分析技术,并在必要时予以修订。

(10) 是否运用统计方法分析偏差,确定特殊变化原因,确定为何会出现异常情况,并确定应采取什么纠正措施。

(11) 是否标识并文档化子过程能力的缺陷。

(12) 是否决定并文档化处理子过程能力不足所需的措施。

(13) 是否将统计数据和质量管理数据记录在组织的测量库中。

6.6.2 工作产品评价要点

对工作产品的评价应根据工作产品的特点确定评价要点,另外,对文档类的工作产品还应评价:

(1) 编制是否规范、内容是否完整、描述是否准确一致。

(2) 引用文件是否完整准确,包括引用文档(文件)的文档号、标题、编写单位(或作者)和日期等。

(3) 是否确切地给出所有在本文档中出现的专用术语和缩略语的定义。

工作产品评价要点有如下几项。

1) 配置管理计划评价要点

(1) 是否明确软件配置管理的组织与成员。

(2) 是否为每个成员分配配置管理的职责与权限。

(3) 是否明确软件配置管理所需的资源保障条件。

(4) 是否明确定义软件项目的基线和基线工作产品。

(5) 是否明确规定各个基线的到达时间。

(6) 是否明确定义基线工作产品的标识。

(7) 是否明确配置管理需遵循的入库规则、出库规则和更动控制流程。

(8) 配置管理计划与其他计划是否协调一致。

2) 测量分析计划评价要点

(1) 是否明确测量与分析的组织与成员。

(2) 是否为每个成员分配测量与分析的职责与权限。

(3) 是否明确测量与分析所需的资源保障条件。

(4) 是否描述了参与测量分析的人员和人员的技术水平。

(5) 是否明确了测量目标。

(6) 是否规定了数据采集的时机。

(7) 是否规定了数据的采集、存储与分析的规程。

(8) 是否提出了测量与分析结果的安全保密要求。

(9) 测量与分析计划与其他计划是否协调一致。

3) 供方协议管理计划评价要点

(1) 是否明确供方协议管理所需的人员及职责。

(2) 是否为供方协议管理人员分配供方协议管理所需的资源。

(3) 是否明确需要供方遵循的关键过程域或活动。

(4) 是否描述了供方协议管理的主要活动及利益相关方参与计划。

(5) 是否明确了产品或产品部件的获取方式。

(6) 供方协议管理计划与其他计划是否协调一致。

4) 软件测试计划评价要点

(1) 测试组织是否独立,人员组成是否合理,分工是否明确。

(2) 是否描述了测试环境及其测试环境的安装、验证和控制计划。

(3) 是否描述了测试所需的资源。

(4) 软件系统/软件配置项/软件单元的每个特性是否至少被一个正常测试用例和一个被认可的异常测试用例所覆盖。

(5) 功能测试项是否覆盖了软件系统设计说明/软件需求规格说明定义的所有功能。

(6) 性能测试项是否覆盖了软件系统设计说明/软件需求规格说明提出的所有性能指标。

(7) 接口测试项是否覆盖了软件系统设计说明/软件需求规格说明定义的所有外部接口,包括软件配置项之间、软件系统和硬件之间的所有接口。

(8) 对于每一个接口,是否提出正常输入和异常输入的测试要求。

(9) 是否明确了每个测试项的测试要求、测试方法,是否详细说明了完成该测试项所需要的测试数据生成方法和注入方法、测试结果捕获方法及分析方法等。

(10) 是否提出系统/配置项依赖运行环境的测试要求(测试软、硬件环境对系统性能的影响等)。

(11) 是否清晰建立了测试项与测试依据之间的双向追踪关系。

(12) 是否提出时限测试要求(测试程序在有时限要求时完成特定功能所需的时间)。

(13) 是否提出处理容量的测试要求。

(14) 是否提出负载能力的测试要求。

(15) 是否提出运行占用资源情况的测试要求。

(16) 是否提出边界测试要求。

(17) 对于高安全关键等级的软件,是否提出安全性测试的要求。

(18) 是否明确提出测试的终止条件。

(19) 对单元测试来说,用高级语言编制的高安全关键等级软件是否提出修正的条件判定覆盖(MC/DC)要求;对于用高级语言编制的高安全关键等级嵌入式软件,是否提出测试目标码覆盖率要求；是否提出单元调用关系 100%的覆盖要求；是否对每个被测单元提出圈复杂度(McCabe 复杂性度量值)的度量要求；是否对每个软件单元的扇入、扇出数提出分析和统计要求；是否对软件单元源代码注释率(有效注释行与源代码总行的比率)提出分析检查要求；是否对软件可靠性、安全性设计准则和编程准则提出检查要求；是否对源代码与软件设计文档一致性的分析提出检查要求；对于重要的执行路径，是否提出路径测试要求；是否提出单元调用关系 100%的覆盖要求；是否提出语句覆盖率要求(高安全关键等级软件应达到 100%的要求)；是否提出软件测试分支覆盖率要求(高安全关键等级软件应达到 100%的要求)。

5）软件测试说明评价要点

(1) 测试用例设计是否遵循对应的测试计划。

(2) 是否给出了与测试活动有关的进度安排，包括测试准备、测试执行、测试结果整理与分析等。

(3) 是否描述了测试所需硬件环境的准备过程。

(4) 是否描述了测试所需软件环境的准备过程。

(5) 是否逐项审查了测试所需的硬件环境和软件环境的就绪状况，如操作系统、测试工具、测试软件、测试数据等。

(6) 测试用例设计是否覆盖软件测试计划中标识的每个测试项。

(7) 每个测试项是否至少被一个正常测试用例和一个被认可的异常测试用例所覆盖。

(8) 对每个测试用例，是否详细描述下列内容：测试用例名称和项目唯一标识、测试用例综述、测试用例追踪、测试用例初始化、测试活动、测试输入与操作、期望测试结果、测试结果评判标准、测试终止条件、前提和约束条件、测试用例设计方法等。

(9) 测试用例描述是否清晰、规范、易理解。

(10) 是否建立测试用例到测试项(条目)的双向追踪关系。

6）软件测试报告评价要点

(1) 是否对测试过程进行了描述。

(2) 是否说明了被测软件的版本。

(3) 是否说明了测试时间、测试人员、测试地点、测试环境等。

(4) 是否说明了设计的测试用例数量和实际执行的测试用例数量、部分执行的数量、未执行的数量。

(5) 对于每个执行的测试用例是否说明了执行结果(通过、未通过)。

(6) 对于未执行和部分执行的测试用例是否说明了原因。

(7) 执行过程中如果增加了新的测试用例，是否在测试报告中予以说明。

(8) 是否统计了所有测试用例的测试结果，包括用例名称、执行状态、执行结果、出现问题的活动及问题标识等。

(9) 是否对每个被测对象(被测软件)的质量分别进行了客观评估。

7）软件测试记录评价要点

(1) 每个测试用例的测试记录是否包括测试用例名称与标识、测试综述、用例初始化、测试时间、前提和约束、测试用例终止条件等基本信息。

(2) 测试输入/操作、期望测试结果、评估测试结果的标准等是否与软件测试说明中的相关描述保持一致。

(3) 是否记录了每个测试活动的实测结果。当有量值要求时，是否准确记录具体的实际测试量值，如果实际测试结果已经存储在文件中，是否记录了文件名。

(4) 对于完整执行过的测试用例，是否明确给出了测试用例的执行结果(通过、未通过)。

(5) 如果在测试中发现软件有问题，除记录实测结果外，是否详细填写了软件问题报告单。

(6) 对未执行或未完整执行的测试用例，是否逐个说明原因。

(7) 测试人员是否签署了测试记录。

8) 软件问题报告评价要点

(1) 是否详细说明了发现的每一个问题，并形成问题报告单。

(2) 软件问题单对于软件问题的描述是否明确、清晰。

(3) 是否合理划分了问题类别。

(4) 是否合理定义了问题级别。

(5) 是否清晰地建立了问题的追踪关系、相关的测试用例关系，即问题的来源。

9) 软件研制总结报告评价要点

(1) 是否对软件的功能需求和性能需求等进行描述。

(2) 是否对软件的实现情况，如组成、设计及满足的性能指标等进行描述。

(3) 是否对软件研制过程中的主要技术工作(如评审、发现问题情况等)进行描述。

(4) 是否对软件研制过程中各个过程域的主要管理活动进行描述。

6.7 本章小结

过程和产品质量保证是对已实施的过程、工作产品和服务进行评价，是为了交付高质量的产品和服务。通过对适用的过程说明、标准和规程进行评价，发现不符合项，并对不符合项的处理情况进行跟踪验证，直至不符合项得到关闭，在实施过程中，应编制质量保证报告，在报告中说明按照软件质量保证计划实施质量保证活动的情况及结果和质量趋势分析。过程和产品质量保证评价的客观性，是项目成功的关键，因此应有独立向组织的适当层次管理者报告的渠道，使得必要时不符合项可以逐级上报，还应对项目的过程和产品质量保证活动进行客观评价。

CHAPTER 7 第7章

测试数据度量分析

7.1 度量分析概述

在我们的日常生活中的很多领域,度量都起着至关重要的作用。在经济学中,度量可以对价格的起伏进行预测,能够发现我们视觉无法到达的地方,是否有航空器则可以依靠雷达系统的度量来实现,度量在医学中则可以对特殊的疾病诊断提供帮助,而我们的天气预报则是建立在大气度量的基础之上的。所以说,如果没有度量,很多技术无法发挥它的正常作用。

软件度量是针对软件开发项目、过程及产品进行数据定义、收集及分析的持续性定量化的过程。软件度量由度量和分析两部分组成,其中度量是为了达到某种目的,采用相应的标准或者方法来观察目标事物,从而使评价结果得以公正、客观。通过量化管理对项目过程进行定义,从而完成项目已建立的质量和过程性能目标;分析则是使用一系列数学函数来处理数据,并在其中发现问题,判断过程的发展趋势。

7.1.1 度量的目的和任务

软件开发中需要对项目进行了解,而软件度量正是了解项目的一种必要手段之一,也是其目的之一。因为度量能够客观地反映实际情况,所以管理人员与工程师们被其所吸引并对其加以运用,而且准确定义的度量,也可以明确其含义,使之不容易产生歧义。同时它也能帮助项目经理更好地工作,通过相关度量值来制订更加实际的计划,更好地分配相关的资源来确保计划能够顺利执行到位,并按计划来对项目的进度和质量进行监控。由于软件度量为作出关键项目决策和采取适当行动提供了所需要的信息,并且帮助将源自其他项目的信息与技术管理规范联系和集成起来,所以软件项目经理可以利用其提供的客观信息做出决策,并完成下面的工作。

(1) 有效的交流:由于度量为整个软件项目提供了客观的信息,这将有助于降低复杂度和限制软件项目的不确定性。度量帮助管理人员在项目的各阶段上标识、确定优先级、追踪和讨论目标及有关的难题。

(2) 跟踪特定的项目目标:软件项目过程及产品的状态能够通过度量来进行客观、公正的描述。它对在软件项目生命周期中对项目活动的进程及相关软件产品的质量进行客观的描述起着至关重要的作用。度量帮助回答了至关重要的问题,如"项目是按有关进度开展的吗”及“软件是否已经准备好了交付给用户”。

(3) 在早期发现并纠正问题：度量对管理战略的主动性起到了促进的作用，并将可能出现的问题作为风险客观地表现出来，使其受到评估和改进。这样可以更好地评价项目中已经存在的问题，并设定优先级。度量可以促进发现早期的技术或管理上的问题，并纠正它，如果把这些问题留到项目后期解决的话，将会更加困难，并且将为此付出高昂的成本。因此项目管理者使用度量这项工具可以预测问题，并且避免被项目出现的问题“牵着鼻子走”，陷入到一种被动的、消极的解决问题的方法上。

(4) 做出关键的权衡决策：每个软件项目都有其相应的约束，费用、进度、能力、技术质量和性能需要相互权衡并进行取舍、管理，以此完成项目的既定需求。不同领域内的决策通常会相互影响，即使它们看起来没有什么关系。相关的决策者可以通过度量的帮助来客观、公正地评估这些影响，并加以权衡考虑，以求项目达到最优解。

(5) 决策调整：当前的软件和信息技术商业环境要求当前的计划项目之前有成功的项目经验。项目经理要能够以历史性数据为基础来制订和实施自己的计划。然后，还能够根据当前的实际数据调整项目计划或进度。软件度量为合理地选择最优的替代方案提供了坚实的理论基础。

然而，软件度量和其他的管理或者技术方案一样，无法完全保证一个项目的成功，但是它对于决策者处理软件项目中的某些关键问题所带来的帮助还是应该给予积极的肯定。

7.1.2 实施基础

有效的度量应该满足以下的属性。

(1) 简单且可以计算。

(2) 结果是客观的非二义性。

(3) 经验和直觉上有说服力。

(4) 单位和维度的使用是一致的。

(5) 独立于编程语言。

(6) 能提供影响高质量产品的信息。

按照度量所使用的方法和侧重点，软件度量可以如下进行分类。

软件工程中，软件度量分为两类，分别为直接度量和间接度量。直接度量包括所投入的成本和工作量，还包括软件产生的代码行数(LOC)、执行速度、存储量大小、在软件周期中所报告的差错数。而产品的间接度量则包括功能性、复杂性、效率、可靠性、可维护性和许多其他的质量特性。如果事先确定特定的度量规则，则可以对开发软件所需要的成本和工作量、产生的代码行数进行直接度量。但是，软件的功能性、可靠性、可维护性等质量特性却无法用直接度量来进行判断，只有通过间接度量才能推断。

7.1.2.1 面向规模的度量

面向规模的度量试图采用项目的“规模”对软件项目进行量化，以使软件的其他质量度量规格化。例如，我们会收集关于公司以往完成的一系列项目的数据，其中可能会包括组成项目的代码行数、完成项目所需的人·月、项目的费用、项目产生的文件页数、软件交付前纠正的错误数、交付后第一年发现的错误数、参加项目开发的人数。然后，我们可通过对代码行数进行归一化来对项目进行比较。这种归一化过程可使我们对软件交付前每千行代码中纠正的错误数及每千行代码的文件页数进行比较。

软件开发机构可以建立一个如表7-1所示的面向规模的数据表格来记录项目的某些信息。该表格列出了过去几年完成的每一个软件开发项目和关于这些项目的相应面向规模的数据。如在表7-1中，项目aaa-01的开发规模为110.1 KLOC(千行代码)，整个软件工程的活动(分析、设计、编码和测试)的工作量用了24人·月，成本为168 000元。进一步地，开发出的文档页数为365页，在交付用户使用后第一年内发现了29个错误，有3个人参加了项目aaa-01的软件开发工作。

表7-1 面向规模的度量

项目	工作量	成本/元	KLOC	文档页数/页	错误数/个	人数/人
aaa-01	24	168 000	12.1	365	29	3
ccc-04	62	440 000	27.2	1224	86	5
fff-03	43	314 000	20.2	1050	64	6
……	……	……	……	……	……	……

对于每一个项目，可以根据表7-1中列出的基本数据进行简单的面向规模的生产率和质量的度量：

生产率 = KLOC/PM(人·月)　　　　质量 = 错误数/KLOC

成本 = 元/KLOC　　　　文档 = 文档页数/KLOC

还可以根据表7-1对所有的项目计算出平均值。

因为容易统计代码行数，所以面向规模的度量具有很多支持者，但此度量并没有得到普遍认可，因为它并非测量软件开发过程的最佳方式。将代码行数作为软件度量，即通过对项目所含代码行数的统计来估算项目的规模和复杂性不一定是十分准确的，因为任务所需的代码行数可取决于所采用的语言类型。而且，这种度量方法对使用代码少、设计优良的系统不利。凡是进行过程序设计的人都能理解有时可用少量代码完成相当复杂的任务。这种机制的代码通常需要对任务进行深思熟虑以便能够发现以少量代码完成大量工作的方法。这些系统实际上比面向规模度量所表明的更复杂。

使用面向规模的软件度量还会产生下列问题，即如果生产力以代码的多少为度量，则开发者就没有写出好代码的驱动力，繁冗、低效的代码行数不少，但不仅不易维护，而且运行效率很低。开发者也缺乏驱动力以保证每行代码都是完成任务所必需的。将无关代码计入产品中的一个极好例子是微软的Excel 97，该电子表格程序包含一个具有相当复杂图形的飞行模拟器，如果用户按下特定的组合键，就可执行飞行模拟器。显然，飞行模拟器不是大多数电子表格用户所需的。因而在编程界，较长的代码并非总是好代码。以代码的数量来衡量软件项目会给开发者带来错误信息。这里的教训是：软件项目所含的代码数目并不能恰如其分地反映软件的复杂性或真正的规模。类似地，代码行数也不能准确反映完成项目所必需的工作量。

之所以以代码行数作为项目的度量，原因是这种度量可以轻而易举地用在已完成的项目上，那么如何将此度量方法用于对未来项目的估算呢？显然，并不能马上就知道项目所需的代码行数，但如果已知已完成项目的代码行数的历史记录，则可以按最接近已完成项目的记录来估算新项目。如果能找到最接近的项目，则可将以往开发的接近项目的代码行数作为新项目的估算。

7.1.2.2 面向功能的度量

面向功能的软件度量可以作为对软件及其开发过程的间接度量。与面向规模的度量考虑的 KLOC 计数不同，面向功能的度量主要考虑的是程序的"功能性"及"实用性"。Albrecht 首先提出了一种叫作功能点方法的生产率度量法，这种方法通过软件信息域中的一部分计数度量和软件复杂性估计的经验关系式而导出功能点。

功能点通过填写如表 7-2 所示的表格来计算。首先要明确信息域的特征，并在表格中相应位置给出计数。信息域的值的定义方式如下，共 5 种。

表 7-2 功能点度量的计算

信息域参数	计数		加权因数			加权计数
			简单	中间	复杂	
用户输入数	□	×	3	4	6	□
用户输出数	□	×	4	5	7	□
用户查询数	□	×	3	4	6	□
文件数	□	×	7	10	15	□
外部接口数	□	×	5	7	10	□
总计数	→					□

（1）用户输入数：对面向不同应用的输入数据进行计数，同时输入数据应区别于查询数据，并将其分别计数。

（2）用户输出数：对用户提供的面向应用的输出信息进行计数，输出信息包括报告、屏幕信息、错误信息等，在报告中的以上数据项都不必再分别计数。

（3）用户查询数：查询是一种联机输入，它可以使软件以联机输出的方式生成某种即时的响应，同时每一个不同的查询都要计数。

（4）文件数：每一个逻辑主文件都应将其计数。该处的逻辑主文件是指逻辑上的一组数据，它们可以是一个独立的文件，也可以是数据库的一部分。

（5）外部接口数：对于将信息传递到其他系统中的可读写的接口（硬盘或硬盘上的数据文件）均应计数。

收集到以上相关数据后，就可以计算出与每一个计数相关的复杂性值。使用功能点方法时，要自行拟定某种准则以确定一个特定项是简单的、复杂的还是平均的。尽管如此，复杂性的确定或多或少还是有些主观因素在里面。

计算功能点，使用关系式(7-1)：

$$FP=\text{总计数}\times[0.65+0.01\times SUM(Fi)] \tag{7-1}$$

其中，总计数是由表 7-2 所得到的所有加权计数项的和；Fi($i=1\sim14$)是复杂性校正值，它们应逐一回答表 7-3 所提问题来确定 SUM(Fi)是求和函数。式(7-1)中的常数和应用于信息域计数的加权因数可凭经验确定。

表 7-3　计算功能点的校正值

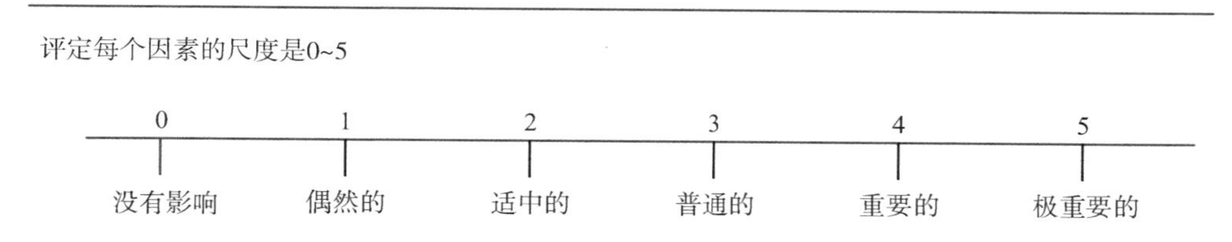

Fi:

1. 系统是否需要可靠的备份和恢复?
2. 是否需要数据通信?
3. 是否有分布处理的功能?
4. 性能是否关键?
5. 系统是否允许在既存的高度实用化的操作环境中?
6. 系统是否需要联机数据项?
7. 联机数据项是否需要输入处理以建立多重窗口显示或操作?
8. 主文件是否联机更新?
9. 输入、输出、文件、查询是否复杂?
10. 内部处理过程是否复杂?
11. 程序代码是否被设计成可复用?
12. 设计中是否包含转换和安装?
13. 系统是否被设计成可重复安装在不同机构中?
14. 应用是否被设计成便于修改和易于用户使用?

将功能点计算出来后，就可以按照 LOC 的方式度量软件的生产率、成本、质量及其他属性：

生产率 = FM/PM(人·月)　　成本 = 元/FP

质　量 = 错误数/FP　　文档 = 文档页数/FP

这样，功能点指标被用作归一化系数，类似于规模度量中的代码行数。然后我们可计算如每个功能点的文件页数、每人·月的功能点数及每个功能点的费用等值。当启用一项新的软件开发计划时，我们统计组成新系统的各功能点构件并对各构件的复杂度进行估计，随后我们就可以从以往系统中找到功能点数与新系统最接近的系统，这样就可利用过去的系统来对新系统进行时间、费用及质量方面的估计。

使用功能点来建立明确的工作量，并估算要求完成的系统分析和产品设计。用户界面、外部数据结构、用户输出、用户查询及(状态)转移都应在产品开发的设计阶段进行，系统所要求的类(内部数据结构)的合理估计应在开发的分析阶段进行。

面向功能的度量的问题之一是工作量估计的有效性受项目分析及产品设计的精确性的限制。随着软件系统向各个开发阶段推进，可能需要修正先前的阶段，因为随着开发的进行，对目标系统的认识会更清晰。工作量估计应当允许加入重新认识到的功能点，这就要求估计具有一定的灵活性，通过加权功能点因子可以实现这种调节。不同的组织可能使用不同的加权因子，但都基于一套标准以确定特定功能点的低、中、高复杂度。当然，复杂度的确定还具有一定的主观性。

面向功能的度量也和面向规模的度量一样，具有一定的争议性。支持者称功能点与编程所使用的语言无关，而且功能点依据的数据往往在项目进化的早期就已知道；然而，批评者称功能点完全依赖主观数据，而且功能点并不与软件的任何物理部分直接对应，因为此种度量虽然试图对诸如用户输入和用户输出等进行统计，但是这些值随后被乘以复杂性系数得到一个单一致值，该值表示整个项目的复杂度。

7.1.2.3 面向特征点的度量

软件规模的功能点度量缺少与软件项目本身的算法复杂性的直接关系。因此，通常对算法比较简单的软件项目采用该种度量方法。然而对于像实时处理、过程控制、嵌入式软件这类算法比较复杂的软件系统，面向功能的度量就不太适用了。1986 年，Jones 扩展了功能点的概念，并在软件项目的功能点中加入算法复杂性的因素，为避免混淆，我们把 Jones 扩展的功能点计算称为特征点度量。它适合于算法复杂性高的应用。

对于特征点的计算，可对数据域值进行如功能点度量所述的计数和加权。另外，对软件新的特征“算法”进行计数，也是特征点度量需要进行考虑的一个值。计算特征点可使用如表 7-4 所示的表格。每一个度量参数只使用一个权值，同时使用式(7-1)来计算总的特征点值。

表 7-4 特征点度量的计算

信息域参数	计数		权值	加权计数
用户输入数	□	×	4	□
用户输出数	□	×	5	□
用户查询数	□	×	4	□
文件数	□	×	10	□
外部接口数	□	×	7	□
总计数	——————→			□

要说明的是，特征点与功能点代表的是同一件事：由软件得到的“功能性”或“实用性”。事实上，对于传统的工程计算或信息系统应用，两种度量会得出相同的 FP 值。在较复杂的实时系统中，特征点计数常常比只用功能点确定的计数高 20%～35%。

7.1.2.4 软件质量的度量

质量检查表是对测试程序中一些有关质量度量是否达标的一个检查单。工程师对照检查表上的每一项指标，依据有关标准来决定该项是否通过。质量的测试与相关标准在定量分析或者评价程序方面起着很重要的作用，由于许多质量特性是无关联性的，所以要考虑几种不同的度量标准去从软件的各个方面来度量软件的质量，下面来介绍几种常用的软件质量度量。

(1) 正确性。一个程序应该按照相关文档要求正确地运行，并且还要提供相关输出。正确性同样要求软件执行所必需的功能。对于正确性来说，通常是计算每千行代码(KLOC)的错误数，错误是指不符合软件需求的缺陷。在程序交付普遍使用后由程序的用户报告该软件的错误数，按相关标准的时间周期(一般是 1 年)进行统计。

(2) 可维护性。软件维护在软件工程活动中占比工作量是最大的。可维护性是指当程序运行发生错误时，可以很容易地修正它；当程序运行环境改变时，可以很容易地适应；当用户希望变更增加需求时，可以很方便地扩展它。当前可维护性还无法直接度量，一般采用间接度量；有一种简单的面向时间的度量，叫作平均变更等待时间。这个时间包括分析变更要求、制订合适的修改计划、实现变更并对其进行测试，并且把修改后的程序发送给所有用户。一般地，一个可维护性好的程序比一个可维护性差的程序拥有更低的平均变更等待时间(对于同类型的变更)。

(3) 完整性。在一个充满计算机犯罪和病毒入侵的时代，软件完整性的重要程度日益凸显。完整性属性度量是一个系统抵抗对它的安全性攻击(包括事故的或人为的)的能力，攻击的对象包括软件的程序、数据和文档。

为了度量完整性，需要增加两个属性的定义：危险性和安全性。危险性是指在给定时间内发生特定类型攻击的概率，它可以依据有关数学模型进行估计或根据经验得出。安全性则是抵挡特定攻击的概率，同样，它也能够进行估计或根据经验得出。一个系统的完整性可定义为

$$\text{完整性} = \sum [1 - \text{危险性} \times (1 - \text{安全性})] \tag{7-2}$$

其中，将累加每一次攻击的危险性和安全性。

(4) 可使用性。“用户友好性”(用户易用性)这个词汇在软件产品中的使用频率越来越高。如果一个程序缺乏“用户友好性”，就算它的功能很强大，很有价值，在市场面前，往往也会遭遇失败。可使用性根据下面 4 个特点进行度量，尽量使其量化：

① 为了学习软件所需要付出的体力上的和智力上的技能；

② 为达到熟悉、有效地使用软件所花费的时间；

③ 当软件被适度、合理地使用时所度量的在生产方面的净增值；

④ 站在用户角度，来主观评价软件(一般通过发放问卷调查表来实现)。

(5) 可理解性。可理解性是指通过阅读相关软件工程文档、源代码及其注释，理解程序功能及其运行过程的容易程度。一个程序的可理解性好，具备一些必要的特性：模块化设计(结构良好、功能完备、简单易懂)、风格一致(代码及设计风格应保持一致)、不使用令人难以理解的代码、使用有明确含义的变量名和函数名等。另外，有一种叫作“90-10 测试”的方法可以用来衡量一个软件的可理解性。让一位有着丰富经验的程序员来阅读一份待测试的源程序清单(规模合理)10 min，然后把这个源程序清单拿走，让这位程序员凭自己的理解和记忆，写出该程序的 90%，就说明该程序的可理解性好，否则就要对其重新编写。

(6) 可靠性。可靠性说明一个程序按照用户的要求及其规定目标，在给定的一段时间内能够正确执行程序的概率。有关可靠性的标准主要包括平均失效间隔时间、平均修复时间、有效性。

有两类方法可用于程序的度量可靠性。

① 通过统计程序的错误数据，进行可靠性预测。工程师们通常利用一些可靠性模型，

根据程序测试时发现并修改的错误数来对平均失效间隔时间进行预测。

② 在明确程序的复杂性与可靠性有关联的情况下，根据程序复杂性可以预测软件可靠性，这里我们可以使用复杂性来预测出错率。程序复杂性度量标准可对哪个程序模块容易发生错误及是哪一类错误进行预测。在了解了错误类型及它们出现的位置后，就能很快地发现并更正错误，提高程序的可靠性。

(7) 可测试性。可测试性用来对论证程序正确性的容易程度进行度量。一个程序设计得越简单，证明其可测试性就越高。并且能否设计出合理的测试用例，取决于测试人员是否能全面正确地理解该程序。因此，一个测试性好的程序应该符合 3 点：可理解的、可靠的、简单的。

对于程序模块而言，其可测试性可用程序复杂度来度量。一个程序环路越复杂，扇入扇出越高，程序的路径也就越多，这样的程序就越难测试。

7.1.2.5 复杂性度量

(1) 代码行度量法

对程序的源代码行数进行统计，是程序复杂性度量方法中最简单的，并以源代码行数作为程序复杂性的度量。若设每行代码的出错率为 1%，那么每 100 行源程序中可能出现的错误数目就是 1 个。Thayer 指出，程序出错率在 0.04%～0.07%，即每 100 行源程序中可能存在 4～7 个错误，并且每行代码的出错率与源程序总行数之间不存在一一对应的简单的线性关系。Lipow 通过研究进一步表明，小程序的每行代码的出错率范围在 1.3%～1.8%；大程序的每行代码的出错率相比于小程序增加到 2.7%～3.2%，但这仅仅是对程序的可执行部分进行了考虑，还没有包含程序中的说明部分。同时 Lipow 依据其他研究者的研究成果得出一个结论：少于 100 条语句的小程序，源代码行数与出错率是线性相关的。不过随着程序越来越大，程序的出错率将以非线性的方式进行增长。所以，代码行度量法仅仅是对程序的复杂性度量进行简单、粗糙的估计。

(2) McCabe 度量法

McCabe 度量法是一种基于程序控制流的复杂性度量方法。通过该种度量法来定义的程序复杂性度量值又可以称为环路复杂度，所以可以在画出程序图后，依据该程序图中的环路个数来确定它的度量值，如图 7-1 所示。

如果将程序流程图中每个处理符号都用一个节点来表示，则原来联结不同处理符号的流线编程将联结不同节点的有向弧，并从结束点开始反馈一条虚线，该有向图就称为程序图。

计算有向图的环路复杂式如下：

$$V(\mathrm{G}) = m - n + p \tag{7-3}$$

其中，$V(\mathrm{G})$是有向图 G 中的环路个数；m 是图 G 中有向弧个数；n 是图 G 中节点个数；p 是强连通分量。以图 7-1 为例，其中节点数 $n=11$，弧数 $m=13$，强连通分量 $p=1$，则有 $V(\mathrm{G})=m-n+p=13-11+1=3$。即 McCabe 环路复杂度度量值为 3。它也可以看成由程序图中的有向弧所封闭的区域个数。

程序中的环路随着程序循环或者分支数目的增加而增加，因此该复杂度度量在间接表示软件的可靠性之外，也对软件测试的难易程度提供了一种定量度量的方法。相关实验表

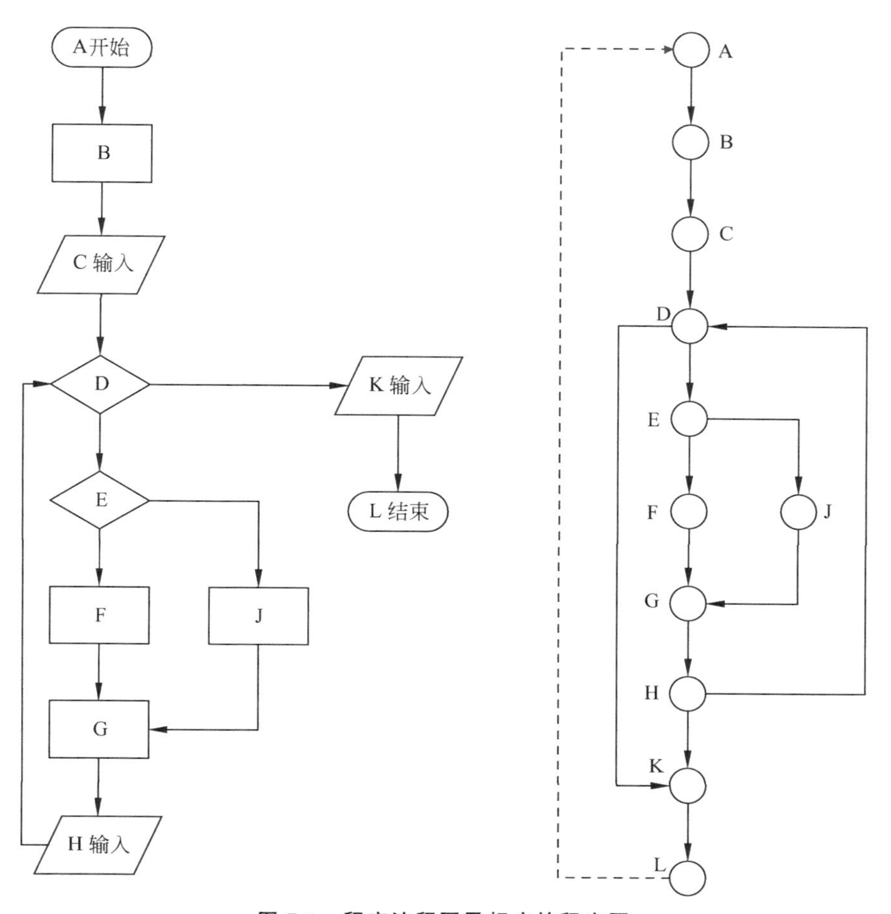

图 7-1　程序流程图及相应的程序图

明,源程序中的错误数及为了发现和更正这些错误所花费的时间与 McCabe 环路复杂度度量值有明显的关系。

Myers 建议,对于符合判定,如(A==0)and(C==D)or(X=='A')算作 3 个判定,即将判定条件最简化。

利用 McCabe 环路复杂度度量时,应该注意:

(1) 环路复杂度由程序控制结构的复杂度决定。复杂度的增加与程序的分支数目或循环数目增加有关,并且与程序中覆盖的路径条数有关。

(2) 环路复杂度是可加的。如模块 A 的环路复杂度为 5,模块 B 的环路复杂度为 1,则模块 A 与模块 B 的环路复杂度为 7。

(3) McCabe 提议,若程序的环路复杂度超过 10,则应将该程序分成几个小程序,这样可以减少程序中的错误。Walsh 则在工程上用程序证实了这个提议的正确性,他发现在 McCabe 复杂度为 10 左右时,错误率会出现间断跃变的现象。

(4) McCabe 环路复杂度隐含的前提是:错误数与程序的判定数加上子程序调用数目成正比。而其他因素,如输入错误、加工复杂性解数据结构均可忽略不计。

因此,McCabe 度量的缺点是:

(1) 控制流种类不同时,无法对其复杂性进行区分。

(2) 将简单 if 语句与循环语句的复杂性视作一样。

(3) 将嵌套 if 语句与 case 语句的复杂性同等看待。

(4) 通过一个简单的分支来处理模块间接口。

(5) 顺序程序的复杂性与代码行数无关。

尽管以上列举了 McCabe 复杂度度量法的缺点,但是其在易于使用,以及在测试方案选择和排错费用估计等方面都发挥着重要的作用。

7.1.3 角色及职责

为了在软件测试过程中更好地实施软件度量,测试机构需要在软件度量过程不同时期,明确与度量分析工作相关的角色及其工作职责。通常开展软件测试度量分析的角色包括高级主管、项目主管、组长和工程师 4 个层次。

7.1.3.1 度量准备

度量的前期准备,由项目主管来制订相应的度量计划,在计划中明确说明度量需要取得的支持、角色的划分和相应的定义职责及执行度量时需要的资源,并将相应计划上报给高级主管。

(1) 取得组织支持:在高级主管得知项目主管的上报计划后,对该项目的软件度量活动进行支持,一般包括 3 方面。第一,需要企业在有关资源上进行调配,给出必要支持,如人力资源方面及度量环境、工具的支持;第二,该项目人员的支持,在该项目组内达成共识,该项目的软件度量是为了评估和改进软件质量和过程,以及提高软件生产效率,而不是针对某个组或某个人;第三,软件项目组的有关管理人员应该积极地提供在软件生命周期中的相关数据,并配合项目度量工程师对度量数据进行采集、分析,通过度量工程师分析评价结果来执行或改变该项目的进程,通过各方人员的协作来提高软件质量及组织结构,相关责任组织和个人需要严格执行。

(2) 角色的划分和职责的定义:应明确软件项目度量计划中角色的划分和职责的定义,以及需要使用的有关软件度量所用的工具。需要定义项目管理者在度量中的职责,以及定义软件度量工程师的相应职责,并明确地说明哪些数据需要收集,哪些数据报告需要提交。

7.1.3.2 执行度量

在执行度量中,准确无误的数据是度量的根本所在。在准备度量中指定度量工程师收集项目的度量数据,应在度量计划中明确对采集数据的流程、需要注意的事项及关键点进行说明,否则采集到的无效度量数据对软件项目的质量提升毫无作用。为了保证收集有效的数据,可以使用一些业界公认的数据收集工具对项目数据进行收集。

执行度量是度量过程中的操作阶段。执行度量的输入一般是按照项目度量计划中规定的事项,对软件生命周期过程中的特征属性进行度量。在此前提下,能够最终形成可供分析的结果。数据的整理、分析两个过程在度量执行中必不可少。

（1）数据的整理：按照度量计划中的规定事项，对软件生命周期过程中收集的项目原始数据进行整理归纳。在数据的整理过程中，主要是对数据进行验证、同步、一致性检查，以及对数据进行确认。

（2）数据的分析：根据度量计划中的规定事项及已经完成的数据整理，对数据的度量分析，根据整理后的准确、客观的数据，来判定项目的状态。数据分析的活动主要有两个方面，一是在软件项目生命周期中，对项目过程的度量分析；二是在软件项目生命周期中，对度量分析在此过程中产生的阶段性产品或成果进行的度量分析。

7.2　测试项目度量数据

7.2.1　工作量度量

在以成本超出预算、进度严重拖延、质量问题严重等为特征的软件危机出现的背景下，工作量估计和度量的研究开始展开。随着软件质量保证和控制机制的应用，软件质量得到了较大提高，但仍频繁出现进度拖延和成本超支的情况，对工作量估计和度量的不完备，是出现软件项目失控的重要原因之一。

工作量度量是收集计划工作量、一定时间内的实际工作量、累计工作量。作用在于向软件项目管理者提供软件开发任务的实际成本数据，并与计划工作量或预算进行比较，对项目的实际进展情况进行跟踪和分析，提高项目的管理和控制能力。

工作量度量的指标主要是工作量偏差情况，可分为项目工作量度量和软件产品工作量度量两个方面。项目工作量度量主要着眼于项目实际与计划工作量之间在开发或测试过程中的偏差情况，目的是说明企业项目的实际工作量情况，以便管理者合理地投入开发成本和分配开发资源；软件产品工作量度量主要着眼于软件产品实际与计划工作量之间在实际开发过程中的偏差情况。工作量度量的目的是从项目的特征属性中估算出完成该项目的工作量，方法通常有专家经验法、数据驱动法和算法模型法，3 种方法的分类比较如表 7-5 所示。

表 7-5　工作量度量方法分类比较

分类	工作量度量方法	优点	缺点	增强型项目测试的适用性
专家经验法	WBS，W-Delphi，三点估计法等	适应范围广	过于主观、稳定性和可重复性低	适用，引用成本较小，需要有相应的测试专家
数据驱动法	回归分析法、类比法、学习算法等	客观和科学，较好的通用性和扩展性	过于依赖大量的历史项目数据，较难获取	需要提取大量特征值，引入特定的数据模型以减少数据分析维度（可借鉴专家经验法）
算法模型法	COCOMO 系列模型、SLIM 模型，FP 模型，UCP 模型，COBRA 模型等	相对较高的客观性和针对性、应用简单、数据依赖性低	通用性差、可扩展性一般	需要制定相应的算法模型，确定影响因子并标定参数

（1）专家经验法

专家经验法是专家基于自身知识储备和软件开发经验对工作量进行判断和估计，并通过一定的方式和手段来保证估计的可控性。目前常用的专家经验法有工作分解结构法、宽带德尔菲法、三点估计法等。

工作分解结构法（work break-down structure，WBS）通过自顶向下的方式依据工作分解结构（产品的功能及其子功能组成）对系统进行任务分解，然后对每个任务量以累加方式自底向上进行度量。一般从两个维度将项目分解成任务矩阵：其一是系统角度，即把应用系统划分为单独功能单元，如模块、用例等；其二是项目活动角度，如需求、设计、编程、测试等。

Boehm 和 Farquhar 提出的宽带德尔菲法（wideband Delphi，W Delphi）注重专家估计的形式、流程和沟通，操作步骤包括：协调人员分发项目的需求规格和估计表单；协调人员组织相应的专家讨论估计的相关情况；各专家独立完成估计表单；协调人员汇集和总结估计信息；协调人员召集所有专家讨论，对分歧较大的估计值进行重点关注；专家再次独立完成估计；重复汇总、讨论和估计直至估计值相对一致或者重复指定轮数。

三点估计法，划分为乐观时间（工作顺利情况下的时间）、最可能时间（完成某道工序的最可能完成时间）、悲观时间（工作进行不利所用时间），并认为估计值按 Pearson 概率分布。

专家经验法适用范围广，能够应用于具有相应的专家的各种场景，但完全依赖个人经验造成主观性强，结果不稳定且可重复性低。不过，考虑到易用性及工作量度量的复杂性，在度量过程中局部使用是可行的。

（2）数据驱动法

数据驱动法对历史数据结合通用的数据统计和分析方法来给出相应的度量值。典型方法包括回归分析法、类比法、学习算法等。

回归分析法是常用的数据驱动方法，常用的回归方法包括普通最小二乘回归法（ordinary least squares regression，OLS）、稳健回归法（robust regression，RR）、逐步方差分析法（stepwise analysis of variance，ANOVA）等。

类比法也是常用的数据分析方法，通过已完成项目的信息来度量新项目的工作量。类比方法要解决的问题是：①如何提取特征项，可参考专家意见；②如何描述相似度，目前常用近邻算法，如欧式距离或加权欧式距离；③如何获得最终的估计值，如分类树的类比方法，通过对项目进行逐级分类缩小比对范围，找到与新项目最相似的项目集合，对相似项目集合进行度量推算出新项目的度量结果。

基于学习算法的数据驱动方法，如神经网络、贝叶斯分析、优化集缩减法（optimized set reduction，OSR）等，通过对一定量级的项目历史数据进行训练和学习，发现各属性或变量间的规律，并应用于新项目进行度量。

数据驱动方法基于历史数据，更为客观和科学，且具有较好的通用性和扩展性。但局限性也在于依赖大量的历史项目数据。在软件开发过程中，影响工作量的因素极多，精准的度量需要大量级的历史项目数据。我国软件基准标准组（CSBSG）定义了包括项目基本信息、规模和稳定性信息、进度信息、资源和工作量数据、质量信息、生产率信息等软件项目各方面共计 140 多个度量元。要覆盖各数据维度中各属性与工作量的关系，其需要的数据量目前是无法达到的。

(3) 算法模型法

基于固定算法的模型是目前常用的算法模型,包括 COCOMO 系列模型、SLIM 模型、FP 模型、UCP 模型、COBRA 模型等。

COCOMO 系列模型基于一个工作量度量的通用形式,但模型系数有所差异。其中在 COCOMO 81 中,模型系数取决于建模等级及项目的模式,通过分析各因子(产品属性、过程属性、机器属性和人员属性)的等级得到相应的调整值。而 COCOMO Ⅱ 细分出 3 个子模型:应用组合模型,在项目规划期间基于对象点规模进行初步度量;早期设计模型,在早期架构设计期间基于功能点或可用代码行、相关指数因子(5 个)及乘数因子(7 个)进行工作量估计;后架构模型,在架构设计完成后基于功能点或可用代码行、相关指数因子(5 个)及乘数因子(17 个)进行细粒度的分析。COCOMO 系列其余十多种模型沿用了 COCOMO Ⅱ 构建时的 7 个步骤:①分析历史数据;②进行行为分析;③确定模型的形式及标识相关参数;④执行专家估计;⑤收集项目数据;⑥进行贝叶斯后验更新;⑦收集更多数据改进模型。

SLIM 模型是假设规模大于 70 千行的软件项目人员,近似于 Rayleigh 曲线,同时开发阶段的人员会到达峰值,其中开发工作量约占项目工作量的 40%。

FP 模型和 UCP 模型可作为上述两种模型的规模输入,也常用于对生产率的度量,可通过统计得到的生产率来度量工作量。SPR. David 咨询组织等组织使用对功能点生产率(PROD)的数据统计以应用于工作量度量;UCP 模型方法提出了转换因子方式,即生产率模型,不同专家学者给出了不同的转换因子值:Karner 建议为 20 人·h/LTCP,Sparks 认为是 15～30 人·h/UCP,Schneide 和 Winters 则提议通过环境因子在[20,36]的位置决定转换因子值,Nageswaran 则采用 13 人·h/UCP。

COBRA 模型在采用生产率模型的基础上,通过专家知识体系获得间接成本因果模型,来度量环境因素对于工作量的影响。使用项目数据调查表单得到成本数据模型,通过已有相似项目的数据计算出项目生产率和斜率,即可得到工作量。

算法模型法从规模参数、影响因子参数及参数表现形式三方面对工作量模型进行制作和优化,优势在于:较强的针对性和指导意义,是对软件度量的定制;输入相对明确和简单,不涉及历史数据;可以说是专家经验法和数据驱动法的显性表示,是专家经验的总结和历史数据分析的规律性成果,但比专家经验法具备更好的客观性。不足在于:单个具体模型的适用范围有限,是基于某一类项目或者某一类组织的情况定制的;模型参数的标定及高通用性的实现较难,不同模型的影响因子选取、描述、评价及使用都不相同。

7.2.2 测试进度指标

通过测试进度指标,可以了解测试进展的实际情况,进而在实际测试进度的基础上,对测试进度的计划、测试进度的实际情况及相关的测试进度数据进行分析,发现测试过程中的问题。

1) 测试进度指标的意义

通过测试进度指标,可以对测试的实际进展情况进行定量表示,对于测试项目的管理人员来说,测试进度的指标提供了对测试项目进度评估和用于目标决定的关键数据。只有明确的测试项目真实状态,才能对测试项目是否遵循着期望路径前进进行判断。

测试进度在软件测试活动中的重要意义在于：

(1) 对软件测试项目进行管理帮助；

(2) 指导软件测试的过程，对过程进行改进；

(3) 提高沟通的有效性及改进的可见性；

(4) 尽可能早地发现测试过程中的可见问题和潜在问题并进行更正；

(5) 对未来的测试项目进行提前计划；

(6) 对软件测试项目的进展进行跟踪。

2) 常见测试进度指标

(1) 挣值(earned valued,EV)

挣值是指在一项活动或一组活动实施过程中，某阶段已经完成的工作的预算成本。挣值分析法综合了范围、时间和成本的数据，它对计划完成的工作、实际挣得的收益、实际花费的成本进行了比较，通过研究各个工作实际的执行时间、实际消耗费用及完成情况，分析整个项目的进度执行情况及成本消耗情况，以确定成本与进度完成量是否按计划进行。为了计算挣值，要求获得有关实际成本、实际历时和完成百分比的信息。

软件测试项目中，用于挣值分析计算的值如下所示。

① BCWS(budgeted cost of work scheduled)——计划完成工作的预算成本

BCWS是到目前为止的总预算成本，又叫已完成工作量的预算成本，即计划值(plan value,PV)，它是根据项目计划计算出来的，用于表示“到目前为止，原来计划的成本是多少”，或者表示“到该日期为止时，本计划应该完成的工作量是多少”。

② ACWP(actual cost of work performed)——已完成工作的实际成本

ACWP用于表示“到该日期为止实际花了多少钱”，是到目前为止，实际花费的金额，即实际成本(actual cost,AC)。ACWP可以由测试项目组统计。

③ BCWP(budgeted cost of work performed)——已完成工作的预算成本

BCWP称为已获取价值，它表示“到该日期为止完成了多少工作”，是到目前为止，已完成工作的原本预算成本，即挣值(earned value,EV)。

理想状态下，依据BCWP,BCWS,ACWP所画出的3条曲线可以重合。

挣值分析的4个评价指标及其分析过程如下。

① 进度偏差(schedule variance,SV)

SV=EV−PV=BCWP−BCWS，表示检查日期时，BCWP和BCWS之间的差异。当SV=0时，表示实际与计划相符，按照测试进度进行；当SV>0时，表示测试进度提前；当SV<0时，表示测试进度落后。

② 成本偏差(cost variance,CV)

CV=EV−AC=BCWP−ACWP，表示检查期间，BCWP和ACWP之间的差异。当CV=0时，表示测试项目按照预算进行，实际消耗的人工(或费用)等预算值；当CV>0时，表示有结余或效率高，测试项目实际消耗的人工(或费用)低于预算值；当CV<0时，表示测试项目超出预算，实际消耗的人工(或费用)超出预算值或超支。

③ 费用执行指标(cost performed index,CPI)

CPI=EV/AC=BCWP/ACWP，指预算费用与实际费用之比(或工时值之比)，表示花钱的速度。当CPI=1时，表示按照预算进行，实际费用与预算费用吻合；当CPI>1时，表示测试项目低于预算，即实际费用低于预算费用；当 CPI<1 时，表示测试项目超出预算，即实际费用高于预算费用。

④ 进度绩效指标(schedule performed index，SPI)

SPI=EV/PV=BCWP/BCWS，指项目挣值与计划值之比，表示完成任务的百分比。当 SPI=1 时，表示按照测试进度进行，实际进度与计划进度相同；当 SPI>1 时，表示超测试进度进行，进度超前；当 SPI<1 时，表示测试进度落后，进度延误。

在软件测试项目过程中，应定期对当前的 CPI 和 SPI 进行分析，并计时对测试项目的成本进度进行对应的调整。

(2) 基于 WBS 工作分解单元

通过工作分解结构(work breakdown structure，WBS)工作分解单元，可作为测试工作进度的度量指标之一。创建 WBS 的过程是把项目工作按阶段分解(划分)为较小的、更易于管理的组成部分，每个组成部分可以称为 WBS 单元或工作分解结构单元，每个 WBS 单元需满足以下准则：

① 有一个明确的结果；

② 明确的结果对实现整个项目目标有直接的联系；

③ 有单一的责任点；

④ 可以作为一个跟踪和监控的单位；

⑤ 每个 WBS 单元间应有良好的接口。

通过对每个 WBS 单元的统计，来对整个测试项目的完成情况进行度量。计算每个 WBS 单元的进度偏差得到整体度量结果。测试进度度量指标构建如表 7-6 所示。

表 7-6　测试进度度量指标构建

分类	度量目标	度量指标	度量结果
周任务度量	了解当前阶段周任务进度情况	任务计划的总数； 任务实际完成数； 进度已延迟任务总数，完成数； 预计延迟任务数； 预计延迟偏差超阈值数	任务完成进度偏差； 已完成的任务进度偏差(提前，延迟，累计)
月进度度量	了解当前周期阶段月任务进度情况	任务计划的总数； 任务实际完成数； 进度已延迟任务总数，完成数； 预计延迟任务数； 预计延迟偏差超阈值数； 月可能延迟工作产品数	月进度偏差； 已完成的任务进度偏差(提前，延迟，累计)
阶段进度度量	了解每个周期阶段的进度情况	任务计划的总数； 任务实际完成数； 进度已延迟任务总数，完成数； 预计延迟任务数； 预计延迟偏差超阈值数； 阶段可能延迟工作产品数	阶段进度偏差； 已完成的任务进度偏差(提前，延迟，累计)

续表

分类	度量目标	度量指标	度量结果
项目进度度量	了解项目里程碑进度情况	任务计划的总数； 任务实际完成数； 进度已延迟任务总数，完成数； 预计延迟任务数； 预计延迟偏差超阈值数； 可能延迟工作产品数； 当前计划任务的预算成本 BCWS； 当前完成任务的预算成本 BCWP	项目进度偏差； 进度性能指标 SPI

测试进度度量可以划分为测试任务的进度度量，测试阶段的进度度量和测试项目的进度度量 3 个方面，最基本的度量单位就是任务级的进度测量，任务只有两种情况，要么完成，要么未完成；测试阶段的进度度量是指将一段时间内的所有计划任务的完成情况进行统计、累加，计算出阶段内的任务完成情况；测试项目的进度度量也是将项目里程碑时间内的所有计划任务的完成情况进行统计。通过计算可以得出进度的偏差，可能会延迟的任务数，以及进度性能指标 SPI。

(3) 关键路径性能

当测试项目进展到某个关键路径的节点时，可以通过度量关键路径性能对测试工作进度进行度量，评价测试项目的进展是否符合计划。

关键路径在测试项目的管理中，是项目计划中最长的一套路径，该路径具有最长的总工期并决定了整个测试项目的最短完成时间。任何关键路径上活动的延迟将直接影响测试项目的预期完成时间。一个测试项目可以有多个并行的关键路径。

关键路线具有以下特点。

① 关键路线上活动的持续时间决定了整个测试项目的工期，关键路线上所有活动的持续时间加起来就是测试项目的整个工期。

② 关键路线上的任何一个活动都是关键活动，其中任何一个活动的延迟都会导致整个测试项目完成时间的延迟。

③ 关键路线是从始点到终点的测试项目路线中耗时最长的路线，因此要想缩短项目的工期，必须在关键路线上想办法，反之，若关键路线耗时延长，则整个测试项目的完工期就会延长。

④ 关键路线的耗时是可以完成测试项目的最短的时间量。

⑤ 关键路线上的活动是总时差最小的活动。

通过测试项目计划中的关键路径执行性能来对测试项目的进行状态进行评价，查看关键路径是否提前或延迟，来对整个测试项目的提前或延迟进行推断。

(4) 基于工作单元进展

使用此方法进行测试工作进度度量是相对简单的，只需考虑软件测试所处的几个阶段(需求与策划、测试设计、测试执行、测试总结)。测试项目的团队成员日常报告，可以用于该测试工作阶段进展的度量，在进行该阶段度量时，这个阶段前的各个测试活动都已经结束，之后的活动还未开始，因此在考虑各个阶段的工作量分布的基础上，测试项目的工作进度是容易得出的。

7.2.3 软件缺陷度量

软件缺陷是指软件产品不完全具备预期属性，没有实现软件需求或达到用户的要求。缺陷在大多数情况下产生于程序的源代码，也可能表现为需求、设计或其他软件开发相关文档中的内容缺失、错误等。软件缺陷的出现，可能造成软件产品没有展现出用户所预期的有效结果(也被称为软件故障)，甚至是软件产品功能部件、系统部件或系统无法实现要求的功能(也被称为软件失效)，因此在软件产品制作过程中进行缺陷的预防、检测和消除工作是具有重要意义的。

软件缺陷可能产生在软件开发的需求分析到运行维护各个阶段(需求分析阶段、软件设计阶段、编码实现阶段、软件测试阶段和使用维护阶段)。不同的阶段出现的缺陷会产生不同的影响，在需求分析阶段可能不能满足用户的需求；在设计或实现阶段可能会产生系统无法实现的错误设计方案，出现缺陷代码的修改造成其他正确模块出现错误的连锁反应，增加测试难度，甚至超支和拖延；在维护阶段可能会造成用户体验差，产品淘汰等。软件缺陷的不同也将会给软件产品带来不同的影响，从软件产品的整个生命周期的角度出发，应对不同种类的缺陷有区别地执行相应的处理措施。软件缺陷分类是对软件缺陷进行有效管理和度量的基础。缺陷是被标识、描述和统计的，通过分类，可以分析出最容易出现的缺陷种类，在开发过程中应该花费大量精力进行预防和清除。软件产品过程管理的多角度性，决定了软件缺陷分类具有多样性。目前软件缺陷分类方法众多，但都以软件缺陷属性为基础，如国家军用标准 GJB 473、Thayer 软件错误分类方法、Putnam 分类法等分类方法。软件缺陷属性可以划分为缺陷标识、缺陷类型、缺陷严重程度、缺陷优先级别、缺陷状态、缺陷位置与阶段、缺陷起因和发现步骤共 8 个角度。

1) 缺陷标识

缺陷标识是为区分不同缺陷而分配的一组唯一的字符。

2) 缺陷类型

缺陷类型如表 7-7 所示。

表 7-7 缺陷类型

序号	类型名称	说明
1	文档	无效需求，以及对用户需求的遗漏及不当理解等；设计结果不满足需求，以及技术路线、方法失当；文档格式、排版、签署不符合相关规定，以及文字、表述、注释、消息错误等
2	语法	拼写、标点符号、打字和指令格式等
3	分配	违背编码规范的问题，以及对设计要求的偏离等，如声明、重复命名，作用域，算法和限制等
4	功能	不满足需求、功能失效，以及操作性、方便性、正确性等问题，如逻辑、指针、循环、计算、函数和递归等
5	性能	不满足系统可测量的属性值，如执行时间，事务处理速率等

续表

序号	类型名称	说　　明
6	接口	涉及其他功能模块、系统组件、设备驱动、外部产品、参数调用、控制块使用、参数列表交互；过程调用和引用，输入输出和用户格式等
7	用户界面	人机交互界面问题
8	联编	过程、标准、规范不恰当导致的问题，如库、版本控制、变更管理等配置管理
9	环境	设计、开发、编译和测试等系统支持问题
10	数据	结构和内容等
11	系统	配置、内存和计时等
12	检查	信息提示错误和不合适的检查等

3）缺陷严重程度

缺陷严重程度反映的是对软件产品的影响程度，属于缺陷处理的重要指标之一，如表 7-8 所示。缺陷严重程度可以按照致命、严重、一般和轻微 4 种程度进行划分。对缺陷严重等级的分析与划分，有助于在修复缺陷时划分优先级，合理安排修复进度和人力资源。

表 7-8　缺陷的严重程度分类

缺陷的严重程度	等级	说　　明
致命	A	主要功能未实现；出现系统无法运行，软件崩溃、死机现象；存在重大运行、数据安全隐患，或导致关键数据丢失
严重	B	主要功能实现错误；性能不达标；出现软件异常退出现象；存在较大安全隐患，或导致重要数据丢失
一般	C	次要功能缺失或实现错误，对软件运行影响较小；软件操作与使用说明不符合；存在安全隐患，或导致一般数据丢失
轻微	D	不影响系统运行或功能实现的缺陷；轻微违反代码编码规则；影响软件易用性

4）缺陷优先级别

缺陷优先级别用来表征缺陷必须被修复的紧急程度，与缺陷严重等级具有很强的关联性，都属于软件缺陷处理的重要指标，可对软件缺陷的统计结果和执行修复缺陷时的主次顺序产生影响，甚至在软件测试末尾阶段左右软件发布是否能够如期进行，如表 7-9 所示。

表 7-9　缺陷的优先等级分类

序号	缺陷优先级	说　　明
1	紧急	必须立即解决，否则影响整个系统运行
2	高级别	影响系统中一些重要功能运行的缺陷，必须解决但可在修复队列中依照顺序等待解决
3	中等级别	影响基本功能的运行的缺陷，方便时修复即可
4	低级别	不影响系统正常运行的缺陷

5）缺陷状态

缺陷状态指的是软件缺陷所处的缺陷生命周期阶段，即以提交缺陷为起始点，缺陷关闭为终止点的5个阶段，如表7-10所示。

表7-10 缺陷状态分类

序号	缺陷状态	说明
1	已提交	发现者已提交缺陷，但是缺陷未修改
2	修改中	修改未完成
3	已修复	修改完成状态，缺陷已被修改人修复，但未经确认
4	已关闭	被修复的缺陷获得审核确认，将其关闭
5	已拒绝	由于无法修改或者不需要修改，将其关闭

缺陷状态是软件缺陷管理的过程表现，软件缺陷管理通过跟踪上述各个缺陷状态对软件缺陷进行进度控制和状态转移，并得到相应的缺陷统计与缺陷分析结果。修复工作的运行效率与缺陷状态的转移有着直接的联系，故在缺陷管理时需要以缺陷状态为主要参考，同时考虑缺陷类型和严重程度等其他属性，以合理安排修复缺陷的优先级别和时间分配。

6）缺陷的位置与阶段

缺陷的位置与阶段是指缺陷产生时所处的软件模块及软件产品所处的生命周期阶段，缺陷首次被检测到时所处的软件模块及软件产品所处的生命周期阶段。

7）缺陷起因

缺陷起因指引起缺陷的原因，可能由需求、设计、编码和测试等工作内容的执行造成。查找软件产品产生各类软件缺陷的缘由，总结各类软件缺陷出现的频率，并在过程管理和软件技术两方面制定并实施相应的改进措施，进而提高软件产品质量和软件产品生产组织的生产能力，如表7-11所示。

表7-11 缺陷起因分类

序号	缺陷起因	说明
1	程序编写错误	软件程序编写错误是导致软件缺陷的问题中最容易出现的，和编程人员的软件产品开发经验有一定的关系，不过，但凡是程序编写就一定会出现编写错误，即便是经验再丰富的开发人员，也只是问题等级的高低之分
2	编写程序不符合规定	为了便于程序代码的管理和维护，软件产品开发组织都会制定自己的程序编写规范，并要求编程人员遵守其中的规程并进行程序代码的编写。通常软件产品从程序的开始编写到之后的用户使用维护，会由不同的开发人员参与编写，编写程序不符合规定将会导致由于理解不到位或有误造成程序变动时的新的软件缺陷
3	软件复杂度日益增加	随着越来越多的软件产品应用到社会生产生活中的方方面面，软件的需求日益繁杂，代码量也越来越大，同时程序模块化的趋势，软件产品复杂程度的提高，都会造成软件产品开发的难度增大，也增加了缺陷产生的可能

续表

序号	缺陷起因	说明
4	开发人员的缺陷意识	软件产品开发人员对软件缺陷的认识与重视程度直接关系到软件质量的高低。不重视软件质量、回避软件问题、自大情绪等消极因素将造成软件缺陷的增多
5	软件开发中沟通问题	在软件产品开发过程中，不同职责的人员与人员、部门与部门、机构与机构、横向与纵向方面都有可能存在沟通问题，沟通不及时、不到位甚至不进行等不重视沟通的行为必定会造成软件缺陷的出现
6	频繁的软件需求变更	变更的需求需要修改程序代码，而代码的改动带来的影响是一个连锁反应，不仅对当前模块及影响的模块需要进行测试，对隐含的影响还需要增加大量的测试以确保程序运行正常，造成的后果包括开发进度的拖延、周期的超限，甚至是软件产品质量较差
7	开发进度上的压力	软件开发市场竞争日益增加，迫使提升软件产品开发的效率，缩短开发的周期，为了避免进度的拖延而减少投入测试的时间，或者在开发的过程中考虑不全面，都将会降低软件产品质量
8	项目管理上的缺失	管理人员没有履行应尽的义务、不负责任或者是完全不懂或无法进行产品项目的优秀管理，如人员分配、开发与测试的进度控制等

8）发现步骤

发现软件缺陷时的执行操作步骤。缺陷发现步骤主要需要描述测试人员或操作人员执行了何种操作及相应操作的顺序。步骤描述应清楚准确，使其他人员执行相同的操作能够复现该缺陷。

为实现对缺陷进行定性和定量分析，缺陷度量提供了有关软件产品生产和使用过程的缺陷的相关信息。缺陷指标包括缺陷密度、缺陷发现率、缺陷探测率、缺陷消除率、缺陷纠正率、平均修复时间、平均修复成本和缺陷损失。

（1）缺陷密度用以描述软件产品中单位代码行或功能点中包含缺陷的数量，数值等于测试中发现的缺陷数与项目规模（通常用代码行数或功能点来描述）之间的比值。

对于相同性质和复杂度的模块，可认为缺陷密度越高测试越有效，但缺陷密度受软件质量影响，也受开发人员能力或项目代码风格要求的影响。

（2）缺陷发现率用以描述测试过程中时间与软件缺陷发现数量的关系，数值等于在单位时间内发现的缺陷数。

通常来说，缺陷发现率越高表示测试越有效，但受软件本身质量的影响，评估软件测试有效性时应考虑该局限性。

（3）缺陷探测率为在各生命周期阶段中发现的其他阶段产生的缺陷数与在该阶段中产生的缺陷数的比值。

（4）缺陷消除率为软件投入使用前的所有阶段发现的缺陷数与软件缺陷总数的比值。

该计算方法还可以用于计算各阶段的缺陷消除率，等于该阶段中发现缺陷数与之后发现的缺陷数的比值。

缺陷消除率也可用于评估软件测试有效性，但存在一个缺点，即用户发现的缺陷数的时间是不确定的，因此只能作为事后有效性度量。

（5）缺陷纠正率为由于修复缺陷造成的缺陷占所有缺陷的比例，缺陷纠正率的引入有助于过程改进。

(6) 平均修复时间为所有被修复的缺陷从发现到被修复所用时间的平均值，单位为日。

(7) 平均修复成本为平均修复时间与全职缺陷修复人员的日工资的乘积。

(8) 缺陷损失用来描述缺陷被发现时所造成的累计损失。缺陷造成的损失会随着发现时间增加而增大，有效的测试活动应降低缺陷损失。

软件度量的目的是在收集数据的基础上，进行分析和利用以促进软件过程改进。数据的分析和处理是度量活动中关键的一步，而数据统计技术有助于操作人员从大量的项目相关数据中，判别出项目数据的内在运行模式、发展趋势和相互关联性。常用度量分析技术包括：散点图、趋势图、直方图、条形图、Pareto 图、因果图、控制图等。

(1) 散点图：主要用来表示属性间的因果关系。获得的数据通过散点图可以揭示一个因素的变化对于其他因素的影响。数据点的分布可以判定出变量间是否存在着某种联系。散点图的局限性在于可直观分析 2 个或 3 个变量间因果关系，但随着维度的增多，散点图中的变量关系将展示得比较复杂，梳理起来比较困难。

(2) 趋势图(折线图)：可以用来监控一个时序上的过程，可快速地检验数据和反映某段时间内的数据变化趋势，常用于显示随时间有明显变化的连续数据的度量。

(3) 直方图(柱状图、频数分布图)：用于展示观察得到的数值在各方面的分布情况，并直观显示出在指定的观察时间段内出现某类事件的频次。可用于直方图描述的观察值包括任何软件产品或软件过程的属性，如软件功能模块的大小，不同生命周期下发现的缺陷数量等。

(4) 条形图：大部分的应用情况与柱状图展示一致，区别在于它是基于离散范围的数据，不需要连续观察得到的数值或频数计数。

(5) Pareto 图(帕累托图)：属于柱形图或条形图的一种特殊形式，有助于问题、原因、依据、出现频率和结果的分类。软件组织可用于从较多的事件中分离出主要的个别事件，划分改进活动的优先级、缺陷的关注程度，以及判断检测的问题对软件过程的贡献程度。

(6) 因果图(鱼刺图或石川图)：用于描述、图示和区分软件生产中关注的特定过程、相关问题或有关结果的因果关系，进一步发现问题出现的可能缘由。因果图通常绘制于集体研讨时，故带有一定的主观性，但绘制时是基于实际的信息和数据的，如软件各种度量值、软件问题产生或出现的阶段和位置。

(7) 控制图：目前最常用的统计过程应用方法。控制图主要进行过程质量特性值的测量、记录、展示和评估，以确定整个过程处于预想的控制状态。控制图与其他方法的静态控制转变不同，优势在于对统计过程的实时动态跟踪，控制图中清晰明了地展示了统计过程历时状态，并可进行质量状况的现状分析与未来的预测，可直接在现场进行质量特性数据随时间推移的统计规律的研究。

软件缺陷度量是软件度量的核心，通过软件缺陷度量，可以有效地进行分析、检查软件开发过程的优缺点，进而创建并实施相对应的改进活动，最终使软件组织达到更高的软件产品制作能力等级，同时实现在高质量的软件产品的制作中投入较少的成本。

目前市场上也出现了具有软件缺陷基础度量的软件缺陷跟踪软件，主流的软件缺陷跟踪软件包括 Bugzilla、Bugfree、TRAC、Redmine、Clearquest 和 JIRA。其中开源的为 Bugzilla、Bugfree、TRAC 和 Redmine，收费的为 Clearquest 和 JIRA。

7.2.4 测试有效性度量

软件测试有效性的度量结果，一方面可以用来评定本次软件测试过程的质量现状，另一方面可以用来评价本次测试团队在测试过程中展现的测试能力水平，另一方面还可以发现本次软件产品开发活动进行过程中存在的缺点。软件测试过程是为了发现软件错误并优化软件产品而进行的活动，其目的一方面是尽最大努力发现软件中的全部错误和缺陷，并为最终发布的软件产品是否符合需求和用户要求给出确定性结论；另一方面是花费尽可能少的成本和时间发现被测软件产品及其过程中隐含的问题。在软件产品的整个生命周期中进行无数次软件测试是不现实的，因此，进行软件测试有效性的度量，可用来发现当前软件测试活动进行过程的优劣，并根据度量结果及时调整测试策略，确保软件产品测试高质量、高效率地完成。

软件产品区别于其他行业产物的特殊性，及其制作过程的繁杂度，决定了软件测试有效性度量的抽象性和复杂性。软件测试有效性的度量需要对软件测试活动执行过程和软件产品特殊属性的数据进行汇总和分析，理解现有测试过程的性能，应当重点关注测试过程的有效性、测试用例的有效性、用户满意度、软件测试的充分性、测试自动化程度等因素。

1）测试过程的有效性

通过鉴别和分析当前测试过程软件问题的确认和关闭情况、文档及代码审查发现的问题数占总问题数的比例、动态测试发现的问题数占总问题数的比例等，将当前测试过程问题关闭率（已关闭的问题数与已确认的问题数的比值），缺陷的有效性（已确认的问题数与测试过程发现的总问题数的比值）、文档审查检错率（文档审查发现的问题数与已确认的问题数的比值）、代码审查检错率（代码审查发现的问题数与已确认的问题数的比值）、动态测试检错率（动态测试发现的问题数与已确认的问题数的比值）、测试发现的总问题数等因素，来度量当前测试过程的有效性。

2）测试用例的有效性

通过鉴别和分析所有测试用例的有效执行率、用例执行发现缺陷率等因素，来度量测试用例的有效性。

采集测试设计用例总数量（覆盖软件全部需求功能点的数量）、合格的测试用例数量（经过专家评审通过的用例数量）、测试平台支持的测试用例数量（测试环境能够支持运行并完成测试的用例数量）、测试用例运行发现的问题数量、用例的合格率（合格用例数与总的设计用例数的比值）、用例的缺陷发现率（用例运行发现的问题数与平台支持的用例数的比值）等数据来进行度量。

3）用户满意度

用户是所有行业产物的最终目标群体，他们对产品的优劣评价最具有关注性，也最能在使用过程中直接领略到软件测试工作质量的好坏对产品的影响。进行了有效的测试工作后得到的软件产品，相对来说将具有较高的用户满意度。用户满意度的获取方式可以为对用户调查问卷的收集和对客服部门中用户电话内容的分析。软件产品的使用观感与软件产品本身的质量也有较大的关系，故用户满意度只能从侧面间接地评估软件测试的有效性，同时该指标也是事后度量。

4）软件测试的充分性

软件测试的充分性主要考虑的是测试的覆盖情况。测试的覆盖率过低或覆盖情况不合理将不能有效对系统进行检测，即便测试过程中缺陷发现情况较好，依旧不能说明测试的有效性高。测试充分性评价的内容包括需求覆盖率、设计覆盖率、代码覆盖率、测试类型的充分性、测试环境的充分性、用例设计充分性、用例执行充分性等。

（1）需求覆盖率用来表示对软件系统需求的覆盖情况，结果为被测试的需求数与需求总数的比值，可通过制作表格对比需求规格说明文档和测试用例文档来统计计算。

（2）设计覆盖率用来表示软件系统设计的覆盖情况，结果为被测试的设计数与设计总数的比值，可通过制作表格对比概要设计文档、详细设计文档和测试用例文档来统计计算。

（3）代码覆盖率用来表示软件系统编码的覆盖情况，结果为被测试的代码行数与总代码行数的比值，可通过测试工具获得，可细分为语句覆盖、分支路径覆盖、判定覆盖、条件覆盖、结构性测试覆盖等计算方法。

（4）测试类型的充分性为未选取的测试类型与应选取的测试类型的比值。测试类型的选定主要依据软件产品的使用等级、要求的测试级别及测试委托方相关要求，但可根据软件产品本身的需求进行相应增删（增删时需要测试委托方和用户许可）。测试类型的基准值一般会随着测试对象的明确而确定。

（5）测试环境的充分性主要考虑测试使用的搭建环境与软件实际运行环境的一致性，测试环境对软件需求的支持度，测试环境对测试用例的支持度，以及环境差异对测试结果的影响是否可以通过采取弥补措施进行消除。测试环境的充分性的参考指标为环境差异未影响到测试结果的功能点与所有功能点的比值。

（6）用例设计充分性重点关注设计的用例是否覆盖软件所有需求的功能点（指广义的功能，含功能需求、性能指标、接口要求、安全性措施等所有软件需求）、是否覆盖异常情况、是否覆盖边界情况。

（7）用例执行充分性评价结果为已执行测试用例全部覆盖的功能点与所有功能点的比值，总用例数较少或用例数与功能点分布均匀时，可使用已执行用例数与总设计用例数的比值。

5）测试自动化程度

随着计算机软件系统的规模和复杂度的增加以及模块化开发方式的普及，相应的测试工作也在变得越来越繁杂并具有较高的重复性。人工测试的方法为测试工作带来灵活性的同时也会增加测试失误的概率，同时测试人员的能力和效率也无法应付大数量级的测试用例的执行与重复执行，因此自动化测试技术的应用，不仅有效地节省了人力资源，同时也大大提升了测试效率和测试准确性。对测试有效性的评估应在考虑软件测试效果和过程效率等各方面的指标后考虑测试团队的测试自动化程度，测试自动化程度可以利用人工执行测试用例数与所有执行测试用例数的比值来描述。

7.2.5　测试工作产品质量度量

虽然质量度量并不能直接提高测试工作的质量水平，但是通过度量测试工作的过程及其工作产品，并对其进行分析和量化，可以对测试过程进行改进。测试过程是与测试产品和资源密切关联的，每个测试项目的测试过程活动都离不开测试产品和测试资源。每个测试项目过程活动的开展都离不开资源的支持，而每个测试活动的中间过程都会有产品输出，输出的产品可能是另一个活动的资源输入。因此对于测试过程的改进，对其测试工作产品的质量度量也相当重要。

1）用户满意度

测试产品的最终目标群体必然是用户，用户能够最直观地感受到软件测试工作质量的好坏，因此其对测试产品的优劣最具发言权。一个缺陷众多的测试产品到了用户手中，必然会受到用户的各种诟病与批评，相反，优秀的测试产品则会较少地受到用户的投诉与批评，故“该测试工作的产品用户满意度如何”，可以用于对测试工作产品优劣进行直接度量。

通常，采用用户调查问卷或客服部门电话访谈的形式可以较为轻松地收集到用户对测试产品的满意程度。使用用户调查问卷的方式，可以向用户提出针对性的问题，因此，设计一份针对测试产品质量提升的调查问卷尤为重要。使用电话访谈形式的收集方法，应更注重判断用户电话内容中的性质，判断其是否反映了软件测试产品的质量问题，问题是否具有普遍性等。

用户满意度能够对测试工作产品进行度量，但其与被测软件本身的质量也密不可分，因此，用户满意度只能从侧面间接地对测试工作产品进行度量。

2）测试技术文档的质量度量

测试技术文档是测试工作的直接产品，一份高质量的测试技术文档是能够让用户直接了解测试工作质量的最好方法，因此测试文档的质量越来越受到人们的重视。

Kenneth G. Budinski 归纳了技术文档写作的十大特性：

(1) 适用于某一技术主题。

(2) 具有某一用途。

(3) 具有某一目标。

(4) 传递信息、事实或数据。

(5) 不带个人情感。

(6) 精简。

(7) 指向特定读者。

(8) 带有特定风格和格式。

(9) 可存档。

(10) 提及他人贡献。

测试文档的阅读能够让用户了解测试过程，用户希望花费较少的时间找到所需要的信息，因此，对作为测试工作产品的技术文档质量进行度量显得非常必要。高质量的测试文档内容应满足三方面的特点：易于使用、易于理解和易于查找，此外，还可从以下 8 点质量特性进行度量。

1）任务导向

测试技术文档能够引导用户正确地使用被测软件完成任务，因此，如何引导用户完成任务的主题对用户来说非常重要。

用户使用测试技术文档的任务是更好地了解被测软件的质量与特性，所以他们需要更直观地得到该测试任务的信息。任务导向可以让测试文档从用户如何完成特定任务的角度出发，提供用户以任务为导向的测试产品关键信息，因此，对任务导向的度量应对测试文档进行分析，查看其是否能够得到各类用户需要完成最重要任务的信息。

2）准确

测试技术文档的准确性是对测试文档进行度量最重要的指标之一。测试文档的所有内容的信息应准确，包括对测试产品的介绍、测试数据的陈述、测试步骤、测试过程的图片信息等，一旦引入错误的或不准确的信息，将严重影响用户理解和使用所测试的软件产品。故在度量测试技术文档时可从以下几点进行考量。

（1）对被测软件理解的充分性：测试技术文档中的信息，是否理解正确，其内容是否准确无误。

（2）技术变更内容是否正确：被测软件的更改，会导致版本信息、用户界面、产品功能特性等均会随之产生更改，技术文档是否将这些改动体现在测试文档中，能否直接传达给用户，并且其内容是否准确并符合事实。

（3）测试文档前后一致性：测试文档常常有多种，同一文档间和不同文档间的内容是否一致。

3）完整

测试技术文档应能提供给用户测试产品所需的全部细节和相关信息，但同时，测试技术的完整性并不意味着需要涵盖所有信息，信息不应重复也不应向用户提供过多不需要的信息。

4）清晰

清晰的测试技术文档能够让用户在第一次阅读时就能找到关键信息并理解其意思，测试文档不许存在复杂不清的语法，不需无用的用词和模棱两可的表达。对测试技术文档进行度量时，应对文档中不严密的用词和不切题的段落，模糊的指代，不清晰的句子等给文档带来二义性的内容进行考量。

5）具体

测试文档内容是否具体，所列出的测试内容是否有数据支撑，能否让用户更充分地了解技术文档中抽象的信息。

6）风格统一

测试文档的风格统一，也是测试文档质量的体现。使用统一的风格对用户理解测试内容有帮助。测试技术文档应遵循一定的惯例、标准和规则。

7）视觉效果

使用插图、图形元素等方法，能够从视觉上对用户强调重要的内容，或引导用户找到所需内容。图形元素通常可以包括符号、图标、项目符号、标签、颜色、阴影等，但是当使用图形元素时，需要注意其逻辑性和一致性。

8）易于检索

用户找不到想要的内容，测试文档内容的编写就是失败的，测试的质量再高都无济于事。因此，测试文档应具有合理的目录、索引和链接，为用户引路。此外，影响搜索精准度的还有关键字和文档内容，关键字是搜索的第一步，也是影响搜索命中的重要因素，是否具有关键字术语表，能否引导用户搜索找到关键信息，也是测试文档质量度量的因素之一。

测试技术文档的编写通过使用易于理解的语言和友好的方式来向用户受众传播某一主

题或技术，以满足用户的需要和期望。测试技术文档是测试工作的重要产物，因此伴随着测试文档的质量提升，测试过程也将得到改进。

7.3 度量分析活动

软件测试过程中度量分析活动是软件测试过程中的重要组成部分，它能对软件测试过程的测试进度、测试成本、被测软件规模和被测软件本身进行有效评价。度量分析活动包括建立度量目标，实施度量构造并制订度量规程，在此基础上收集和分析度量数据，并进行度量分析记录等。

7.3.1 建立度量目标

7.3.1.1 建立度量目标

软件测试的度量与分析过程活动中的首要任务是建立度量目标，只有明确了度量目标，才能根据建立的目标制订相应的度量计划，进而收集分析度量数据。CMMI 体系要求度量的行为要与所需要的目标相一致，所进行的度量最终都要为实现企业组织的商业目标、部门目标或项目目标服务，作为软件过程的一个重要组成部分，软件过程度量的相关理论同样适用于软件测试过程度量。软件测试主要围绕改善测试质量、提高测试效率、降低测试成本 3 个目标开展度量分析活动。CMMI 体系为测试过程定义了 4 个度量指标：测试覆盖率、测试执行率、测试执行通过率、测试缺陷解决率。因此建立适当的度量目标能够对测试过程度量选取、开展度量活动、收集和分析度量数据提供依据。

度量分析作为软件测试过程改进的基础，其目标就是要提高软件测试过程质量，进而提升软件产品质量。软件测试过程度量中有 4 个核心关注点，即测试过程性能、测试过程稳定性、测试过程能力、测试过程一致性。对测试过程的考察及相关度量数据的采集、分析一般从以下 4 个方面进行。

(1) 测试过程性能。软件能力成熟度模型中的过程性能表示遵循一个过程所达到的实际结果。我们通过对软件测试过程性能的度量来评价测试过程满足客户和组织的在关键方面的能力。选择过程性能属性度量的标准包括最相关的质量、耗费的资源和时间等、对变化敏感、高信息量、影响比较大、便于收集和定义以及有助于过程诊断的。

软件测试过程性能可通过测试过程满足需求的能力、测试进度的能力、满足测试效率及测试过程中资源占用率的能力等进行度量。测试过程产品的属性包括测试过程中产生的测试用例个数和软件测试过程中提交软件问题报告的总个数；测试过程本身的属性包括测试过程花费的人力和物力、完成测试的时间、资源占用等。

(2) 测试过程稳定性。软件测试过程的稳定性决定了软件测试组织能否按计划完成测试过程、产出测试产品的能力，对于软件测试过程的改进非常重要。一个测试过程没有稳定性，不受控制的偏差随时都可能发生，如果没有稳定性能的历史纪录，对测试过程的预测就没有依据，从而将会影响后续的测试计划及测试过程。

过程的稳定性是过程的一个非常重要的特性。在根据过程和产品的度量数据来预测未来的结果,以及把度量数据作为过程改进的依据时,过程稳定性都是前提条件。

(3) 测试过程能力。测试过程能力描述了遵循一个软件测试过程可能达到的预期结果的范围。了解过程能力对于预测产品质量是十分关键的。测试组织的过程能力为承担测试项目时能否达到期望结果提供了预测依据。

(4) 测试过程一致性。一个稳定的、可预测的测试过程必须按照预先制订的测试计划执行。过程一致性可导致过程不稳定,过程一致性从3个方面影响过程性能。

① 执行过程适用性:对测试组织执行过程适用性的了解有助于纠正由于缺乏适用性导致过程不稳定或不能满足需求的情况。

② 测试过程执行:已定义过程正确执行决定了测试过程稳定性。通过度量已定义过程的执行情况,能够确定已定义的测试过程是否得到了切实的执行,以及可能的偏差原因,从而为测试组织及时采取行动提供依据。

③ 测试过程评价:测试组织可以通过定期进行过程评审对已开展的测试过程进行评价,并根据评价结果对其进行修正、维护。

7.3.1.2 度量选取

如何选取度量是度量计划的核心部分,选取度量需要将指定的信息需要和度量实体联系起来,确定有助于达到度量目标的,可度量的问题和相关的指示器是度量具体实施的依据。GQM(goal question metric)模型,即目标—问题—度量模型,是目前应用最为广泛的度量建模方法,已被广泛用于软件产品和过程的改进中,它是一种面向目标、自上而下、由目标逐步细化到度量的方法,借助该方法可对软件及其开发过程实施定量化的度量,方法引入了目标驱动的度量概念,已经在软件开发过程中取得了很好的效果。基本思想是把目标提炼成相关的考察问题,再标识相关问题的需求通过组织中已定义的度量表示出来,针对每一个问题给出一组测量方法且测量出来的数据度量元就是对这个问题的回答。由于在目标到问题再到度量的转化过程中,参与度量人员能够深入地了解软件组织所要度量过程的各个细节和具体要求,因而可用于进行软件测试过程度量。

度量选取包括对度量元的设计,度量元分为基本度量元和派生度量元。基本度量元是对单一缺陷属性的直接度量,如缺陷数。派生度量元是根据两个或者多个基本度量元的数据计算出来的,如缺陷密度是根据缺陷数计算出来的。

(1) 基本度量元

软件测试过程基本度量元是定义了在软件测试过程中的单一属性的度量方法。从功能上来讲,一个基本度量元和其他度量元不会有依赖关系,而是独立于其他度量元,获得某个属性的信息,产生一个度量值。基本度量元是基于某个对象而言的。将软件测试过程的基本度量用数学表达式可表示为

$$y=f(x) \tag{7-4}$$

其中,f 为度量方法;x 为属性;y 为基本度量目标值。实际选取基本度量元要结合软件测试过程的度量信息需求来设计。结合测试过程度量的实际情况和式(7-4),一般设计基本度量的方法可采用一些简单的统计方法、类推方法和复杂的统计参数模型方法。

简单的统计方法：

$$y == \sum_{i=0}^{n}(xc_i) \tag{7-5}$$

其中，y 为基本度量的目标值；x 为基本度量不可分割的属性，c_i 为各基本度量属性权值。这种方法用于统计被测试软件代码规模(行数)、功能模块数、测试工作量、测试用例个数、缺陷个数、缺陷的状态、缺陷在各个模块中的分布情况等，根据测试过程中实际情况，合理分配各个基本属性所占权值。

简单的数学关系经验表达式法：

$$y = kx \tag{7-6}$$

其中，y 为基本度量目标值；x 为基本度量的不可分割的属性；k 为经验常数。此类方法适用于简单的比例关系，如软件测试用例的设计规模一般可以是 100～200 行代码设计一个测试用例。

复杂的算法模型，如线性模型：

$$y = kx + a \tag{7-7}$$

其中，y 为基本度量目标值；x 为基本度量的不可分割的属性；k 为回归常数；a 为回归系数。此类方法主要用于比较准确的估算，如估算测试工作量、脚本规模、测试用例规模。

(2) 派生度量元

软件测试过程中派生度量是一种基于基本度量的度量，是两个或多个基本度量通过函数运算得到的值。它由基本度量经过转化而来，不会增加信息，所以不会再产生派生度量。通过将基本度量转化为派生度量，可以进行数据的规范化从而用于比较不同测试项目的性能等。将软件测试过程的派生度量用数学表达式可表示为

$$y = g(x_1, x_2, \cdots, y_1, y_2, \cdots) \tag{7-8}$$

其中，g 为度量方法；y 为派生度量目标值；x_1，x_2 为基本度量值；y_1，y_2 为派生度量值。

实际选取派生度量元同样要结合软件测试过程的度量信息需求来设计。一般测试过程包括测试需求、测试过程产品、测试策略、测试进度。

① 测试需求方面，选取基本度量为被测软件需求总数，需求变更(增加或删除)数，选取派生度量为被测软件需求复杂度，需求稳定性指数等。

② 测试过程产品方面，主要度量测试产品的规模、状态、质量等属性。用到的数学模型是分类模型和顺序模型，如测试用例的规模、测试脚本的规模、缺陷的发现数、缺陷的发现成本等。

③ 测试策略方面，测试过程中根据具体项目的不同可同时选择多种策略，在这方面主要是比较各种测试策略在测试项目中的优劣度，目的多是对它们的有效性进行比较，因此本书采用的度量标度是测试发现缺陷密度，通过缺陷发现密度可对测试策略进行评价。

④ 测试进度方面，测试进度度量主要反映测试过程进展、过程控制方面的度量，可选取各测试阶段的计划开始日期和结束日期与实际的偏差作为派生度量。

在实际测试过程中，我们可根据此模型对测试过程明确实现的目标，包括使测试过程完整且满足客户需求、提高测试过程有效性、提高测试效率和质量、提高测试流程可控性等目标，根据这些目标提炼出可能出现的问题并定义度量。测试过程中常用的测试度量数据包

括测试规模、测试用例、测试工作量、测试缺陷。在 CMMI4 体系的测试过程中定义了 4 个度量指标：测试覆盖率、测试执行率、测试执行通过率、测试缺陷解决率。

（3）度量指示器

是用于评价或预测其他度量的度量。指示器是一个或多个度量的综合，是对软件产品或软件过程的某一方面特征的反映，也是度量分析和决策制定的基础。不同的度量目的有不同的度量指示器。在具体的实施过程中，可操作的度量成千上万，选择最能反映当时度量环境的指标作为度量指示器，如测试进度指示器，通过计算实际进度和计划进度来得到进度偏差值，再对偏差值进行评估，如果超出一定范围对可能的原因进行分析，明确问题原因，从而进行相应的改进。

7.3.1.3 制订度量计划

度量目标建立完成和度量选取完成后即可制订度量计划，制订度量计划分 4 个阶段进行，确定测试过程中的问题；选取定义相应测试过程产品度量；收集和分析度量数据；发布度量分析结果。测试度量应该有良好的数据收集机制、分析方法和工具支持。度量数据的准确性和有效性将直接关系到度量过程的有效性，因此必须建立有效的度量规范，对每个度量元的数据收集、验证、存储和分析进行详尽叙述，收集、存储、分析和报告度量结果，为分析判断目标的实现与否提供指导。度量计划制订的是否完善关系到缺陷数据的收集。度量计划的制订具体可从 5 个方面来考虑。

（1）指定度量负责人。确定数据收集、存储、分析和报告的相关负责人。整个度量过程中会涉及很多人，所以度量过程每一步的责任都应指派给合适的人。

（2）确定度量时机。确定数据收集时间和频率、分析时间及汇报时间；数据收集、分析和报告的频率，必须足以支持产生信息需要的决策制订过程。这 3 个活动的计划发生频率通常是一致的（如每月或每周），数据的收集可以比数据的分析更频繁，这样可以确保数据的质量。大部分项目管理的度量都按月来收集和分析。但是在集成和测试的最后阶段，缺陷问题报告数据可能每周都要分析一次。有些数据可能仅仅是偶尔收集，如在一个主要项目完成时收集数据。

（3）确定度量目标。确定数据收集位置、存储位置和分析位置，对过程的哪个点进行度量，对于缺陷数据，测试人员可以直接进入缺陷跟踪系统的缺陷报告中，也可能被要求完成一份纸质的表格。对收集到的数据还要建立相应的数据库进行管理，包括数据存储的需求，数据的大小和格式及访问权限等。缺陷管理中的一个关键因素是缺陷数据库（C. R. Pandian.，2004）。

（4）确定度量对象。根据基本度量元确定收集什么、存储什么和分析什么数据。在测试缺陷记录提交和处理过程中，缺陷会从一种状态转换到另外一种状态。缺陷状态可分为已提交、已打开、已解决、已关闭、已延期、已重复、已忽略。

（5）确定度量方法。确定怎样收集、怎样存储、怎样分析（度量方法/分析工具）。有利的工具能够增加效率，保证数据收集工作的正确性。可以适当设计模板和工具给各个项目使用。数据收集方式，度量单位，度量精度，度量频度，在指示器的指导下进行数据收集。

7.3.2 收集和分析度量数据

7.3.2.1 收集、存储度量数据

测试度量的基础就是各类度量数据，在进行度量分析之前必须收集度量数据。度量数据来源于测试人员的工作日志、测试日报或者周报、源代码、软件设计文档、需求文档、用户手册、用例库、缺陷库等。测试度量的数据收集有以下几大类。

(1) 工作量数据

包括所有版本的测试对象(测试代码、测试文档、测试程序)，以及测试产出(测试大纲、测试计划、测试说明、测试记录、软件问题报告单、测试报告等)。测试每个软件都要提供测试依据，根据不同的测试阶段分析、统计测试依据，如软件任务书、需求规格说明书、详细设计说明书、概要设计说明书里的测试项。

(2) 用例数据

包括测试设计总用例数，以及执行的用例数、未执行的用例数、已通过的用例数、未通过的用例数。

测试人员在进行测试用例设计或执行时，可将用例录入表格或者使用测试用例自动化管理工具，及时更新用例状态，以方便、快捷地获取用例数据，减少后期统计用例数据的工作量，避免重复工作，提高工作效率。

(3) 规模数据

被测版本的代码规模，按测试阶段分为首轮测试和回归测试。首轮测试规模应包含所有代码；回归测试规模是根据上一版本代码与当前被测版本代码进行影响域分析之后统计的数据，包括被修改的代码、新增代码及被删除的代码。

在进行规模数据统计时，我们不仅要关注代码总量，还需要对代码进行详细分析，可借助 TestBed 工具分析代码的注释率、圈复杂度、扇入扇出、规模超过 200 行代码的函数、函数个数等数据。

当前市场上有很多工具可进行代码规模的统计，如 TestBed、LineCount、SourceCouter 等。在进行回归测试影响域分析工作时，需要编写详细的影响域分析报告，注明两个版本代码的修改情况是未修改、已修改或者已删除，可借助工具 Beyond Compare 进行两个版本代码之间的比对统计。

(4) 缺陷数据

测试执行中发现的缺陷数据，按缺陷的类型可分为程序问题、文档问题、设计问题、规范问题、其他问题；按照缺陷的严重程度可分为致命、严重、一般、轻微、建议；按缺陷状态分为已关闭、未关闭。测试人员在测试过程中发现了缺陷，应详细、准确地描述缺陷信息，及时记录、存储并更新缺陷状态。

采集度量数据时，一定要保证所采集的数据是及时、有效、完整、正确的，这样度量分析的结果才是可靠的，才能为我们科学地评估软件的质量，发现软件产品和软件过程的待改进之处提供有效依据。

测试度量的结果不一定能被直接应用，直接查看收集的度量数据难以得出测试过程的

特征。为便于分析理解，我们用指标来表示测试度量的结果。在CMMI 4体系的测试过程中定义了4个度量指标：测试覆盖率、测试执行率、测试执行通过率、测试缺陷解决率。下面我们通过介绍这4个度量指标来了解收集度量数据后如何对其进行处理和应用。

（1）测试覆盖率

测试覆盖率是指测试用例对需求的覆盖情况。测试人员进行测试用例设计时要考虑测试的充分性。根据不同的测试类型分析测试依据文档（如软件任务书、需求规格说明书、详细设计说明、概要设计说明），提取测试项，要求所有的测试项都被测试用例覆盖。通过建立测试依据文档与测试项追踪关系表、测试项与测试用例追踪关系表，研发人员、测试人员及用户都可以清楚、快速地掌握当前项目测试覆盖情况，确保测试工作无遗漏，保证测试工作的充分性。

（2）测试执行率

测试执行率就是测试执行过程中已经执行的用例比率。

计算公式为：已执行的用例数/设计用例总数。

理论上所有设计的测试用例都应该被执行，测试执行率应该达到100%。但是实际测试执行时总会遇到如测试环境不支持、测试资源有限、异常情况模拟困难、软件功能未完善等情况。如进行某嵌入式软件测试时，有一功能描述为：stm32fXX芯片正常工作时可进行CPU指令集自检，可进行常规加减乘除计算操作，当检测到芯片异常时（如芯片被烧毁）系统进入宕机模式。根据该功能点提取测试项，需分为正常情况和异常情况。根据测试项分别设计正常和异常的测试用例，正常情况的测试用例很容易执行，当系统正常运行时，按照操作执行测试用例就可以了。但是构造异常情况，如芯片烧毁须考虑成本、可操作性等问题。正因为以上情况存在，我们会按照测试重点和执行顺序来安排测试活动，因此引出“测试执行率”这一概念。在测试人员根据测试项设计用例时，还需根据该用例对应的软件功能的重要程度分析该用例的重要性及测试优先等级。最后根据设计用例的优先等级安排测试用例执行工作。

如果所有设计的测试用例不能保证百分之百执行，那么项目负责人应该分析测试用例不能执行的具体原因，有无解决方案，根据每个用例的重要性、执行的优先等级重新调整测试计划。

（3）测试执行通过率

用例执行结果为通过、未通过。测试执行通过率指的是在实际用例执行中用例为“通过”的比率。

计算公式为：执行“通过”的用例数/已执行的用例总数。

当测试人员执行该用例，实际结果与设计用例时的预期结果不一致时，用例执行结果即为不通过。测试人员在进行执行测试用例这一工作时，应及时、如实、详细地记录测试用例执行的结果。定期统计用例执行通过率，绘制用例执行通过率-时间分布曲线，在当前版本所有用例执行完毕后，我们可以准确得到当前版本的最终用例执行通过率。

（4）测试缺陷解决率

缺陷解决率为当前阶段已关闭的缺陷数占总缺陷数的比率。缺陷关闭情况分为两种：正常关闭和强制关闭。经研发修改缺陷，测试人员经过验证该缺陷不再存在，且未引进新的缺陷后，该缺陷即可正常关闭。强制关闭：分别为重复缺陷、无效缺陷、暂时不修改的缺陷、研发不修改仅进行解释说明的缺陷。

计算公式为：已关闭的缺陷数/缺陷总数。

一般来说，被测软件对外发布投入使用前，缺陷解决率应为100%。即每个缺陷都应经过研发修改和测试人员的验证，最终将缺陷状态修改为已关闭。未解决的缺陷应该提供合理的解决措施。测试人员在设计、执行测试用例时，发现的缺陷应及时录入表格或者录入自动化缺陷管理工具，并对缺陷进行跟踪处理。经研发处理后，还需测试人员对缺陷进行验证，及时更新缺陷的状态，从而得到正确有效的缺陷解决率。

7.3.2.2 分析、存储度量结果

在度量数据收集完成、度量指标计算完成后，测试人员可以对现有的数据进行分析。通过图形、表格等形式直观地向项目相关负责人反馈信息，使项目负责人更好地统筹分配工作；在指定期限下，以合理的人力、费用、资源投入项目，合理安排，避免无效、低效、重复的测试工作。

统计工作量数据时，测试人员需分析研发提供的可执行代码是否通过编译，是否根据不同的测试阶段提供所需的测试依据，最终确定该版本软件是否具备可测性。如果被测软件不具备可测性，那么该次测试工作就是无效的，测试工作中投入的所有人力、物力、资源都造成了浪费。因此项目负责人在开始进行测试前一定要对被测软件进行可测性分析。

在分析规模数据时，测试人员需综合考虑各方面数据以对测试工作量、工作难度进行评估，如5000行代码的项目，存在大量的空行和注释，大部分函数都为顺序结构，函数多，每个函数代码规模小，函数算法简单。那么可判断该项目难度较小，项目负责人综合考虑该项目在规定期限内无须投入过多，避免人力、物力、资源的浪费。同样另一个项目也为5000行代码规模，但该项目注释率小，代码密度大，可读性低，测试人员理解难度高；存在大于200行代码的函数数量较多，存在大量的选择、循环、嵌套循环语句，函数圈复杂度高于20的函数个数较多，扇入扇出指标大于10的函数较多，那么我们据此判断该项目难度较高。为保证项目能按时、保质地交付，项目负责人需要合理地调配人力、物力资源进行测试工作。

收集用例数据，测试人员根据实际项目情况每天或者每周定时统计计算测试覆盖率、测试执行率，形成各种用例数据-时间分布曲线图，追踪项目进展情况；并根据这些数据进一步得到测试用例设计密度和测试用例设计生产率、测试用例执行率等数据。测试设计用例生产率和测试用例执行率可以用来评估以后的项目测试用例设计、执行的工作量；测试用例设计密度可以根据代码规模评估测试用例的规模；项目负责人还可以根据各种用例数据-时间分布曲线图追踪项目进展情况、进展趋势，灵活地调整项目计划，规避风险，保证测试工作高效、有序地展开。

以上指标一方面可以评估测试用例设计生产率、测试用例执行率，另一方面可以评估工作量，如规模数据和测试用例密度可以估计对该版本软件需要设计多少测试用例才能满足测试覆盖率，再根据测试用例设计生产率可以估算设计该版本测试用例需要多少人·时。从而可以据此制定测试计划，进行人员分配，增加项目控制的可视化程度。在测试执行过程中，绘制测试用例执行率-时间分布曲线图，可以让项目负责人直观地掌握测试进度情况，标识项目中的不足，了解项目困难，评估按当前进度是否能如期完成项目，适时调整测试计划，促进测试过程的完善，使测试工作高效、有序地进行。

在测试过程中，定时定期统计测试执行率，形成测试执行率-时间分布曲线图。根据曲线图分布趋势，追踪测试进度。当执行率低于期望时，项目负责人需分析影响测试用例执行进度的原因。如果是测试人员对软件应用背景不了解，或是软件功能认知不足，或者是对测试技术未掌握到位，应及时安排专家或专业人员对测试工作人员进行培训。如果是测试环境不具备，测试资源不足，应与研发方反馈，搭建测试环境，提供测试资源，确保测试工作能按时、高质量地完成。当测试用例执行工作完成后，分析最终测试执行率，当执行率达不到100%时，项目负责人应及时分析产生该问题的原因，充分考虑风险、重要性、可接受性以制定不同的测试执行率通过标准。

通过分析测试执行通过率、缺陷数据及缺陷解决率，可以进一步得到缺陷密度、缺陷类型分布密度、缺陷严重等级分布密度。在测试过程中应根据具体项目情况定时每周或每天统计以上用例、缺陷数据，如果被测软件的测试用例执行通过率较低，软件缺陷密度大，存在较多致命、严重缺陷，项目负责人应该详细分析产生该问题的原因，如果是用例设计阶段出错，应及时纠正修改，重新设计测试用例，更新用例和缺陷数据、状态信息。如果是软件功能未实现，或者软件功能实现错误，项目负责人经过分析应考虑是否终止本次测试工作，避免产生本次测试工作无效的结果。如果一个软件大量功能未实现，或者存在大量的软件功能实现错误的问题，项目负责人未及时发现并终止测试，那么测试人员执行完本次测试用例后，该版本存在大量未通过的用例，会产生大量的软件缺陷。一方面导致研发人员需对代码进行大量的修改，另一方面导致测试人员在进行回归测试工作时，需对上一版本中大量的已执行的用例再次执行，造成重复返工、工作量巨大的后果。还有可能因为软件缺陷太多，研发进行需求、功能、设计的大量修改，导致前一版本设计的测试用例不再适用当前版本；在进行回归写实时需要测试人员重新分析测试项，重新设计测试用例，进行大量重复、无效的工作，造成了极大的时间、人力、物力和资源的浪费。

通过分析软件缺陷解决率和软件代码修改情况，可判定是否需要进行回归测试，判断当前版本测试工作是否通过，对软件质量的评价提供科学的数据。

通过收集、分析大量典型项目的度量数据，可形成软件测试项目数据的各种度量标准。每进行一个软件测试新项目时，项目组成员根据软件测试项目数据度量标准收集度量数据，得到数据度量分析结果，并将结果与制定的度量标准进行比较、分析。如我们确定了软件测试用例覆盖率标准，在展开一个新项目时，经过统计数据与标准进行比较，发现该项目的测试覆盖率低于标准；项目负责人应该分析产生该问题的原因，提供解决方案，补充测试用例，确保测试的充分性。

项目负责人根据度量分析结果如规模数据、测试用例设计生产率等判断测试工作量，评估项目难度，计算项目所需人·时，制订测试计划，根据测试优先级、难度分布情况调配项目组成员。在测试过程中根据测试用例执行率灵活调整测试计划，做好软件测试过程管理工作，降低风险，保证项目高效、按时、有序完成；根据缺陷密度、测试用例通过率、缺陷解决率判断软件质量，编写测试报告，为测试结论提供正确、有效的依据。项目负责人可以通过统计度量数据，根据分析度量结果，对软件测试项目进行科学管理，合理分配有限资源，提高测试效率，从而全面保证被交付的软件产品的质量。

7.3.3 发布度量分析结果

明确了度量的目标，完成了对度量数据的收集和分析后，测试组织对度量分析结果进行发布。度量分析结果发布时所做的工作包括：

(1) 测试项目经理负责向干系人及评审专家汇报度量数据和分析结果。

(2) 通常情况下，通过项目会议来汇报度量数据和分析结果，评审过程中听取评审专家提出的测试意见并做好记录，根据评审意见采取相应的测试补充措施。

(3) 对应的汇报材料包括《测试计划》《测试需求》《测试说明》《测试记录》《项目总结报告》，以及项目会议纪要。

(4) 项目经理通过电子邮件或项目管理系统等方式向干系人及评审专家发布汇报材料。必要时在会议中，项目经理需要向与会者展示汇报材料，并解释报告所反映的含义，并根据反馈意见进行修改。

对测试记录、测试结果如实汇总分析并出具报告。报告可具有如下结构。

文档标识：文档有唯一性标识，产品规模及产品标识，项目软件概述，软件运行环境，引用的文档及标识，测试追踪需求情况，测试环境及软硬件资源，测试数据，测试环境差异分析等，测试起始时间、结束时间，测试用例执行率、通过率、未通过率，测试缺陷个数，测试缺陷修改情况，性能测试结果，回归测试情况，遗留问题情况，测试结论。

7.3.3.1 度量分析结果内容

软件度量的内容包括规模度量、复杂度度量、缺陷度量、工作量度量、生产率度量和风险度量等。

(1) 规模度量：代码行数、功能点和对象点等。

(2) 复杂度度量：软件结构复杂度指标。

(3) 缺陷度量：帮助确定产品缺陷变化的状态，并指示修复缺陷活动所需的工作量，分析产品缺陷分布的情况。

(1) 工作量度量：根据软件规模、复杂度及质量来确定工作量进度度量。

(2) 生产率度量：代码行数/(人·月)，测试用例数/(人·日)。

(3) 风险度量："风险发生的概率"和"风险发生带来的损失"。

7.3.3.2 缺陷统计及分析成果

1) 单元测试

分析测试结果与预期结果是否一致，测试覆盖率达到多少及分支无法覆盖的原因，如表 7-12 所示。

表 7-12 单元测试覆盖率分析示例

测试类型	预期结果/%	实际结果
语句覆盖	100	与预期一致
分支覆盖	100	与预期一致

续表

测试类型	预期结果/%	实际结果
MC/DC 覆盖	100	与预期一致

2）配置项测试

配置项测试中进行度量数据的收集和分析，得到度量结果。

（1）合格用例数：经过专家评审的用例数。

（2）总的设计用例数：对应需求覆盖所有功能点的测试用例数。

（3）平台测试用例数：仿真测试平台环境支持运行的测试用例数。

（4）用例执行发现的问题数：用例执行后所发现的问题数。

（5）测试环境的支持功能点数：仿真测试平台环境支持执行的功能点数。

（6）总的功能点数：分解需求所得到的功能点数之和。

（7）已归零的问题数：经回归已确认解决的问题数。

（8）开发方确认的问题数：测试发现的问题中经开发方确认的问题数目。

（9）文档审查发现的问题数：在相应阶段各类文档审查所发现的确认后的问题数。

（10）代码审查发现的问题数：进行代码走查/审查所发现的确认后的问题数。

（11）动态测试发现的问题数：在执行用例进行动态测试时发现的问题数目。

（12）测试发现的总问题数：整个测试过程所发现的问题数（包括文档审查、静态/动态测试发现的问题数）。

（13）用例合格率：评审通过的测试用例比率。

（14）用例的缺陷发现率：执行发现缺陷的用例占全部用例的比例。

（15）环境对用例的支持率：在仿真测试平台下可以执行的用例数占总设计的测试用例的比率。

（16）环境对需求功能点的支持率：仿真测试平台环境支持的需求功能点数占总的需求功能点数的比率。

（17）当前过程问题的归零率：当前子过程经回归已确认解决的问题数占当前过程所发现问题的比率。

（18）缺陷的有效性：测试方提交给开发方的缺陷中开发方确认的缺陷数目。

（19）文档审查检错率：在进行文档审查时发现的问题数占开发方确认的总的问题数的比率。

（20）代码审查检错率：在进行代码走查/审查时发现的问题数占开发方确认的总的问题数的比率。

（21）动态测试检错率：在进行动态测试时发现的问题数占开发方确认的总的问题数的比率。

以上这些质量分析结果在测试报告中进行描述，包括期望结果、实际结果及与期望结果不一致的原因。

如表 7-13 所示为测试基本度量元指标。

表 7-13 测试基本度量元指标

度量模块	度量指标	统计方法	度量说明
产品完成度	需求通过率	已通过需求/已计划需求	体现需求的完成度，也常可以统计为（测试用例通过数/计划的测试用例总数），即默认测试用例覆盖是完全的
	功能点通过率	已通过功能点/已测试功能点	同上，当需求规模比较大时，功能点统计会更有价值。难点在于，需求功能点需要有额外的过程进行确认，一般在测试分析阶段统计拆分功能点
	风险规避情况	已规避风险/已预估风险	产品已知风险的应对情况，需要风险分析过程的支持
产品质量	测试通过率	已执行测试数/已计划测试数	比较直观的数据，通过测试的通过率来衡量产品质量
	缺陷密度	缺陷总数/千行代码数	缺陷密度对于产品质量而言是非常直观、有价值的。但由于千行代码数这一度量并不多用，对测试而言也可能存在获取难度，所以经常可以转化为（缺陷总数/功能点数）×100%；或者（缺陷总数/对应模块）×（缺陷分布率）
	缺陷严重级别分布	对应严重级别缺陷数/缺陷总数	缺陷的数量并不能总是体现出产品实际质量，如最严重的级缺陷过多显然是一个问题，所以缺陷统计应该体现数量和严重级别的二维分布
	缺陷类型分布	对应类型缺陷数/缺陷总数	通过对应缺陷类型分布比例来衡量软件某一方面的质量
	缺陷模块分布	对应模块缺陷数/缺陷总数	通过对应缺陷模块分布比例来衡量软件各模块的质量
	缺陷修复率	已修复缺陷数/缺陷总数	缺陷已被修复的比例统计
测试完成度	用例覆盖率	已设计用例数/计划设计用例数	用于监控测试设计的进度情况。计划设计用例数这一数字比较模糊可能是由于其源于估算。可以采用自下而上的方式收集：让模块测试负责人进行局部数据收集，再汇总统计（大规模）
	测试执行率	已执行的测试数/计划执行的测试数	测试已被执行的情况，用于测试进度跟踪。执行率并不关注测试失败的情况。进一步细化可以展开统计测试通过、失败、阻塞和未执行的比率
	测试通过率	已通过测试数/计划执行的测试数	测试通过比率
研发质量度量	缺陷生存周期	缺陷生存总时长/缺陷数	通过统计缺陷从打开到关闭的平均时长，衡量研发团队的缺陷修复能力
	测试用例命中率	缺陷数量/用例数量	通过用例发现的缺陷数量统计，衡量测试设计的有效性

续表

度量模块	度量指标	统计方法	度量说明
研发质量度量	二次故障率	缺陷二次重开数量/缺陷总数量	缺陷多次重开会造成缺陷修复周期拉长，说明①开发修复缺陷能力存疑；②测试团队缺陷质量存疑；③开发测试之间沟通效率存疑。需要具体分析
	缺陷有效率	有效缺陷数量/缺陷总数量	测试团队提交的缺陷有多少比例是有效缺陷。应该就具体缺陷失效原因进行分析
	缺陷探测率	某测试级别发现缺陷数/(总体缺陷数＋交付后新增缺陷数)	用于衡量某一测试级别的有效性；如单元测试有效性
	测试依据稳定性	由需求变更引发的新增、修改测试用例数/总用例数	体现测试依据，需求文档的稳定度和质量，需求不稳定，则会对测试工作产生比较大的冲击
计算偏离度量	工作量偏离	(实际工作量—计划工作量)/计划工作量	用于衡量计划的合理性，是否有大量计划外工作未被纳入估算当中
	工作进度偏离	已超出计划进度的时间	通过统计工作进度的偏离来揭示项目时间风险
	预算使用比例	已花费测试预算(人/日)/计划总测试预算	用于计算测试预算的花费情况
	问题等待时间	具体问题等待解决时间	等待时间通常难以被计划，通过计算等待时间可以帮助衡量项目瓶颈所在，并为后续项目组织提供思路；可细化为需求等待时间，测试阻塞时间等
产品质量趋势	缺陷到达率	缺陷数量/时间周期	周期性的缺陷报出数量，如月缺陷到达率、周缺陷到达率；通过持续时间的到达率监控，可以体现项目产品的趋势
	缺陷收敛度	缺陷遗留数量/时间周期	通过统计遗留缺陷随时间推移的趋势，判断后续产品质量的走向。理想情况下，单迭代周期内缺陷数量经过集中爆发后，应呈持续走低趋势
	缺陷引入率	新增缺陷数量/新增千行代码数	用以衡量产品的增量和修改对于质量的影响，也为后续产品的更新迭代提供参考指标

(1) 取决于项目成熟度和组织形式，这 26 个指标的可采集度是不同的。测试人员可以结合项目特性，进行采集，舍弃掉无法或者不便于采集的数据。

(2) 可以调整信息采集能力来实现一些比较有价值数据的统计。如通过增加缺陷的发生和解决阶段的记录(在每个缺陷信息中)，来统计缺陷移除率。

(3) 指标不可生搬硬套，可以结合项目情况进行调整、细化和转化。如需求通过率经常被转化成“测试通过率”；工作进度偏离则理当被细化为每项工作的进度偏离。

7.3.3.3　示例

测试完成度：结合测试执行率与通过率进行统计，如表 7-14 所示。

表 7-14 测试完成度统计示例

测试执行率统计		测试执行率/%	测试通过率/%	测试通过	测试失败	测试阻塞	测试未执行	用例总数
1	模块 A	58.22	45.51	97	27	8	81	213
2	模块 B	64.09	53.41	180	36	19	102	337
3	模块 C	72.47	60.67	108	21	11	38	178
4	总计(平均值)	64.93	53.20	385	84	38	221	728

产品完成度：采用功能点通过率进行统计，如表 7-15 所示。

表 7-15 产品功能点完成度统计示例

功能点完成度		功能点完成率/%	测试通过功能点数	完成待测功能点数	未完成功能点数	功能点总数
1	模块 A	55.56	40	44	28	72
2	模块 B	61.39	62	75	26	101
3	模块 C	73.21	41	56	0	56
4	总计(平均值)	63.39	143	175	54	229

产品质量：统计缺陷密度、严重级别分布、类型分布，如表 7-16～表 7-18 所示。

表 7-16 缺陷密度统计示例

缺陷密度统计		缺陷密度/%	缺陷总数	功能点总数
1	模块 A	27.78	20	72
2	模块 B	28.71	29	101
3	模块 C	26.79	15	56
4	总计(平均值)	27.76	64	229

表 7-17 缺陷严重级别分布统计示例

缺陷严重级别分布		致命缺陷数	严重缺陷数	其他缺陷数	缺陷总数
1	模块 A	1	13	6	20
2	模块 B	3	18	8	29
3	模块 C	1	5	10	15
4	总计	5	36	24	64

表 7-18 缺陷类型分布统计示例

缺陷类型分布		功能缺陷	界面缺陷	设计缺陷	其他缺陷	缺陷总数
1	模块 A	15	3	1	1	20
2	模块 B	19	4	2	4	29
3	模块 C	15	0	0	0	15

续表

缺陷类型分布		功能缺陷	界面缺陷	设计缺陷	其他缺陷	缺陷总数
4	总计	49	7	3	5	64

研发过程质量：统计缺陷生存周期、二次故障率、依据稳定性，如表7-19所示。

表7-19 缺陷生存周期统计示例

缺陷生存周期		平均生存周期/h	最长生存周期/h	最短生存周期/h	缺陷总数
1	模块A	48.38	168	1	20
2	模块B	33.84	96	1	29
3	模块C	25.68	115	1	15
4	总计(平均值)	35.97	126	1	64

计划偏离度：着重统计进度偏离，如表7-20所示。

表7-20 测试任务计划偏离度统计示例

测试任务		计划开始时间	计划完成时间	计划人数	实际完成时间	计划工作量/(人/日)	偏离度/日
1	任务A	2019-02-18	2019-02-20	2	2019-02-20	4	0
2	任务B	2019-02-21	2019-02-22	1	2019-02-22	1	0
3	任务C	2019-02-25	2019-03-05	2	2019-03-08	16	3
4	总计	2019-03-06	2019-03-18	2	2019-03-25	24	7

质量趋势：结合缺陷到达率和遗留率进行统计，如表7-21所示。

表7-21 缺陷收敛度统计示例

缺陷收敛度		第一周	第二周	第三周	第四周
1	缺陷到达率	3	18	31	12
2	缺陷遗留率	33	21	30	19

以上就是选取了一些便于采集的数据(并非所有)制作的质量度量报告，规模并不算大，适宜作为月报告或者周报告。如果是总体报告，那么可以考虑采集更多数据以丰富报告的内容。再者，质量报告以报告产品质量为目的，不同于测试总结报告。因此并未包含人员安排、问题罗列、风险预估和未来计划等内容，如果需要综合汇报，可以添加整合进去。

7.3.4 度量分析记录

度量分析记录顾名思义就是对度量分析活动过程中的各类信息进行尽可能详实的记

录,是阐明取得度量结果或提供所完成度量分析活动的证据文件。

度量分析记录用户度量分析活动的可追溯活动,是证明度量分析结果和度量分析过程符合要求的客观证据。同时,详实的度量分析记录不仅为其他人借鉴参考度量方法提供了便利,还可以为纠正和改进度量分析方法提供必要的信息和依据。

度量分析记录应贯穿整个度量分析活动过程,保证当前度量结果的可追溯性,是度量分析结果真实性和正确性的有力证明。度量分析记录一般可分为管理记录和技术记录。管理记录是指来自质量管理活动的相关记录,技术记录是指来自技术管理活动中的记录。

度量分析管理记录包括组织管理、文件控制、记录管理、内部审核、外部审核、管理评审等活动中形成的记录。度量分析过程,需要对度量分析各个阶段产生的成果文件和会议评审相关记录进行管理。例如,建立度量目标阶段确定度量分析模型、度量元收集和计算方法的过程中通常会通过邀请行业内资深专家召开评审会、研讨会进行度量分析模型选型和度量元的确定,会后针对专家意见进行优化修改并选定最终的度量分析方法。该阶段的度量分析管理记录应客观附上会议纪要和专家意见处理情况,以作为后续度量分析方法选取的附属依据。

度量分析技术记录包括各种报告、各类度量元的原始记录和计算过程、工作笔记、工作记录等。度量分析技术记录不仅要保证收集度量数据的完整性,还应覆盖度量分析方法、度量数据的收集方式等数据,且所有原始记录应充分、详尽、清晰明了。

建立度量目标阶段的主要工作包括确定度量目标、进行度量构造、制定度量规程。确定度量目标阶段需记录的内容包括本次度量活动的目标、意义及可分解的子目标;度量构造阶段需记录的内容包括选取的度量分析模型、基本度量元、派生度量元等;制定度量规程阶段需记录的内容包括每一个基本度量元的测量方法、测量工具、测量时机等,每一个派生度量元的计算方法、计算工具等,以及最终结果的计算方法和计算工具等。该阶段的技术记录应详细记录各种度量元的意义、各派生度量元与基本度量元的关系、各度量分析方法的计算步骤、测量工具精度、计算工具版本等。

收集和分析度量数据阶段的主要工作包括收集数据阶段和分析数据阶段。收集数据阶段主要针对基本度量元进行数据直接测量收集;分析数据阶段主要根据基本度量元计算派生度量元并计算最终度量分析结果。该阶段的技术记录应保证记录的数据完全覆盖建立度量目标阶段确定的度量元集,且数据项完整。

度量分析记录除了要保证完整性外,还需确保记录内容的真实性和正确性。

建立度量目标阶段记录的真实性,是指确定度量分析模型、度量元收集和计算方法应皆建立在客观的理论基础和实践经验值上,不能是凭空捏造的算法,对于已有研究成果中已经经过验证的算法均应注明算法来源,对于进行了适应性改造的算法应记录改造前提和适用范围。

收集和分析度量数据阶段记录的真实性,主要是指基本度量元原始数据应均为真实有效的数据,不得伪造篡改记录。原始记录必须在每一项度量分析活动产生结果的同时进行记录。为了方便后续处理,通常需要对基本度量元数据进行量纲转换或归一化处理等,度量分析记录中也应该在记录原始数据的基础上再详细记录这部分数据的预处理过程,而不能只记录处理后的数据。

度量分析记录正确性是指记录的产生过程中应保证记录的准确性和计算的正确性,保证其他人使用相同的原始数据和度量分析算法能得到一样的度量结果。建立度量目标阶段应保证各计算公式的正确性，以及每个度量元的定义和测量方法的正确性。对于需要多步处理的算法应详细记录中间过程，不能缺省关键步骤。在收集和分析度量数据阶段进行数据分析时，应完全遵照建立度量目标阶段提供的度量分析算法进行，记录的数据应包括计算过程和中间计算结果，确保每一步数据分析结果均可追溯。

以上内容主要对度量分析记录的构成和产生进行了描述。记录产生后是禁止涂改的，当确实存在修改记录的必要（如当原记录存在因为笔误或过失产生的错误数据）时，更改原始记录应使用单线或双线划掉（原记录可见），并在更改的记录旁标注修改人姓名和修改时间；对电子存储记录修改也应采取划改方式，防止原始记录丢失。另外，为了方便记录的识别和管理，各记录应有出处、唯一性标识或唯一性名称，且应以一定的周期进行记录的汇总、编号目录、归档保存。

度量分析记录产生并归档后，仍存在查阅、保存和销毁等需求，为防止已归档度量分析记录的丢失和失控，针对记录产生并归档后的管理也必须制定有效的管理办法。

针对记录的查阅，本部门相关项目负责人可以查询本部门的相关记录；非本部门项目人员查阅相关记录，需填写记录查询和复制审批单，并有相关负责领导签字；有保密要求记录的调阅，应该严格按照涉密载体管理办法进行管理，任何人员的调阅都必须履行审批手续。

针对记录的保存，应明确记录的保存期限。记录的保存应满足防盗、防潮、防虫、防火的条件，且对所有记录进行编号并建立编号目录，方便后续查阅时进行检索。涉密记录的保存应该按照涉密载体的管理要求进行保存，应该将其记录到涉密台账上，根据其密级存放于保密文件柜或密码保险柜中，指定专人保管。对于电子版的记录资料，应有程序来保护和备份以电子形式存储的记录，防止未授权的侵入和修改，且备份应尽量采用 PDF 格式，防止意外修改造成度量分析记录的不准确。

记录的作废和销毁也应该按照相关的管理规程进行。如超过保存期限的记录，需要进行作废和销毁处理；档案资料销毁前需要销毁申请人填写资料销毁申请单，并在记录控制清单上标注销毁人和销毁时间；有保密要求的记录在销毁时要保证销毁后记录内容的保密性。

有效的记录控制管理措施能保证记录文件和数据不会失控和丢失。详实的度量分析记录不仅能够证明度量结果的可信度，还可以为后续项目借鉴和改进度量分析算法提供足够的、可供参考分析的历史数据。这样随着项目的积累可以对度量分析算法不断优化，使度量分析结果更加准确。

7.4 本章小结

本章主要讨论了测试数据度量分析的有关问题。

软件度量技术在软件工程领域的研究中占据着重要的地位。随着软件项目规模的不断壮大、功能的增强和复杂度的增加，软件测试的成本、进度、质量变得更加难以控制，实施软件测试过程度量是控制和改进软件质量的一种有效手段。测试数据度量是一种技术，针对整个软件测试过程，通过提取测试过程中可计量的属性对这些数据进行分析，从而量化地评定测试过程的能力和性能，帮助改进软件测试过程。

本章对软件测试数据如何建立和实施度量分析进行了研究，从度量分析的定义开始，首先讨论了度量的概念；然后通过对度量定义的讨论，总结了一些测试项目的度量数据；通过利用度量数据，进一步对其进行分析；最后发布度量分析的结果，环环相扣，描述了度量分析的各个活动。

CHAPTER 8 第8章

软件测试项目管理文档编写指南

8.1 软件测试计划

软件测试计划是实施软件测试活动的重要依据，制订软件测试计划是软件测试中重要的环节之一，其在软件开发过程中对软件测试做出清晰、完整的策划。测试计划不仅对整个测试起到关键性的作用，而且对开发人员的开发工作、整个项目的实施和项目负责人的监控都起到实质性的作用。测试计划对测试工作的重要作用体现在：

(1) 每个人都能够看到一个可行的测试计划，方便了解进度、职责和具体的任务；

(2) 便于测试设计、执行和总结工作有序开展；

(3) 保证测试的充分性和有效性；

(4) 测试工作有明确的优先顺序，保证优先级较高的测试能够有充分的资源完成；

(5) 标识了必要的测试资源，并保证配置正确；

(6) 促进对被测软件版本的沟通与交流，确保测试使用正确、有效的版本；

(7) 保证所有的测试需求都得到测试；

(8) 测试风险得到标识，并保证采取相应的缓解措施，尽可能避免风险的发生。

制订软件测试计划的目的是使测试工作顺利进行，使项目参与人员沟通更舒畅，使测试工作更加系统化。软件测试计划的内容包括测试的范围、策略与方法、风险分析、所需资源、任务安排和进度等。制订测试计划具体活动如下。

(1) 根据测试需求确定测试的范围，将测试需求分解成测试项，对无法测试或推迟测试的内容需要进行说明，并采取相应的措施；

(2) 制订测试的策略和方法；

(3) 制订通过和终止测试的标准；

(4) 提出测试需要的环境；

(5) 评估测试的风险，并制定缓解措施；

(6) 明确测试充分性要求；

(7) 制订测试进度和任务安排。

制订软件测试计划的策略有以下8点。

(1) 测试计划编写依据。项目计划和相应测试级别的技术文档。例如，单元测试应依据软件详细设计说明，配置项测试应依据软件需求规格说明，集成测试应依据系统设计说明或软件设计说明，系统测试应依据系统规格说明。

（2）测试计划编写时机。测试计划应尽早开始制订。原则上应该在需求定义完成后开始，对于开发过程不是十分清晰和稳定的项目，测试计划也可以在总体设计完成后开始编写。例如，软件开发模型选择 W 模型时，制订软件测试计划的时机如下。

① 当完成系统需求分析时，可编写系统测试计划。

② 当完成系统设计时，可编写系统集成测试计划。

③ 当完成软件需求分析时，可编写软件配置项测试计划。

④ 当完成软件概要设计时，可编写软件集成测试计划。

⑤ 当完成软件详细设计时，可编写软件单元测试计划。

（3）测试计划编写人员。软件测试计划应由测试小组组长或最有经验的测试人员来进行编写。

（4）测试计划的变更。测试计划应随着项目的进展不断细化，应随着项目的进展、人员或环境的变动而变化，应确保测试计划与软件状态保持一致。

（5）测试的优先级。没有无休止的测试，好的测试是一个有代表性、简单和有效的测试，在测试计划中，必须制定测试的优先级，以保证在测试资源有效的情况下，优先级高的测试优先得到执行。

（6）测试计划的评审。软件负责人评审测试计划与开发计划的协调一致性，测试环境的有效性，测试方法的可行性，必要时提供一定的可测试性等；质量保证人员评审测试计划的规范性；项目负责人评审测试计划中测试范围的正确性。

（7）测试计划的管理。软件测试计划应按照配置管理的要求进行管理。

（8）测试计划的原则。软件测试计划应遵循尽早开始、变更受控、合理评审、简洁易读的原则制订和管理。

项目计划和相应测试级别的技术文档是软件测试计划的依据。软件测试计划文档是编写测试说明和开展测试工作的依据。软件测试计划的落实还需要项目其他计划的有效实施来辅助支撑。

8.1.1 软件测试计划的编写要求

制定软件测试计划需要根据不同测试级别的要求，梳理测试依据、确定测试策略、测试环境、测试类型、测试项及各测试项的测试要求，安排测试人员与进度计划，明确测试项目终止条件等，并建立测试依据与测试项的双向追踪关系，为后续的测试用例设计、测试环境建立、测试执行和测试总结提供依据和保证。

软件测试计划应满足如下要求。

（1）测试类型及其测试要求需要根据测试级别和具体的测试对象确定，测试类型及其测试要求应恰当。

（2）测试项应覆盖所有测试需求和潜在需求。

（3）测试类型和测试项应充分。

（4）测试策略合理，采用的技术和方法恰当。

（5）提出的测试环境应能够满足测试的要求。

（6）测试进度可行。

（7）制定了明确的测试终止要求。

（8）文档规范、符合要求。

软件测试计划的制订需要与研制人员、项目管理人员充分地沟通和协调，以保证测试范围、测试方法、测试资源和测试进度的有效落实。

如果是第三方定型测评，测试需求分析与策划活动的文档是软件测评大纲，软件测评大纲除应满足测试计划的编写要求外还应包括：

（1）制订了测评项目的配置管理计划，包括配置管理人员安排、职责，提出了配置管理的资源需求，定义了配置管理项和基线，说明了配置管理活动安排。

（2）制订了测评项目的质量保证计划，包括质量保证人员安排、职责，提出了质量保证的资源需求，说明了测评项目过程和工作产品审核要求，以及不符合项的跟踪和验证要求。

（3）分析了测评项目风险，从测评技术、管理等方面分析测评项目风险，并制定相应的缓解措施。

8.1.2　软件测试计划的内容

本节提供两种测试计划的模板，软件测试计划可用于软件开发组织的内部测试，也可用于第三方评测。软件测评大纲一般用于第三方软件定型测评。

8.1.3　软件测试计划模板

软件测试计划

1　范围

1.1　标识

写明本文档的：

（1）标识；

（2）标题；

（3）本文档的适用范围；

（4）本文档的版本号。

1.2　被测软件概述

概述被测软件的下列内容：

（1）被测软件的名称、版本、用途；

（2）被测软件的组成、功能、性能和接口；

（3）被测软件的开发和运行环境等。

1.3　文档概述

说明编写本文档的依据，并概述本文档的用途和内容。另外，还应说明该文档在保密性方面的要求。

1.4　与其他文档的关系

概述本文档与其他文档之间的关系。

2　引用文档

应按标题和标识列出本文档引用的所有文档，并说明每一个文档的版本、编写单位和发布日期，如表 1 所示。

表 1　引用文件表

序号	引用文档标题	引用文档标识	文档版本	编写单位	发布日期

3　术语和定义

给出所有在本文档中出现的专用术语和缩略语的确切定义，如表 2 所示。

表 2　术语和缩略语表

序　　号	术语和缩略语名称	术语和缩略语说明

4　测试内容与方法

4.1　测试总体要求

根据软件质量要求、测试级别和被测软件相关技术文档，提出测试的范围、测试级别、测试类型、测试策略等总体要求。

测试级别分为单元测试、集成测试、配置项测试和系统测试。集成测试分为单元集成测试和配置项集成测试。

软件相关技术文档需要根据测试级别而定，例如，配置项测试的相关文档应包括软件配置项的软件研制任务书、软件需求规格说明和用户手册等。

4.2　测试项及测试方法

4.2.X　（被测对象）

4.2.X.Y　（测试类型）

4.2.X.Y.Z　（测试项）

测试项描述如表 3 所示。

表 3　测试项描述表

测试项名称		测试项标识	
测试项说明			
测试方法			
约束条件			
评判标准			
测试充分性要求			
测试项终止条件			
优先级			
追踪关系			

说明：被测对象可为软件单元、单元集成后的结果、软件配置项、配置项集成后的结果、子系统和系统。例如，当被测对象为一个时，4.2.X 节可改为测试类型，4.2.X.Y 节可改为测试项。

4.3　软件问题类型及严重性等级

软件问题类型及严重性等级如表 4、表 5 所示。

表 4　问题类型

序号	问题类别	问题类别说明
1	计划	为项目制订的计划
2	方案	运行方案
3	需求	系统需求或软件需求
4	设计	系统设计或软件设计
5	编码	软件代码
6	数据库/数据文件	数据库或数据文件
7	测试信息	测试计划、测试说明或测试报告
8	使用性文档	用户、操作员手册或保障手册
9	其他	其他软件产品

表 5　问题严重性等级

序号	问题级别名称	问题级别说明
1	1 级	(1) 有碍于运行或任务的基本能力的实现； (2) 危害安全性、保密性或其他关键性要求
2	2 级	(1) 对运行或任务的基本能力产生不利影响，且没有变通的解决方案； (2) 对项目的技术、费用、进度风险或对系统寿命期的支持产生不利影响，且没有变通的解决方案
3	3 级	(1) 对运行或任务的基本能力产生不利影响，但存在变通的解决方案； (2) 对项目的技术、费用、进度风险或对系统寿命期的支持产生不利影响，但存在变通的解决方案
4	4 级	(1) 给用户/操作员带来不便或烦恼；但不影响运行或任务的基本能力； (2) 给开发或支持人员带来不便，但不妨碍工作的完成； (3) 任何其他影响

5　测试环境

5.1　软/硬件环境

对此次测试所需的软/硬件环境进行描述。

(1) 整体结构。描述测试工作所需的软/硬件环境的整体结构，例如，若需建立网络环境，应描述网络的拓扑结构和配置。

(2) 软硬件资源。描述测试工作所需的系统软件、支撑软件及测试工具等，包括每个软件项的名称、版本、用途等信息；描述测试工作所需的计算机硬件、接口设备和固件项等内容，包括每个硬件设备的名称、配置、用途等信息。另外，如果测试工作需借用、购买相应的测试资源时，应加以说明。测试资源配置表如表 6 所示。

表 6　测试资源配置表

序号	资源名称	配置	数量	用途	维护人

5.2 测试场所

描述执行测试工作所需场所的地点、面积及安全保密措施等，如果测试工作需在非测试机构进行，应加以说明。

5.3 测试数据

描述测试工作所需的真实或模拟数据，包括数据的规格和数量等。

5.4 环境差异影响分析

描述软/硬件环境及其结构、场所、数据与被测软件研制要求或系统研制要求、软件需求规格说明及其他等效文档要求的软/硬件环境、使用场所、数据之间的差异，并分析环境差异可能对测试结果产生的影响。

6 测试进度

描述主要测试活动的时间节点、提交的工作产品等，如表7所示。

表7 测试进度安排

序 号	工作内容	开始时间	结束时间	工作产品	人 员

7 测试结束条件

描述测试结束的条件。

8 软件质量评价内容和方法

描述基于此次测试的软件质量评价内容和评价方法。

9 测试通过准则

描述被测软件通过此次测试的准则。

10 测试人员组成

说明测试所需人员，安排其分工，并说明每个角色的职责，如表8所示。

表8 测试人员组成

序号	角色	姓名	职称	主要职责

11 测试数据记录、整理和分析

描述根据本计划实施测试时，获得测试结果数据的整理和分析过程，说明达到测试目标的要求和测试充分性分析方法。

12 追踪关系

描述测试计划与测试依据的追踪，如表9和表10所示。若测试依据无相应的测试项，应说明未追踪的原因。

表9 测试依据与测试项的追踪关系

序 号	测试依据标识	测试依据	测试项标识	测试项名称或未追踪原因说明

表10 测试项与测试依据的追踪关系

序 号	测试项标识	测试项名称	测试依据标识	测试依据

8.1.4 软件测评大纲模板

软件测评大纲

1 范围

1.1 标识

写明本文档的：

(1) 标识；

(2) 标题；

(3) 本文档的适用范围；

(4) 本文档的版本号；

(5) 术语和缩略语。

1.2 文档概述

1.3 委托方的名称与联系方式

描述定型测评任务委托方的名称、地址、联系人及联系电话。

1.4 承研单位的名称与联系方式

描述被测软件承研单位的名称、地址、联系人及联系电话。

1.5 定型测评机构的名称与联系方式

描述完成定型测评任务的测评机构的名称、地址、联系人及联系电话。

1.6 被测软件概述

2 引用文档

3 测试内容与方法

3.1 测试总体要求

3.2 测试项及测试方法

3.3 软件问题类型及严重性等级

4 测评环境

4.1 软硬件环境

4.2 测评场所

4.3 测评数据

4.4 环境差异影响分析

5 测评进度

6 测评结束条件

7 软件质量评价内容和方法

8 定型测评通过准则

9 配置管理

9.1 组织人员

说明配置管理活动的组织与人员，如表1所示。

表 1　与配置管理相关的组织与人员职责

组织名称	姓名	角色	人员职责

9.2　资源配置

说明配置管理所需资源，如表 2 所示。

表 2　配置管理资源一览表

序号	资源名称	资源标识	数量	用途

9.3　基线划分与配置标识

本项目的基线划分、每个基线所包含的配置管理项(CMI)如表 3、表 4 所示。

表 3　基线划分表

基线名称	基线标识	预期到达时间

表 4　配置管理项一览表

CMI 名称	CMI 标识	入库时间	所属基线

9.4　配置管理活动

描述测评活动中配置管理的入库、出库、更动、配置状态报告、配置审核等的要求。

10　质量保证

10.1　组织与人员

说明质量保证活动的组织与人员，如表 5 所示。

表 5　组织与人员表

组织名称	姓名	职称	人员职责

10.2　资源配置

说明质量保证活动所需资源，如表 6 所示。

表 6　资源配置表

序号	资源名称	资源标识	数量	用途

10.3　质量保证活动

本节说明质量保证的关键活动，主要包括产品审核、过程审核、不符合项跟踪和验证等。

10.3.1　产品审核

本节说明对软件测评大纲、测试说明、测试记录、软件问题报告、回归测试方案、回归测试记录、测评报告等产品进行的审核活动。一般情况下，产品审核应在文档编制基本完成之后、提交评审之前进行。

10.3.2　过程审核

本节说明对测试需求分析与策划、测试设计与实现、测试执行(包含回归测试)、测试总结等阶段进行过程审核。一般情况下，过程审核可与内部评审同时开展，或在外部评审之前进行。

10.3.3　不符合项跟踪和验证

本节说明对过程审核、产品审核活动中发现的不符合项进行记录、跟踪和验证的要求。

11　测评分包

本节为可选要素，描述分包的测评内容、测评环境、质量与进度要求，分包单位承担软件定型测评的资质，相关人员的技术资历，测评总承包单位对分包单位测评过程的质量监督、指导措施等。

12　测评项目组人员构成

描述测试项目组人员构成。

13　安全保密与知识产权保护

描述此次定型测评的安全保密和知识产权保护措施。

14　测评风险分析

从时间、技术、人员、环境、分包、项目管理等方面对完成此次定型测评的风险进行分析，并提出应对措施。

15　双向追踪关系

15.1　测试依据到测试项的追踪

描述测试项对测试依据的追踪，如表 7 所示。若测试依据无相应的测试项，应说明未追踪的原因。

表 7　测试依据与测试项的追踪关系

序号	测试依据标识	测试依据	是否追踪	测试项在大纲中章节	测试项名称

15.2　测试项到测试依据的追踪

描述测试依据对测试项的追踪，见表 8。

表 8　测试项与测试依据的追踪关系

序号	测试项在大纲中章节	测试项名称	测试依据标识	测试依据

8.1.5　软件测试计划编写示例

本节以配置项测试计划为例，给出软件测试计划一些关键部分的编写示例。

8.1.5.1　示例 1 被测软件概述

被测软件概述部分需要较为详细地描述被测软件的名称、版本、用途、关键等级、规模、开发语言等，另外还应说明被测软件的组成、功能、性能和接口及运行环境等。这些信息对制订测试策略、测试方法和测试环境，以及确定测试充分性要求等都十分重要。因此，在说明这些内容时应清晰、准确。

一般情况下，在集成测试或系统测试时，需要说明被测软件组成。此时，可以用图或表的形式进行描述，需要说明每一组成部分的名称、标识、主要功能、关键等级、研制状态等信息。

在描述被测软件性能指标时应注意要准确和可测量。

在描述接口时，可以用接口示意图和表格方式进行描述。

在描述运行环境时，若运行环境复杂可以用图表的形式进行说明。运行环境包括软件环境和硬件环境。软件环境需要说明软件的版本信息，硬件环境需要说明硬件的配置信息。

被测软件概述

外测仿真与处理软件主要是测控软件测试仿真平台的组成部分，为外测软件测试提供数据支持。外测仿真与处理软件模拟生成各种外测测量数据，以及根据给定轨道，推演外测设备的各类测量元素，并能加入噪声、野值、误差等。该软件的功能主要包括外测数据生成功能、外测数据输出功能、数据预处理功能、数据记盘功能和人机交互功能。

外测仿真与处理软件应满足：

(1) 软件运行的 CPU 开销(包括操作系统)小于 60%；

(2) 外测数据生成周期不大于 5 ms。

外测仿真与处理软件配置项与外部的接口包括如下部分：与配置文件的接口、与操作员的接口、与存盘文件的接口、与时统设备的接口、与故障轨道仿真软件的接口、与数据收发软件的接口，如图 1 和表 1 所示。

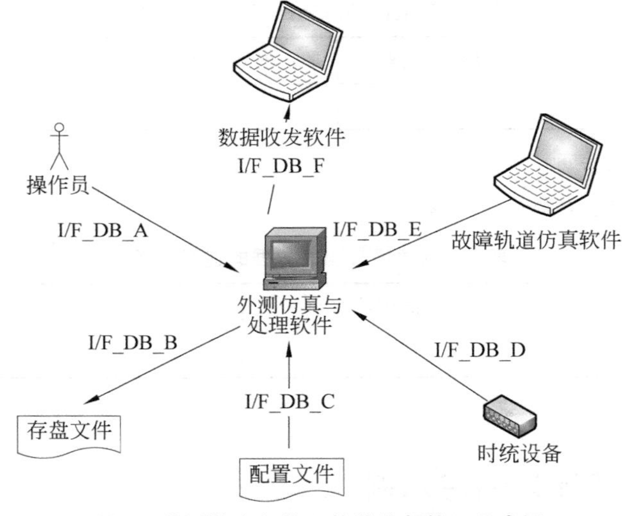

图 1 外测仿真与处理软件外部接口示意图

表 1　远程测试系统接口信息定义表

标识	来源	目的	信息内容概述
I/F_DB_A	操作员	外测仿真与处理软件	各种命令信息、测试配置信息等
I/F_DB_B	外测仿真与处理软件	存盘文件	各类外测设备的仿真数据，包括光学设备、雷达、GPS 等各种设备信息
I/F_DB_C	外测仿真与处理软件	配置文件	各类外测设备的配置信息，以及测试用配置信息，包括模拟仿真的设备配置信息、数据帧格式、发送频率等信息
I/F_DB_D	时统设备	外测仿真与处理软件	时统信息
I/F_DB_E	故障轨道仿真软件	外测仿真与处理软件	各种故障轨道数据、测量元素信息
I/F_DB_F	外测仿真与处理软件	数据收发软件	各类外测设备的仿真数据，包括光学设备、雷达等各种设备信息

外测仿真与处理软件运行在 Windows XP 平台下，Microsoft Framework 3.0 以上。硬件环境要求至少 2 GB 内存，320 GB 硬盘，1000 M 网卡，配 PCI 总线的时统板。

外测仿真与处理软件的关键等级为 D 级，开发语言为 C#，规模为 11 000 行，本次测试的版本为 V2.0。

8.1.5.2　示例 2 测试总体要求的描述

测试总体要求的目的是根据测试级别和被测软件相关文档，提出测试的范围、测试级别、测试类型、测试策略等总体要求。

测试级别分为单元测试、集成测试、配置项测试、系统测试。集成测试分为单元集成测试和配置项集成测试。

软件相关技术文档需要根据测试级别而定。具体要求如下。

（1）单元测试的相关文档应包括软件详细设计说明等。

（2）单元集成测试应包括软件概要设计说明等。

（3）配置项测试的相关文档应包括软件配置项的软件研制任务书、软件需求规格说明、用户手册等。

（4）配置项集成测试的相关文档应包括系统设计说明、接口设计说明等。

（5）系统测试的相关文档应包括系统研制任务书、系统规格说明、接口需求规格说明等。

测试总体要求

本次测试以《软件测试仿真平台・软件系统设计说明》《软件测试仿真平台・外测仿真与处理软件需求规格说明》《软件测试仿真平台・软件研制任务书》《软件测试仿真平台・软件用户手册》为依据，对该软件进行配置项级测试。

测试策略如下。

（1）采用先静态后动态的策略进行测试。静态测试包括文档审查、代码审查和静态分析，对动态测试无法覆盖的部分还需要进行代码走查。根据软件特性需完成的动态测试包括功能、性能、接口、人机交互界面、安全性、余量、强度和安装性等测试。

(2) 动态测试。通过提供模拟输入、捕获软件输出并与期望结果比对的方式进行,检查被测软件是否满足需求规格说明的要求及是否存在缺陷。在软件真实运行环境下进行测试,将测试设备接入被测软件所在网络,搭建测试环境。数据收发软件和故障轨道仿真软件运行在测试设备上,实现对测试数据的仿真与注入及捕获与分析。

(3) 动态测试时,首先进行安装性测试,再依次对功能、性能、接口、人机交互界面、安全性、余量、强度等进行测试。

(4) 根据软件测试要求和被测软件的特点,被测软件在实际环境中运行。被测软件的输入数据主要有网络数据、轨道文件、配置文件和人工输入4种形式。对网络数据采用故障轨道仿真软件生成,轨道文件和配置文件采用直接拷贝至指定目录的方式,对人工输入、通过界面输入正常或异常数据,或人工进行正确或错误操作的方式进行测试。被测软件的输出数据主要有文件、网络数据和界面显示3种形式。对通过网络输出的数据,利用数据收发软件通过网络捕获;对文件形式的输出数据,直接在指定目录下得到;对界面显示信息需通过观察界面显示结果查看结果是否正确。

(5) 本次测试需采用等价类划分、边界值分析、错误推测法等进行测试用例设计,测试用例需覆盖所要求的所有测试类型和测试项。

8.1.5.3 示例3测试项及测试方法

本节给出文档审查、代码审查、静态分析、逻辑测试、功能测试、性能测试、接口测试、人机交互界面测试、强度测试、余量测试、安全性测试、恢复性测试、边界测试、互操作性测试和安装性测试等的测试项说明示例。

本节中列出的测试项不是一个软件配置项中的测试项。针对一个软件需要完成哪些测试类型,需要根据软件的特点来确定。本节只是给出一些较为典型的测试类型的测试项说明示例。

1. 文档审查

测试项名称	文档审查	测试项标识	TELDP_DI_SC
测试项说明	对被测软件的软件需求规格说明、概要设计说明、详细设计说明和用户手册进行文档审查,审查各文档描述是否完整、准确、一致		
测试方法	按照文档审查单分别对被测软件的软件需求规格说明、概要设计说明、详细设计说明和用户手册进行文档审查		
约束条件	研制方提供版本正确、经过审批的软件文档,文档审查单中的审查项按照遵循的规范制定,并得到用户和委托方的认可		
评判标准	审查单中的审查项都通过		
测试充分性要求	按照文档特点制定审查单,文档审查项中应包括完整性、准确性、一致性和规范性的具体审查要求		
测试项终止条件	按照文档审查单完成软件需求规格说明、概要设计说明、详细设计说明和用户手册审查,如果发现问题,待开发方修改后进行再次审查,直到所有文档审查问题都得到解决		
优先级	高		
追踪关系	软件评测任务书5.1——文档审查		

2. 代码审查

测试项名称	代码审查	测试项标识	TELDP_CI_DMSC
测试项说明	审查软件代码是否符合规则要求，规则包含 C 语言规则集中的所有强制类规则；审查软件设计与实现是否一致		
测试方法	(1) 使用代码审查工具，对软件代码进行代码规则审查； (2) 规则集为 C 语言规则集中所有强制类规则； (3) 对工具报告的问题进行确认； (4) 人工审查代码实现是否与软件设计一致		
约束条件	研制方提供完整的软件源代码，代码审查规则选择 C 语言规则集中的所有强制类规则，并得到用户和委托方的认可		
评判标准	所有软件源代码满足规则要求或有合理的说明，软件设计与实现一致		
测试充分性要求	按照代码审查单中列出的规则定义代码审查工具中规则集，对所有代码进行审查，对确认不是问题的情况进行分析和说明。如果发现问题，待开发方修改后进行再次审查，直到所有代码审查问题都得到解决		
测试项终止条件	完成所有源代码的审查		
优先级	中		
追踪关系	软件评测任务书 5.1——代码审查		

3. 静态分析

测试项名称	静态分析	测试项标识	TELDP_SA_JTFX
测试项说明	使用静态分析工具，对软件更动部分代码进行静态分析，包括静态特性、控制流、数据流等		
测试方法	使用静态分析工具，对被测软件更动部分代码进行静态分析，检查的要求如下。 1) 静态特性 (1) 子程序复杂度≤10； (2) 子程序语句规模≤200； (3) 注释率≥20%。 2) 控制流规则 (1) 转向不存在的语句； (2) 存在没有使用的语句； (3) 存在没有使用的子程序； (4) 调用不存在的子程序； (5) 存在从程序入口进入后无法到达的语句； (6) 存在不可达语句； (7) 存在与设计不一致。 3) 数据流规则不允许存在以下情况 (1) UR：Variable is undefined and then referenced； (2) DD：Variable is not used (referenced) between two definitions； (3) DU：Variable is defined and is never used (referenced) before becoming undefined. 4) 对工具报告的问题进行人工确认		
约束条件	研制方提供完整的软件源代码，静态分析规则应得到用户和委托方的认可		

续表

评判标准	所有软件源代码满足规则要求或有合理的说明
测试充分性要求	按照静态分析要求对所有源代码完成静态分析，对确认不是问题的情况进行说明。如果发现问题，待开发方修改后进行再次分析，直到所有静态分析问题都得到解决。如果确实存在无法修改的情况，应分析可能存在的影响，并得到委托方的认可
测试项终止条件	完成所有源代码的静态分析
优先级	高
追踪关系	软件评测任务书 5.1——静态分析

4. 逻辑测试

测试项名称	代码覆盖测试	测试项标识	TELDP_CI_DMSC
测试项说明	对软件进行功能、接口、安全性、边界、数据处理和人机界面等动态测试，检查语句、分支覆盖率是否达到 100%，对于确实无法覆盖的语句、分支，逐个进行分析，说明未覆盖的原因		
测试方法	使用覆盖测试工具，对代码进行插桩，运行插桩后的代码，进行动态测试的同时分析测试覆盖数据。必要时，补充测试用例，直到达到测试覆盖率要求。如果确实无法达到语句、分支 100%的测试覆盖率要求，需说明未覆盖原因		
约束条件	研制方提供完整的软件源代码，插桩后的程序能够正确运行		
评判标准	语句和分支覆盖率达到 100%或说明未覆盖原因		
测试充分性要求	语句和分支覆盖率达到 100%，如果确实无法达到 100%的覆盖率，应对未覆盖部分进行分析，说明未覆盖原因		
测试项终止条件	语句和分支覆盖率达到 100%，或者未覆盖部分完成分析和说明。软件修改后，对修改后的部分需要进行回归测试，并记录覆盖测试数据		
优先级	高		
追踪关系	软件评测任务书 5.1——逻辑测试		

5. 功能测试

测试项名称	测量设备数据仿真功能测试	测试项标识	DDFZ_FU_MCL
测试项说明	测试外测仿真与处理软件是否能够模拟测量设备数据，包括正常测量设备数据、异常测量设备数据		
测试方法	通过配置文件设置测量数据格式，使用外测仿真与处理软件生成正常和异常的测量设备外测数据，通过数据收发软件和存盘文件检查生成的数据是否正确		
约束条件	(1) 测量设备数据格式定义正确； (2) 时统设备正常提供时统信号； (3) 数据收发软件能够正常地接收数据		
评判标准	外测仿真与处理软件能够按要求生成正常和异常的测量设备仿真数据		
测试充分性要求	应进行正常和异常测量设备数据生成的功能测试，异常数据包括：设备状态码无效、数据加野值、数据加噪声、数据丢帧和数据重帧等		

续表

测试项终止条件	满足测试要求或测试过程无法正常进行
优先级	高
追踪关系	软件需求规格说明 4.2.2.3——测量设备数据仿真

6. 性能测试

测试项名称	外测数据生成周期	测试项标识	TCPS_PE_CJSJ
测试项说明	测试外测仿真与处理软件数据生成周期是否不大于 5 ms		
测试方法	通过配置文件设置数据生成周期，运行外测仿真与处理软件生成外测数据，通过数据收发软件和检查存盘文件的方式检查外测仿真与处理软件是否按照不大于 5 ms 的周期完成外测数据的生成		
约束条件	数据收发软件和存盘文件的时间精度满足微秒级的要求		
评判标准	外测数据生成周期多次测试的结果均不大于 5 ms		
测试充分性要求	测试应采用多次测试的方法，每次测试应持续一个业务处理时段		
测试项终止条件	满足测试要求或测试过程无法正常进行		
优先级	高		
追踪关系	软件需求规格说明 4.3_b——外测数据生成周期不大于 5 ms		

7. 接口测试

测试项名称	与故障轨道仿真软件接口	测试项标识	DDFZ_IF_GZDD
测试项说明	测试被测软件与故障轨道仿真软件接口的正确性		
测试方法	使用故障轨道仿真软件在网络上发送故障轨道，使用外测仿真软件接收数据，检查接收的正确性		
约束条件	故障轨道仿真软件能够发送接口正确的仿真数据，也能够发送格式错误的仿真数据		
评判标准	能够接收格式正确的故障轨道仿真数据，对格式异常的故障轨道仿真数据能够给出提示信息		
测试充分性要求	测试用例设计既要进行接口正确性测试，还要进行错误格式故障轨道的测试		
测试项终止条件	满足测试要求或测试过程无法正常进行		
优先级	中		
追踪关系	软件需求规格说明 4.1.5——与故障轨道仿真软件接口		

8. 人机交互界面测试

测试项名称	人机交互界面测试	测试项标识	JHR_UI_RJT
测试项说明	测试软件的人机交互界面是否合理、清晰、易于操作，是否具有防止误操作的能力		

续表

测试方法	在软件各功能测试过程中，查看软件的人机交互界面显示是否正确、及时、方便使用、易于操作。 查看以下各项是否满足要求： (1) 当目标撤销或者丢失后，检查相应表格中是否及时清除该目标数据； (2) 按钮的状态准确。程序启动后，"开始"按钮有效，"停止"按钮无效；按"开始"按钮，程序进入工作状态，"开始"按钮无效，"停止"按钮有效。对不具备操作条件的按键应处于不可激活状态； (3) 在软件界面上进行一些不合理的操作及输入，查看被测软件是否拒绝异常操作的执行，同时指出该错误的类型和纠正措施
约束条件	研制单位提供了用户手册，并对软件的工作流程和使用进行了培训
评判标准	软件的人机交互界面合理、清晰、易于操作，具备防止无错误的能力，错误提示准确
测试充分性要求	按照测试方法中规定的方法完成列举的各种要求
测试项终止条件	满足测试要求或测试过程无法正常进行
优先级	低
追踪关系	软件需求规格说明 4.3_e——目标撤销或者丢失后显示处理 软件需求规格说明 4.3_f——"开始"与"停止"按钮要求

9. 强度测试

测试项名称	强度测试	测试项标识	ZLFS_ST_QDCS
测试项说明	通过加大、减小发送频率等方法，测试软件能够正常进行数据收发或显示的临界条件		
测试方法	首先，测试程序模拟发送各类数据，发送时由正常频率开始不断加大发送频率，直至不能正常进行数据收发或显示，记录此时的发送频率为 f_1；其次，逐渐减小发送频率，直至能够正常进行数据收发或显示，记录此时的发送频率为 f_2；最后，再不断加大发送频率，依次循环，直至找到被测软件能够正常进行数据收发或显示的临界条件，记录此时的发送频率为 f		
约束条件	被测软件各功能正常；测试程序能够满足强度测试数据仿真要求		
评判标准	测试获得被测软件能够正常进行数据收发或显示的临界条件		
测试充分性要求	测试程序发送的数据应覆盖软件在运行时所需的各类数据。测试过程不仅要使软件从正常到异常状态，还要从异常回到正常状态，并再次从正常回到异常状态，才能获得较准确的临界状态		
测试项终止条件	测试程序达到最大发送频率时，无法获得被测软件能够正常进行数据收发或显示的临界条件；或找到被测软件能够正常进行数据收发或显示的临界条件		
优先级	中		
追踪关系	隐含需求——强度测试		

10. 余量测试

测试项名称	数据预处理时间余量	测试项标识	TELDP_PE_DPT
测试项说明	测试数据预处理软件实时数据预处理时间是否留有 20%的余量		
测试方法	对数据预处理软件进行插桩，在收到数据时记录时间 T_1，数据预处理并完成发送后记录时间 T_2，预处理时延 $T=T_2-T_1$。重复多次，记录 T 值，计算 $(1-T/200)\times100\%$ 的值即为数据预处理余量(数据预处理时间不大于 20 ms)		
约束条件	软件测试的软/硬件环境应为目标运行环境		
评判标准	每次计算得到的数据预处理余量都应大于 20%		
测试充分性要求	测试的时间应至少满足一个业务周期，并应在典型业务环境下进行测试		
测试项终止条件	满足测试要求或测试过程无法正常进行		
优先级	中		
追踪关系	软件需求规格说明_4.3_c——数据预处理时间余量		

11. 安全性测试

测试项名称	安全性测试	测试项标识	TCPS_SC_AQCS
测试项说明	具有密码保护及密码修改功能； 当主计算机出现故障时，按照切换步骤，关闭主计算机、启动辅计算机，运行软件后可继续参加工作； 被测软件要互斥，避免多个进程对同一硬件的多次初始化		
测试方法	(1) 密码保护及密码修改功能：测试策略与方法见安全保护功能测试。 (2) 主辅计算机切换：测试策略与方法见计算机身份鉴别与状态设置功能测试。 (3) 软件互斥：启动被测软件，初始化成功后，再次启动，查看被测软件是否互斥，通过查看任务管理器中进程状态等，测试是否不允许多个进程对同一硬件多次初始化		
约束条件	被测软件初始化正常		
评判标准	(1) 输入密码：密码错误时，提示错误，且程序退出；密码正确时，继续执行程序。修改密码：输入原密码错误时，拒绝修改；输入原密码正确时，能够执行修改，且验证两遍密码必须一致。 (2) 主计算机和辅计算机能够切换，且切换后可继续参加工作。 (3) 被测软件满足互斥条件：多个进程对同一硬件不能多次初始化		
测试充分性要求	(1) 修改密码测试后应执行登录，检查是否能够正常登录； (2) 主/辅机切换，不仅要测试主机变为辅机的情况，还应继续测试此时辅机状态正常后的情况，以及再将辅机切换为主机时是否正常； (3) 至少启动 3 个进程测试软件互斥需求		
测试项终止条件	满足测试要求或测试过程无法正常进行		
优先级	高		
追踪关系	软件需求规格说明_4.2.2——安全保护 软件需求规格说明_4.2.10——计算机身份鉴别与状态设置		

12. 恢复性测试

测试项名称	断点续传测试	测试项标识	WD_RC_DDXC
测试项说明	测试软件断点续传功能是否正确		
测试方法	在文件传输过程中,人为暂停传输和模拟网络连接异常等情况,然后再次启动文件传输和恢复网络连接,测试软件是否从断点处继续传输		
约束条件	接收端能够正常接收断点续传的文件		
评判标准	断点续传的文件完整,与原文件一致		
测试充分性要求	应进行正常暂停和异常终止情况下,断点续传能力是否正常。另外,还应考虑在允许最大同时传输 10 个文件的情况下,软件的断点续传能力是否正常		
测试项终止条件	满足测试要求或测试过程无法正常进行		
优先级	高		
追踪关系	软件需求规格说明 4.4.2.4——断点续传及可靠性要求		

13. 边界测试

测试项名称	参数处理测试	测试项标识	TELDP_FU_PTM
测试项说明	测试软件对接收到的原始参数进行处理时,对边界数据的处理是否正确,测试的参数包括电压、压力、温度等类型的参数		
测试方法	用测试仿真系统模拟原始数据帧进行测试,通过显示软件获取软件处理结果。需测试的参数类型包括电压、压力、温度等		
约束条件	显示软件能够正确显示处理结果		
评判标准	各类参数的处理结果误差范围满足精度要求		
测试充分性要求	对每类参数,如果有多个计算公式,则需要对每类计算公式进行测试		
测试项终止条件	满足测试要求或测试过程无法正常进行		
优先级	高		
追踪关系	软件需求规格说明 4.1.1.4——参数处理情况说明		

14. 互操作测试

测试项名称	与寻北软件的互操作测试	测试项标识	TLMZ_IO_XB
测试项说明	测试被测软件与寻北软件的互操作性		
测试方法	显控软件和寻北软件以调试方式运行,在显控软件收到"通信检查好"消息、发送"读取温度"命令、收到温度消息、发送"读取纬度"命令、收到纬度消息处设置断点;在寻北软件发送"通信检查好"消息,收到"读取温度"命令、发送温度消息、收到"读取纬度"命令、发送纬度消息处设置断点,通过检查两个软件中各断点的值测试两个软件的互操作性		
约束条件	寻北软件功能正确		
评判标准	两个软件中设置的所有断点的值都正确		

续表

测试充分性要求	测试两个软件需要交互的所有命令和消息,并测试寻北软件不发送相关消息或发送错误消息时,显控软件的处理是否正确
测试项终止条件	满足评判标准或测试过程无法正常进行
优先级	高
追踪关系	软件需求规格说明 3.2.11.26——初始化界面 Menu_PR 软件需求规格说明 3.3.4——与寻北软件的接口

15. 安装性测试

测试项名称	安装性测试	测试项标识	WD_IN_ANCS
测试项说明	测试软件的安装和卸载是否正确		
测试方法	按照用户手册安装被测软件,查看安装过程是否简洁,执行安装是否顺利,安装后程序是否能够正常运行;卸载被测软件,测试是否能够正常卸载;卸载后再重新安装,查看是否能够安装成功		
约束条件	用户手册正确,硬件满足测试环境要求		
评判标准	按照用户手册能够正确安装、卸载和再安装		
测试充分性要求	按照测试方法对安装、卸载和再安装是否正确进行测试,安装后应对主要功能运行的正确性进行检查		
测试项终止条件	满足评判标准或测试过程无法正常进行		
优先级	中		
追踪关系	软件需求规格说明 4.5——安装要求 软件需求规格说明 4.5.2——安装操作要求		

8.1.5.4 示例4 测试环境

测试环境是执行软件测试的重要环节,是否能够建立有效的测试环境往往直接影响测试结果的有效性。测试环境的描述应包括软硬件环境、测试场所、测试数据和环境差异影响分析。本节给出软硬件环境、测试数据和环境差异影响分析的示例。具体包括:

(1) 软硬件环境应描述测试过程所使用的所有软件、硬件环境,软件环境应具体说明软件的版本,硬件应详细说明硬件的各项配置信息;

(2) 测试数据应全面考虑测试数据的注入方式,若可能应考虑使用真实数据和仿真数据进行较为全面的测试;

(3) 环境差异影响分析应详细说明软件、硬件、测试数据等方面的差异,并分析对测试结果的影响。

5 测试环境

5.1 软硬件环境

软件测试环境由被测软件运行环境、测试软件运行环境两部分组成。在软件真实运行环境下进行测试,将测试辅助机接入被测软件所在网络,搭建测试环境。测试数据仿真与分析程序(DGA)运行在测试辅助机上，实现对测试数据的仿真与注入及捕获与分析。

测试环境如图 1 所示。

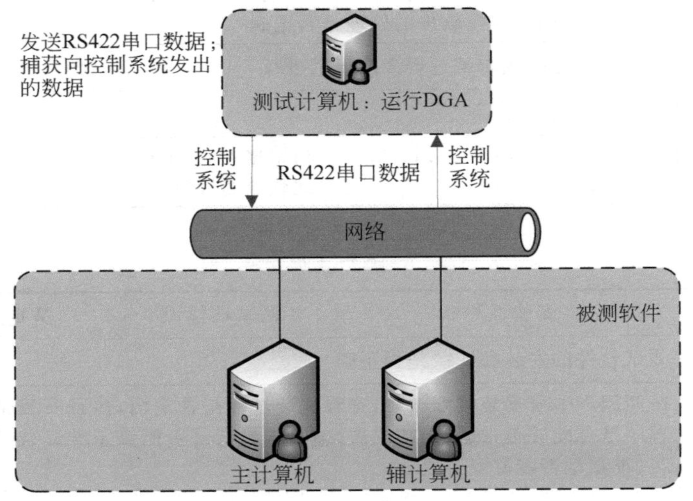

图 1 测试环境图

测试资源配置如表 1 所示。

表 1 测试资源配置表

序号	资源名称	配置	数量	用途	维护人
1	主/辅计算机	CPU：PIII 550；内存：128 MB；硬盘：不小于 15 GB；显示卡：4 M；显示器：18 in(1 in＝2.54 cm)平板显示器；可编程触摸键盘：模拟 6×6 或 6×8 键；磁光驱：加固；RS422 接口：(1 Mbps)；IO 卡：32 路入 32 路出	2	被测软硬件环境	×××
2	被测软件运行操作系统	Windows NT 4.0 workstation(中文版)，SP6	1	被测软件运行环境	×××
3	测试程序运行操作系统	Windows XP	1	测试的软件运行环境	×××
4	测试计算机	CPU：1.60 GHz 内存：1 GB 硬盘：40 GB	1	用于运行测试数据仿真与分析程序	×××
5	测试数据仿真与分析程序(简称 DGA)	版本：V1.0	1	用于生成并发送正常/异常测试数据，并捕获和分析测试结果	×××

5.2 测试数据

根据软件测试任务要求和被测软件的特点，测试在被测软件目标环境下进行。被测软件的输入数据主要有不带电触点信号、网络串口数据帧(RS422)和人工输入 3 种形式。

(1) 对不带电触点信号，通过 IO 板进行命令设置，利用 DGA 通过网络捕获发出的命令帧；

(2) 对数据帧形式的输入数据，如故障状态、模拟量数据、特征点参数等，利用DGA仿真生成正常和异常数据帧，并通过网络注入；

(3) 对人工输入，通过微缩键盘、可编程触摸键盘或轨迹球输入正常或异常数据，或人工进行正确或错误操作的方式进行测试。

被测软件的输出数据主要有文件、网络串口数据帧两种形式。

(1) 对数据帧形式的输出数据，利用DGA通过网络捕获；

(2) 对文件形式的输出数据，直接在指定目录下进行查看。

测试时，需结合界面显示、指示灯或显示屏的显示、可编程触摸键盘状态等查看结果是否正确。

5.3 环境差异影响分析

(1) 被测软件运行的硬件环境与真实任务环境完全一致。

(2) 被测软件有两个版本：正式测试版本和基于正式测试版本插桩的版本。后者主要用于采集时间间隔测试；除采集时间间隔性能测试外，其他测试都针对正式测试版本进行。插桩后的版本仅为了记录采集时间，对其他测试无影响。

(3) 输入数据为RS422串口数据，由DGA通过网络注入，与软件实际运行情况一致。

8.1.5.5 示例5 测试结束条件

制定测试结束条件的目的是规定测试工作结束的出口准则。测试结束条件一般在软件测试任务要求中进行明确，如果未明确或可操作性存在问题，测试人员应与委托方进行沟通，制定可行的测试结束条件。

7 测试结束条件

按照委托方和测试方达成的协议或约定，在商定的时限内，针对被测软件的确定版本，完成测试计划规定的所有测试项的首轮测试；软件问题修改后，根据软件更动情况及影响域分析，针对被测软件修改后的确定版本，进行回归测试。测试过程符合规范，测试记录客观、翔实，测试报告客观、准确，测试文档符合规范。

如果由于被测软件的原因导致某些测试项不能实施，测试方应在测试报告中说明情况，并分析未完成的测试对测试结论的影响。

8.1.5.6 示例6 软件质量评价方法与内容

制定软件质量评价方法和内容的目的是规定完成测试后应对软件的质量进行评价的方法与内容。测试人员应根据测试任务要求、委托方对软件的质量要求等制定明确、具体的评价和可操作的评价方法。

8 软件质量评价内容和方法

根据《软件需求规格说明》《用户手册》等文档及测试用例的执行结果，对被测软件进行如下定性评价：

(1) 被测软件是否实现了软件需求所要求的所有功能，功能实现是否正确，功能的输入输出是否与约定一致，是否考虑了对异常输入或操作的容错处理等；

(2) 被测软件的性能是否满足要求，各性能指标的偏差或约束是否对配置项运行产生影响等；

(3) 软件需求所要求的所有外部接口是否已实现，接口信息的格式及内容是否与约定一致，接口对异常输入的处理情况等；

(4) 软件需求要求的其他方面，如人机交互界面、可靠性、安全性、余量、强度、边界值、安装性等是否得到满足；

(5) 被测软件文档描述是否完整、准确，各文档内容是否一致。

根据《软件需求规格说明》《用户手册》等文档及测试用例的执行结果，对被测软件按照如表1所示的方法进行评价。

表1 被测软件评价方法

质量特性	度量名称	测量、公式及数据元计算(A、B 为测试因子)
适合性	功能实现的完整性	$X=A/B$； A＝经测试确认实现的功能数； B＝在需求规格说明中描述的功能数； $0\leqslant X\leqslant 1$，X 越接近1越好
	功能正确实现率	$X=1-A/B$； A＝经测试确认未正确实现或缺少的功能项数； B＝在需求规格说明中描述的功能数； $0\leqslant X\leqslant 1$，X 越接近1越好
	多余功能占有率	$X=A/B$； A＝经测试确认实现的多余功能项； B＝在需求规格说明中描述的功能数； $X\geqslant 0$，X 越小越好
准确性	计算的准确率	$X=1-A/B$； A＝在测试中检测到的不能正确实现或缺少的准确性计算数； B＝在需求规格说明中描述的准确性计算数； $0\leqslant X\leqslant 1$，X 越接近1越好
互操作性	数据交换实现率	$X=1-A/B$； A＝在测试中检测到的不能正确实现或缺少的数据格式数目； B＝系统中要求与其他软件或系统交换的数据格式数目； $0\leqslant X\leqslant 1$，X 越接近1越好
安全保密性	访问的可审核性	$X=A/B$； A＝软件记录的"用户访问系统和数据"的次数； B＝在测试过程中实施的"用户访问系统和数据"的次数； $0\leqslant X\leqslant 1$，X 越接近1越好
	访问的可控制性	$X=A/B$； A＝软件能够防止非授权人非法操作的次数； B＝模拟非授权人进行非法操作的次数； $0\leqslant X\leqslant 1$，X 越接近1越好
成熟性	测试阶段用例失效密度	$X=A/B$； A＝检测到的失效个数； B＝执行用例的个数； $X\geqslant 0$，X 越小越好

续表

质量特性	度量名称	测量、公式及数据元计算（A、B 为测试因子）
成熟性	故障密度	$X=A/B$； A＝检测到的故障数目； B＝产品规模； $X\geqslant 0$，X 越小越好
容错性	死机避免率	$X=1-A/B$； A＝死机发生的次数； B＝软件失效的数目； $0\leqslant X\leqslant 1$，X 越接近 1 越好
	误操作避免率	$X=1-A/B$； A＝失效发生的次数； B＝误操作模式的用例数； $0\leqslant X\leqslant 1$，X 越接近 1 越好
易恢复性	平均恢复时间	$X=\mathrm{SUM}(T)/N$； T＝软件系统在每次宕机中的恢复时间； N＝测试过程中软件系统进入恢复的总次数； $X\geqslant 0$，X 越小越好
	重启动成功率	$X=A/B$； A＝在测试过程中符合时间要求的重启动次数； B＝在测试过程中重启动的总次数； $0\leqslant X\leqslant 1$，X 越接近 1 越好
易理解性	功能的易理解性	$X=A/B$； A＝目的能被正确描述的界面功能的数量； B＝界面上可用的功能总数； $0\leqslant X\leqslant 1$，X 越接近 1 越好
	输入和输出的易理解性	$X=A/B$； A＝被正确理解的输入输出数据项的数量； B＝界面上能得到的输入输出数据项总数； $0\leqslant X\leqslant 1$，X 越接近 1 越好
易学性	用户手册的有效性	$X=A/B$； A＝按照用户手册能正确使用的功能数； B＝用户手册中描述的功能总数； $0\leqslant X\leqslant 1$，X 越接近 1 越好
易操作性	操作的一致性	$X=1-A/B$； A＝不一致或不可接受的消息或功能的数目； B＝消息或功能的总数； $0\leqslant X\leqslant 1$，X 越接近 1 越好
	默认值实现率	$X=A/B$； A＝实现默认值的参数个数； B＝需要进行设置的参数总个数； $0\leqslant X\leqslant 1$，X 越接近 1 越好

续表

质量特性	度量名称	测量、公式及数据元计算（A、B 为测试因子）
易操作性	输入数据有效性检查能力	$X=A/B$； A=实现有效性检查的输入数据数； B=输入数据总数； $0\leqslant X\leqslant 1$，X 越接近 1 越好
易分析性	失效原因查找成功率	$X=A/B$； A=找到原因的失效数； B=测试中失效数； $0\leqslant X\leqslant 1$，X 越接近 1 越好
	日志记录实现率	$X=A/B$； A：实际记录的日志项数； B：需求规格说明和任务书中要求记录的日志项数； $0\leqslant X\leqslant 1$，X 越接近 1 越好
易安装性	安装支持等级	$X=A$； A：安装支持等级分值； 仅执行安装程序而没有其他要求，评分为 1.0； 有安装指南，但是安装时有特殊要求，评分为 0.8； 没有安装指南，安装时需修改源代码，评分为 0.6
	安装操作等级	$X=A$； A=安装操作等级分值； 除开始安装或设置功能外，只需用户观看，不需要操作，评分为 1.0； 只需用户回答安装或功能设置所提问题，评分为 0.9； 用户从表格或填充框中查找改变/设置参数，评分为 0.8； 用户从参数文件中查找改变/设置参数，评分为 0.6
时间特性	响应时间符合率	$X=A/B$； A=经测试，符合响应时间要求的项数； B=需求规格说明和任务书中对响应时间有要求的项数； $0\leqslant X\leqslant 1$，X 越接近 1 越好
资源特性	CPU 利用符合率	$X=A/B$； A=经测试，CPU 利用率符合要求的项数； B=需求规格说明和任务书中对 CPU 利用率有要求的项数； $0\leqslant X\leqslant 1$，X 越接近 1 越好

8.1.5.7 示例 7 测试通过准则

制定测试通过准则的目的是规定被测软件通过本次测试的准则。测试通过准则需要测试人员依据测试任务要求、委托方要求等，制定明确的通过准则。

9 测试通过准则

根据软件测试任务要求，软件测试通过的准则如下：

(1) 被测软件正确实现了软件需求所要求的所有功能、性能和接口等，并且考虑了对异常输入或操作的容错处理；

（2）软件测试中发现的问题都得到妥善解决，未解决的问题和建议不影响软件运行，并经过用户、委托方、承研单位和测试人员的认可；

（3）被测软件的文档规范齐全。

8.1.6　软件测试计划的常见问题

在制订软件测试计划中常见的问题如下。

（1）对被测软件的描述不完整。存在的问题主要表现在如下几个方面：

① 缺少被测软件版本、规模、关键等级等信息；

② 被测软件运行环境中缺少关键的硬件信息；

③ 相关软件信息的描述不完整；

④ 软件的内外部接口描述不清晰。

对被测软件的描述应包括：

① 被测软件的名称、版本、规模、关键等级。

② 运行环境应包括软/硬件环境和网络环境等，如果有数据库系统还应描述数据库系统的信息。

③ 主要功能、性能和接口，接口描述建议采用图形化方式进行清晰描述。

（2）引用文件描述不全面。在引用文件描述中缺少软件研制、测试所需要遵循的标准和规范，缺少被测软件相关技术文件。引用文件应包括：

① 软件开发和测试应遵循的标准和规范。

② 被测软件相关文档，如软件评测任务书、软件需求规格说明书、用户手册等，需要根据测试级别确定被测软件的相关文档。

③ 测试中需要遵循或依据的文件，如通信协议，与测试活动相关的会议纪要等。

（3）测试总体要求中提出的测试类型不全面，与测试任务要求的不一致，未说明测试仿真环境的总体设计要求等。

（4）测试项定义地不完整、不具体，主要体现在以下两个方面：

① 对测试需求覆盖得不全面，如缺少对安全性需求的测试，缺少对工作模式的测试，缺少对隐含需求的覆盖等；

② 对每个测试项的说明不具体、不完整，主要表现在以下9个方面。

（ⅰ）测试项说明不具体。对需要测试的内容描述不具体，特别是性能、精度等有具体数值要求的测试内容没有详细说明，对评估其满足情况所允许的偏差未进行描述。

（ⅱ）测试方法不具体。主要表现在未说明测试数据的注入方式，测试结果的捕获方法，以及测试结果分析方法等。

（ⅲ）测试方法不恰当。主要表现在测试方法无法满足测试要求。如对毫秒级性能测试要求，应使用更精确的测量方法进行测试。

（ⅳ）缺少测试项约束条件的描述。

（ⅴ）缺少测试项评判标准的描述。特别是性能测试项的评判标准，应满足的误差要求未进行具体说明。

（ⅵ）测试充分性要求不具体。主要表现在未对测试用例设计充分性方面提出具体要求。

（ⅶ）测试项终止条件不恰当。特别是容量、强度等的测试项终止条件未根据测试项的特点进行定义。

（ⅷ）优先级未定义或定义得不恰当。优先级定义不恰当的最突出表现是所有测试项优先级的级别都相同。优先级应根据被测软件相关文档中的定义进行划分，如果被测软件文档未定义，则根据软件失效后造成的影响进行划分。

（ⅸ）缺少测试项对测试依据之间的追踪关系或追踪关系不正确。

（5）软/硬件环境描述不全面，不详细。测试的软/硬件环境直接影响测试结果，因此需要对测试环境进行全面、详细的描述，以便保证测试环境的有效性。存在的问题主要表现在以下4个方面：

① 硬件环境描述不准确，被测软件的运行环境与被测软件相关文档或实际的运行环境不一致；

② 测试环境考虑得不全面，如强度测试需要的测试环境更高，考虑不全面时可能造成强度测试无法实现；

③ 测试所需软件的要求不具体，如对测试程序所需要实现的功能、性能未提出具体要求，可能影响测试程序的开发和测试用例的执行；

④ 测试用硬件环境的配置和测试软件的版本等信息未进行说明。

（6）测试数据的要求不详细。测试数据的准备情况影响测试的进度和效率，因此，需要对测试数据的要求尽早规划，以便从用户、开发人员等处获得充分的测试数据，保证测试的顺利实施。

（7）测试环境的差异性分析不全面。测试环境直接影响测试结果，特别是性能等测试，应进行充分的分析，以保证测试结果的可信性。常见情况是环境差异性分析只对内存、CPU情况进行分析，未对数据库系统、网络、磁盘读写速度等情况进行分析。

（8）测试结束条件和测试通过准则不具体、可操作性不足。测试结束条件和测试通过准则需要根据委托方对软件质量的要求而定，并与软件开发人员进行充分沟通，获得具体、可操作、可实施的测试结束条件和测试通过准则。

8.2 软件测试项目质量保证计划

制订软件质量保证计划是软件项目管理的重要环节之一，其目的是为项目质量的监督和审核提供合理规划，使项目质量保证工作顺利进行，为及时消除项目的质量隐患提供有利条件。质量保证计划是项目质量保证活动开展的依据，其内容是否全面、合理是关乎项目质量管理活动是否能够及时、高效开展的重要前提。

质量保证计划对质量保证工作的重要作用体现在以下4个方面。

（1）为质量审核活动安排合理的时间节点，引导质保人员按照计划执行适当的质保活动，有利于项目质量审核活动的有效统筹与及时开展，避免质量管理活动的盲目性与随意性。

（2）明确质保组织人员及其职责，强化并规范质保人员的责任意识。

（3）明确项目管理过程中质量管理活动的内容与要求，保证项目质量管理活动规划的充分性。

（4）为质保人员的审核制定细化准则，引导和规范质保人员的质量审核实践活动的有效开展。

质量保证计划的内容主要包括质保组织及职责、质保资源、质量保证活动、质量保证进度、各过程及产品评价的要求等。制订质量保证计划具体活动如下。

（1）明确质量保证计划的编写依据。

（2）明确质量保证的组织与人员。

（3）明确质保人员的职责。

（4）标识质保活动所需要的资源。

（5）确定项目过程中需要的质量保证活动及内容。

（6）确定项目过程中实施各质量保证活动的时间计划。

（7）为每项质量审核活动明确具体的检查准则。

制订软件质量保证计划的策略如下。

（1）质量保证计划编写依据：项目开发计划文档、相关标准要求和软件研制任务书等。

（2）质量保证计划编写时机：尽早开始，在项目开发计划初步完成后即可进行。

（3）质量保证计划编写人员：应由质量保证人员进行编写。

（4）质量保证计划的变更：质量保证计划是一个发展变化的文档，会随着项目进展的变动而变化，应根据项目开发计划的更动及时调整质量保证计划的相应内容，确保质保计划的及时更新，并由质保人员严格依据质保计划执行相应活动。

（5）质量保证计划的优先级：质量保证活动不可能做到面面俱到，好的质量审核活动应该重点突出，有一定的针对性，因此在质量保证计划中，可根据关注程度对质保活动进行优先级分级并进行说明。

（6）质量保证计划的评审：软件项目参与人员应参与质量保证计划的评审，评审其内容是否全面、有效、可操作。评审内容主要包括：

① 是否明确定义软件质量保证组织与成员；

② 是否明确定义质量保证人员的职责；

③ 是否清晰定义要求开展质量保证的软件工作产品及其审核准则；

④ 是否清晰定义要求开展质量保证的软件工作过程及其审核准则；

⑤ 是否具体策划了开展软件质量保证活动的时间节点；

⑥ 质量保证计划是否与其他计划协调一致；

⑦ 文档是否编制规范、内容完整、描述准确一致。

（7）质量保证计划的管理：质量保证计划应按照配置管理的要求进行管理。

（8）质量保证计划的原则：质量保证计划应按照严格遵循开发计划、及时变更、审核内容全面、质保进度合理、审核可操作性强的原则制定和管理。

软件质量保证计划的依据是项目开发计划，是开展质量管理工作的依据，软件质量保证计划的落实需要项目其他计划的协调实施。

8.2.1 质量保证计划的编写要求

制订软件质量保证计划需要根据软件开发计划，详细说明与软件研制项目质量管理活动有关的各项内容，包括组织、资源、进度、规程及软件质量记录等。应在质量保证计划中确定参与项目质量保证的组织与人员、质量保证人员职责、质量保证所需要资源、质量保证计划编写所依据的标准和规范，明确开展质量保证活动包括的软件工作产品和工作过程及其审核准则，定义质量保证活动流程，确定不符合项处理及跟踪验证要求，并对软件质量保证活动的时间进行安排。

软件质量保证计划的编写应满足如下要求。

(1) 质量保证组织人员职责的说明应尽量具体，避免含混不清。

(2) 软件过程和软件产品审核活动的定义应包含其审核对象、评价时机、评价方式和必需的参与者等信息，力图清晰、明确。

(3) 一般情况下，质量保证活动的时间进度安排应明确每个质量保证活动的预计开始及结束时间，但如果针对周期短或开发进度更动变数大的项目，为了避免质量保证进度计划随着开发进度的变动而频繁更动，对质量保证活动进度的说明力度可宽泛一些。如可以每个项目阶段为节点，说明其预计开始及结束时间，并说明每个阶段应进行的所有过程评价及产品评价活动。

(4) 每个软件过程及软件产品的审核准则应尽量细化以利于质量保证人员的操作，建议以条款方式进行说明。

(5) 质量保证时间进度的安排应合理、可行。

(6) 质量保证计划的信息应与所依据的软件开发计划保持一致。

(7) 质量保证计划文档编写应规范、符合要求。

(8) 质量保证计划的编写者应与项目负责人、其他项目管理人员进行充分的沟通和协调，保证质量保证计划的有效执行。

质量保证计划是引导质量保证人员进行项目质量管理活动的依据文件，因此质量管理人员应重视该计划的编制。编制过程中应依据软件项目的开发计划，对项目过程和产品的待审核内容做到全面覆盖，不同审查对象的审查标准应尽量细化、具体，还应通过评审对计划审查内容及准则进行全面性、合理性及可操作性的审核，使质量管理人员依据此文件能够实施有效、操作性强的质量审核活动，真正起到把牢软件项目质量关口的关键作用。

8.2.2 质量保证计划的内容

质量保证计划

1 范围

1.1 标识

写明本文档的：

(1) 标识；

(2) 标题；

(3) 本文档的适用范围；

(4) 本文档的版本号。

1.2　软件概述

概述软件的下列内容：

(1) 软件的名称、版本、用途；

(2) 软件的组成、功能、性能和接口；

(3) 软件的开发和运行环境等。

1.3　文档概述

概述本文档的用途和内容。

1.4　与其他文档的关系

概述本文档与其他文档之间的关系。如与软件开发计划、配置管理计划、测量分析计划的协调性等。

2　引用文件

按文档号、标题、编写单位或作者和出版日期等，列出本文档引用的所有文件。

3　术语和定义

给出所有在本文档中出现的专用术语和缩略语的确切定义。

4　组织和资源

4.1　组织与人员

描述实施质量保证活动的组织机构及其组成人员信息，包括实施质量保证活动的组织机构、组成人员、人员的技术水平及职责，以及该组织机构与其他组织机构(如负责配置管理的组织)的关系。可以用图形的方式描述执行软件质量保证活动的组织结构以及在项目管理体系中的位置，也可以用表 1 描述组织与人员信息。

表 1　参与质保的人员及职责表

组织	人员	职称	人员职责

4.2　资源

标识和描述软件承制方用于质量保证活动的所有设施、设备和工具，包括资源名称、资源标识、数量、用途、状态，见表 2。

表 2　质保资源表

序号	资源名称	资源标识	数量	用途	状态

4.3　审核依据

说明软件开发过程应遵循的标准、规范和约定等。

5　质量保证活动

说明软件承制方进行质量保证的关键活动。如由交办方组织的各项正式评审、评价和起关键作用的会议等。

另外，还应详细描述软件质量保证活动的过程与步骤，说明质量保证活动所使用的规程，明确标识其文档编号、标题、版本号和日期。还应描述执行软件质量保证活动的记录，标识要使用的格式和要记录的信息，如评审记录的格式等。

5.1 过程评价活动

说明对软件项目活动进行评价的计划，包括评价对象、评价时机、评价方式、必须参与者等，见表 3。

过程评价应涵盖对软件生存周期过程阶段的评价和对各软件过程域的评价，见表 4。

表 3 过程评价活动

序号	评价对象	评价时机	评价方式	必需的参与者
	××阶段			

表 4 软件过程域评价活动

序号	评价对象	评价时机	评价方式	必需的参与者
	××过程			

5.2 产品评价活动

说明对软件工作产品进行评价的计划，包括评价对象、评价时机、评价方式、必须参与者等，见表 5。

表 5 软件产品评价活动

序号	评价对象	评价时机	评价方式	必需的参与者
	××产品			

5.3 问题解决

说明评价所发现的不符合项的解决规程，应说明不符合项的处理与跟踪要求。

6 质量保证进度

说明软件承制方进行质量保证活动的进度安排，可以用进度表的形式提供。该进度表要与软件开发计划协调一致。一般应在进度表中对每个质量保证活动标明其开始与完成的时间及与其他事件（如提供文档草稿）的关系；但当项目周期紧张、更动变数大时，对质量保证的进度安排可以着眼于描述项目各个组成阶段需要评价的内容，如表 6 所示。

表 6 质量保证进度表

阶段	开始日期	结束日期	过程评价	产品评价
××阶段				

附录：过程评价准则及产品评价准则

建议在附录中将项目待评价的过程及产品的审查准则分别列出。每个待评价对象下属一份准则，其准则描述应尽量细化，建议以条款方式列出。

8.2.3 质量保证计划编写示例

本节给出软件质量保证计划一些关键部分的描述示例。

8.2.3.1 示例 1 与其他文档的关系

应在与其他文档的关系中描述质量保证计划编写依据的项目计划文档，以及需要协调执行的其他计划文档。以下是与其他计划关系的示例。

1.4 与其他文档的关系

本计划依据《××系统软件开发计划》和《××系统软件研制任务书》制订，并与《××系统配置管理计划》和《××系统软件测量分析计划》协调执行。

8.2.3.2 示例 2 组织与人员

在组织与人员中描述参与质量保证活动的组织及人员信息，其中各组织描述应该全面，人员职责应尽量具体，以便各类人员明确自己的职责要求。以下是参与质保的组织与人员示例。

4.1 组织与人员

见表 1。

表 1 参与质保的人员及职责表

组织	人员	职称	人员职责
质量管理委员会	×××	所长	解决组织层和项目层不能解决的质保问题
所级质量保证组	×××	软件总师	(1) 负责项目实施过程中的质量管理咨询与指导工作； (2) 负责处理项目质量保证组不能解决的问题； (3) 负责对项目质量保证组的工作绩效进行考核与验证
软件工程过程组	×××	软件总师	负责审核项目对质保过程活动所作的剪裁和修改
	×××	研究员	
研究室	×××	副主任	解决项目层不能解决的管理问题
专业主任设计师	×××	主任	解决项目层不能解决的技术问题
项目技术主管	×××	研究员	负责协调软件工程组、软件测试组、项目配置管理组与项目质量保证组之间的各种关系
项目质量保证组	×××	工程师	(1) 策划项目的质量保证活动，编制并维护软件质量保证计划； (2) 依据软件质量保证计划实施过程和产品评价，记录质量信息； (3) 参加软件项目的评审； (4) 跟踪软件项目的不符合项，直至其关闭； (5) 提出软件过程改进的建议； (6) 向更高层管理者直至最高管理者报告质量信息； (7) 参与受控库的配置审核

续表

组织	人员	职称	人员职责
项目配置管理组	×××	工程师	配合质保人员的质量检查
软件工程组	××× ××× ××× ×××	工程师	依据软件质量管理体系提供过程跟踪和质量控制所需的信息
软件测试组	××× ××× ×××	工程师	

8.2.3.3 示例 3 资源

应在资源中标识和描述软件承制方用于质量保证活动的所有资源，包括各设施、设备和工具的信息。资源信息的描述应尽量全面、准确，以便于评估质量保证活动能否顺利开展。资源的示例如下所示。

4.2 资源

质量保证如表 2 所示。

表 2 质保资源表

序号	资源名称	资源标识	数量	用途	状态
1	质量保证微机	×××××××	1	用于质量审核、编制质量管理文档	现有，已就位
2	Word 2010	×××××××	1	用于质量审核记录、不符合项报告、质量保证报告等质量管理文档的编辑	现有，已就位
3	项目管理工具	×××××××	1	进行质量管理活动的平台，能够在其上提交各质量审查活动的进行步骤及结果，辅助生成质量管理文档	现有，已就位
……	……	……	……	……	……

8.2.3.4 示例 4 审核依据

为了避免质量评价活动的随意性，应在审核依据中明确软件开发过程应遵循的设计、编码、技术文档编制标准，以及质量管理活动所依据的质量标准。相应示例如下所示。

4.3　审核依据

本项目依据的设计标准和编码标准见《×××软件开发计划》。本项目技术文档编制标准见《×××软件工程规范》。本项目依据软件质量管理体系文件及本文档附录中的检查表开展软件质量管理活动。

8.2.3.5　示例 5 过程评价活动

应在过程评价活动中说明软件生存周期中各过程的质量评价活动的评价对象、评价时机、评价方式及必需的参与者等信息。软件过程评价活动的示例如下所示。

5.1　过程评价活动

依据《×××系统软件开发计划》确定项目的软件过程评价活动。表 3 和表 4 列出了项目质量保证组需要评价的软件过程,明确了评价对象、评价时机、评价方式和必需的参与者。

表 3　开发过程评价活动

序号	评价对象	评价时机	评价方式	必需的参与者
1	系统分析与设计阶段	系统分析与设计阶段评审之前进行评价	(1)依据《软件开发计划》及检查表进行评价活动;(2)PQA 可采用与项目技术主管及成员访谈、参与到项目活动中、检查有关的过程产品进行过程评价活动	(1)项目技术主管;(2)项目配置管理组;(3)软件测试组;(4)项目质量保证组
2	软件需求分析阶段	软件需求分析阶段评审之前进行评价		(1)项目技术主管;(2)项目配置管理组;(3)软件测试组;(4)项目质量保证组
3	软件设计与实现阶段	软件设计与实现阶段评审之前进行评价		(1)项目技术主管;(2)项目配置管理组;(3)项目质量保证组
4	软件测试阶段	软件测试阶段评审之前进行评价		(1)项目技术主管;(2)软件工程组;(3)项目配置管理组;(4)软件测试组;(5)项目质量保证组
5	软件验收与移交阶段	软件验收与移交阶段评审之前进行评价		(1)项目技术主管;(2)项目配置管理组;(3)项目质量保证组

表 4　其他软件过程评价活动

序号	评价对象	评价时机	评价方式	必需的参与者
1	软件项目管理过程	每两周实施一次评价	依据软件项目管理过程检查表进行评价	(1)项目技术主管;(2)项目质量保证组;(3)项目配置管理组

续表

序号	评价对象	评价时机	评价方式	必需的参与者
2	需求管理过程	以两周为周期，有需求管理活动发生就评价	依据需求管理过程检查表进行评价	(1) 项目技术主管； (2) 项目质量保证组； (3) 项目配置管理组
3	配置管理过程	以两周为周期，有配置管理活动发生就评价	依据配置管理过程检查表进行评价	(1) 项目配置管理组； (2) 项目质量保证组
4	测量与分析过程	每两周实施一次评价	依据测量与分析过程检查表进行评价	(1) 项目技术主管； (2) 项目质量保证组； (3) 项目配置管理组
5	决策分析与决定过程	以两周为周期，有决策分析与决定活动发生就评价	依据决策分析与决定过程检查表进行评价	(1) 项目技术主管； (2) 项目质量保证组； (3) 项目配置管理组

8.2.3.6 示例 6 产品评价活动

应在产品评价活动中说明需要进行质量评价的各软件产品及其评价时机、评价方式及必需的参与者等信息。软件产品应罗列全面，避免缺漏。

软件产品评价活动的示例如下所示。

5.2 产品评价活动

依据《×××系统软件开发计划》确定项目的软件产品评价活动。表 5 列出了软件项目质量保证组需要评价的软件产品，明确了评价对象、评价时机、评价方式和必需的参与者。

表 5 软件产品评价活动

序号	评价对象	评价时机	评价方式	必需的参与者
1	软件系统设计说明	(1) 产品完成通知； (2) 产品发生更动	依据软件系统设计说明检查单进行评价	×××
2	软件开发计划		依据软件开发计划检查单进行评价	×××
3	软件配置管理计划		依据软件配置管理计划检查单进行评价	×××
4	软件测量分析计划		依据软件测量分析计划检查单进行评价	×××
5	软件系统测试计划		依据软件系统测试计划检查单进行评价	×××
6	软件需求规格说明		依据软件需求规格说明检查单进行评价	×××
7	软件配置项测试计划		依据软件配置项测试计划检查单进行评价	×××
8	软件设计说明		依据软件设计说明检查单进行评价	×××

续表

序号	评价对象	评价时机	评价方式	必需的参与者
9	软件源代码	(1) 每个软件开发人员的第一个软件单元代码产品完成时； (2) 所有软件代码完成时	依据产品评价中对代码检查要求，对软件代码进行抽样评价	×××、××
10	软件单元测试方案	(1) 产品完成通知； (2) 产品发生更动	依据单元测试方案检查单进行评价	×××、××
11	软件单元测试记录		依据软件测试记录检查单进行评价	
12	软件单元测试报告		依据软件测试报告检查单进行评价	
13	软件单元问题报告		依据软件问题报告检查单进行评价	
14	软件单元回归测试方案		依据软件回归测试方案检查单进行评价	
15	软件单元回归测试记录		依据软件回归测试记录检查单进行评价	
16	软件用户手册		依据软件用户手册检查单进行评价	×××
17	软件配置项测试说明		依据软件配置项测试说明检查单进行评价	×××、××
18	软件配置项测试记录		依据软件测试记录检查单进行评价	
19	软件配置项测试报告		依据软件测试报告检查单进行评价	
20	软件配置项回归测试方案		依据软件回归测试方案检查单进行评价	
21	软件配置项回归测试记录		依据软件测试记录检查单进行评价	
22	软件配置项问题报告		依据软件问题报告检查单进行评价	
23	软件系统测试说明		依据软件系统测试说明检查单进行评价	×××
24	软件系统测试记录		依据软件测试记录检查单进行评价	
25	软件系统测试报告		依据软件测试报告检查单进行评价	
26	软件系统问题报告		依据软件问题报告检查单进行评价	
27	软件系统回归测试方案		依据软件回归测试方案检查单进行评价	

续表

序号	评价对象	评价时机	评价方式	必需的参与者
28	软件系统回归测试记录	(1) 产品完成通知； (2) 产品发生更动	依据软件测试记录检查单进行评价	×××
29	研制总结报告		依据软件研制总结报告检查单进行评价	

8.2.3.7 示例7 质量保证进度

通常应在质量保证进度中说明各质量评价活动的开始及结束时间。但当项目周期紧张、更动变数大时，质量保证的进度安排可以着眼于描述项目各个阶段需要评价的活动内容，如下示例所示。这样做的目的是让质量评价人员对项目各个阶段进展过程中需要进行的过程评价、产品评价内容做到心中有数，但不再预先安排某一项评价活动的具体时间，以避免更动变数大而带来的计划的无效性。

6 质量保证进度

根据软件开发计划各开发阶段的时间安排，该项目的质量保证进度计划见表6。

表6 质量保证进度表

阶段	开始日期	结束日期	过程评价	产品评价
系统分析与设计阶段	2013-09-16	2013-09-30	系统分析与设计阶段、软件项目管理过程、需求管理过程、配置管理过程、测量分析过程、决策分析与决定过程、供方协议管理过程。将按照软件过程评价活动表中的各过程评价时机进行评价	软件系统设计说明、软件开发计划、软件配置管理计划、软件测量分析计划、软件系统测试计划。将按照软件产品评价活动表中的各产品评价时机进行评价
软件需求分析阶段	2013-11-01	2013-11-15	软件需求分析阶段、软件项目管理过程、需求管理过程、配置管理过程、测量分析过程、决策分析与决定过程。将按照软件过程评价活动表中的各过程评价时机进行评价	软件需求规格说明、软件配置项测试计划。将按照软件产品评价活动表中的各产品评价时机进行评价
软件设计与实现阶段	2013-11-16	2014-03-14	软件设计与实现阶段、软件工程过程、软件项目管理过程、需求管理过程、配置管理过程、测量分析过程、决策分析与决定过程。将按照软件过程评价活动表中的各过程评价时机进行评价	软件设计说明、软件单元测试方案、软件单元测试记录、软件单元测试问题报告(如果单元测试提交问题)、软件单元测试报告、软件用户手册、软件编码，如果单元测试有回归发生，还需要评价软件单元回归测试方案、软件单元回归测试记录。将按照软件产品评价活动表中的各产品评价时机进行评价

续表

阶段	开始日期	结束日期	过程评价	产品评价
软件测试阶段	2014-03-15	2014-04-23	软件测试阶段、软件项目管理过程、需求管理过程、配置管理过程、测量分析过程、决策分析与决定过程。将按照软件过程评价活动表中的各过程评价时机进行评价	软件配置项测试说明、软件配置项测试记录、软件配置项测试报告、软件配置项问题报告(如果配置项测试提交问题),配置项测试如果有回归发生,还需要评价配置项测试的软件回归测试方案、软件回归测试记录; 软件系统测试说明、软件系统测试报告、软件系统测试记录、软件系统问题报告(如果系统测试提交问题),系统测试如果有回归发生,还需要评价系统测试的软件回归测试方案、软件回归测试记录。将按照软件产品评价活动表中的各产品评价时机进行评价
软件验收与移交阶段	2014-04-24	2014-04-30	软件验收与移交阶段、软件项目管理过程、需求管理过程、配置管理过程、测量分析过程、决策分析与决定过程。将按照软件过程评价活动表中的各过程评价时机进行评价	研制总结报告,将按照软件产品评价活动表中的产品评价时机进行评价

8.2.3.8　示例 8 过程检查准则

各个过程都应有自己的审核准则,审核准则应当尽量具体、可操作。

下面是配置管理过程的审核准则示例。

(1) 配置管理人员是否接受过有关知识技能的培训;
(2) 配置管理的硬件环境、软件环境是否能正常运行;
(3) 受控库是否按软件配置管理计划中规定的时机进行了备份;
(4) 开展配置管理是否使用了工具,配置管理工具是否能正常运行;
(5) 是否编写了软件配置管理计划,并对其进行了评审;
(6) 是否按照评审意见对计划进行了调整,修改了软件配置管理计划;
(7) 软件配置管理计划是否得到相关方的承诺;
(8) 软件配置管理计划是否纳入配置管理;
(9) 软件配置管理计划基线划分是否跟软件开发计划一致;
(10) 基线的变更是否受控,并符合《更动控制规程》;
(11) 基线发布的内容是否与配置管理计划中基线生成计划中的内容一致;

(12) 基线发布是否走正式流程，是否有基线发布表；
(13) 是否生成配置管理状态报告；
(14) 变更请求是否与最终修改的工作产品保持一致；
(15) 根据配置审核检查单检查配置项是否正确和完整；
(16) 库中配置项和基线内容是否与软件配置管理计划一致；
(17) 是否进行了配置审计，所有配置审计发现的不一致都被记录。

8.2.3.9 示例9 产品检查准则

下面是软件需求规格说明（含接口需求规格说明）的审核准则示例。

(1) 是否描述了引用文件，包括引用文档/文件的文档号、标题、编写单位/或作者和日期等；
(2) 是否给出了所有在本文档中出现的专用术语和缩略语定义；
(3) 是否以软件配置项为单位进行软件需求分析；
(4) 是否描述了软件需求分析方法；
(5) 是否总体概述了每个软件配置项应满足的功能需求和接口关系；
(6) 是否描述了由待开发软件实现的外部接口，所描述的接口信息是否全面、符合要求；
(7) 是否描述了由待开发软件实现的功能，所描述的功能信息是否全面（如业务规则、处理流程、数学模型、容错处理要求、异常处理要求等）、符合要求；
(8) 是否描述各个软件配置项的性能需求；
(9) 是否描述了软件的安全性、可靠性、易用性、可移植性、维护性需求等其他要求；
(10) 是否用名称和项目唯一标识号标识每个内部接口，描述在该接口上将要传递的信息的摘要；
(11) 是否用名称和项目唯一标识号标识软件配置项的数据元素，说明数据元素的测量单位、极限值/值域、精度/分辨率、来源/目的（对外部接口的数据元素，可引用详细描述该接口的接口需求规格说明或相关文档）；
(12) 是否描述了各个软件配置项的设计约束；
(13) 是否说明在将开发完成了的软件配置项安装到目标系统上时，为使其适应现场独特的条件和/或系统环境的改变而提出的各种需求；
(14) 是否描述运行环境要求，包括运行软件所需要的设备能力、软件运行所需要的支持软件环境；
(15) 是否说明用于审查软件配置项满足需求的方法，标识和描述专门用于合格性审查的工具、技术、过程、设施和验收限制等；
(16) 是否说明要交付的软件配置项介质的类型和特性；
(17) 是否描述软件配置项维护保障需求；
(18) 是否描述本文档中的工程需求与《软件系统设计说明》和（或）《软件研制任务书》中的软件配置项的需求的双向追踪关系；
(19) 文档是否与依从的标准一致并完备；
(20) 文档是否编制规范，其内容是否与相应文档模板一致并完备；
(21) 文档是否与相关文档的内容一致（如软件需求规格说明应与软件研制任务书保持一致）。

8.2.4　质量保证计划的常见问题

在制订软件质量保证计划中常见的问题如下。

(1) 缺少软件开发过程中应遵循的标准、规范和约定等信息，如缺少依据的设计标准、编码标准、技术文档编制标准等。

(2) 对质量保证人员的职责描述笼统，不利于相应人员明确自身责任并开展工作。

(3) 过程审核及产品审核的待审核项必须参与者信息不全面，不利于质量保证实施过程中的及时协调，且一旦发现不符合项无法及时通报到相关人员，影响审核的效果。

(4) 缺少不符合项的处理流程说明，对发生不符合项后的处理和解决跟踪流程及要求没有详细说明。

(5) 质量保证活动的信息与软件开发计划不一致。在制订质量保证计划时，由于没有对照开发计划中的相应信息，容易造成待审核活动及产品、审核时间安排与开发计划有关内容不一致的现象。

(6) 未详细说明质量保证工作产生的文档产品及记录的内容要求，不利于质量保证工作的高标准开展。

(7) 审核产品和活动的准则笼统，不全面、不具体，不利于质量保证人员的审核操作，且容易漏掉重要的审核环节，影响审核效果。

(8) 产品和活动的审核准则未经过评审，随意性强，不利于审核结论的客观得出。

8.3　软件测试项目配置管理计划

随着软件技术的不断更新、软件系统功能的日趋复杂、参与人员数量的大规模增加，很多软件组织在日常的开发工作中都会或多或少地遇到如下问题。

(1) 组织的知识和过程财富流失。现代社会竞争激烈，人员流动频繁，如果没有必要的配置管理和工具，大量文档和代码等知识财富将缺乏统一管理，可能被随意地保存在项目经理和软件工程师各自的机器里，而这往往会导致其因为硬盘的故障或人员的离职而永远消失，软件组织的数字财富也因此由于缺乏必要的配置管理而白白流失。

(2) 软件复用率低下。软件复用是提高软件产品生产效率和质量的重要手段。软件产品是一个软件研制机构的宝贵财富，代码的可重用性是相当高的，如何建好知识库，用好知识库将对软件研制机构优质、高效地开发产品产生重大的影响。如果没有良好的配置管理，软件复用的效率将大打折扣，例如，对于复用的代码进行了必要的修改或改进，却只能通过手工的方式将发生的变更传递给所有复用该软件的项目，效率如何可想而知。另外，由于缺乏进行沟通的必要手段，从而导致开发人员各自为政，编写出的代码不仅风格迥异，编码和设计脱节，而且数量巨大、重复、难以维护。

(3) 对软件版本的发布缺乏有效的管理。因为缺乏有效的管理手段，因此往往在产品发布时无法确定该版本所有的组件，或者向用户提供了错误的版本。对于特定客户出现的问题，无法重现其使用的版本，只能到用户现场才能进行相应的调试工作。由于应用软件的特点，不同的客户会有不同的要求，开发人员要保持多份不同的拷贝，即使是相同的问题，但由于在不同地方被提出，由不同人解决，其做法也不尽相同，从而造成程序的可维护性越来越差。这些都会延长实施的周期，同时意味着人力物力的浪费。

(4) 缺乏历史数据的积累，没有软件开发的历史数据。缺乏软件开发的历史数据是大多数软件项目失败的关键所在，这样的结论也许使很多人感到吃惊，但事实就是如此。因为软件开发的历史数据是反映软件开发队伍能力的标尺，没有了这个标尺，就无法对软件的开发过程有一个清醒的认识。而良好的配置管理正是收集软件开发历史数据的重要来源。

(5) 无法有效地管理和跟踪变更。毫不夸张地说，对软件开发项目而言，变化是"持续的、永恒的"，找不到不变化的项目。需求会变，技术会变，系统架构会变，代码会变，甚至连环境都会变，所有的变化最终都要反映到项目产品中。如何应对这些变化，如何在受控的方式下引入变更，如何监控变更的执行，如何检验变更的结果，如何最终确认并固化变更，如何使变更具有追溯性，这一系列问题都将直接影响项目的进行。没有配置管理将无法对软件的变更进行有效的记录、跟踪和控制。

综上所述，制订软件配置管理计划，并按计划有效实施是保证项目的稳定性，减少项目混乱的必要措施。

软件配置管理计划应尽早按照软件研制要求、软件开发计划制订。制订软件配置管理计划的工作内容包括：

(1) 提出配置管理组织、人员和资源安排；
(2) 标识配置管理项；
(3) 定义基线；
(4) 制定配置控制规程；
(5) 明确配置状态报告的要求；
(6) 制定配置审核的活动安排；
(7) 说明软件发行和交付的要求；
(8) 如果有供方，还应说明对供方的配置管理；
(9) 根据软件开发计划制订配置管理活动进度计划安排；
(10) 提出配置管理库的安全性要求。

软件配置管理计划使用人员几乎涉及所有与软件开发活动相关的技术人员、质量保证人员和管理人员。

为了保证软件配置管理计划的有效落实，需要在完成计划编写后对其进行评审，以保证软件配置管理计划与软件开发计划、质量保证计划、测试计划、验收交付计划、供方协议管理计划等保持一致。

8.3.1 软件配置管理计划编写要求

本文档是开展软件配置管理活动的计划，详细说明了与本项目相关的配置管理的各项内容，包括明确从事配置管理活动的人员、使用的工具、基线的设置和活动安排、记录的收集维护和保存、配置管理库的安全性要求等。

软件配置管理计划应满足如下要求：

（1）应明确说明软件配置管理的组织与成员，并规定每个成员的职责与权限；

（2）应明确提出软件配置管理所需的资源保障条件，包括硬件资源、软件资源和工具等；

（3）应完整标识需要管理的软件配置管理项，并按照相关要求分配唯一标识；

（4）应明确定义软件项目的基线和基线工作产品，并明确规定各个基线的建立时间；

（5）应明确定义配置管理库的管理要求；

（6）应具体说明配置状态报告的要求；

（7）应详细说明配置审核的具体要求；

（8）如果有供方，还应详细说明对供方的配置管理要求；

（9）软件配置管理活动进度计划安排应明确、具体；

（10）软件配置管理库的安全性要求应具有可操作性。

8.3.2 软件配置管理计划内容

软件配置管理计划的编写内容如下所示。

软件配置管理计划

1 范围

1.1 标识

写明本文档的：

（1）标识；

（2）标题；

（3）本文档的适用范围；

（4）本文档的版本号。

1.2 系统概述

概述本文档所适用的系统和（或）CSCI的用途、主要功能、性能、接口，运行环境要求等，并说明软件的需方、用户、开发方和维护保障机构等。

1.3 文档概述

说明编写本文档的依据，并概述本文档的用途和内容。另外，还应说明该文档在保密性方面的要求。

1.4 与其他文档的关系

概述本文档与其他文档之间的关系。

2 引用文档

应按标题和标识列出本文档引用的所有文档，并说明每一文档的版本、编写单位和发布日期，见表1。

表1 引用文档表

序号	引用文档标题	引用文档标识	文档版本	编写单位	发布日期

3 术语和定义

给出所有在本文档中出现的专用术语和缩略语的确切定义，见表2。

表2 术语和缩略语表

序号	术语和缩略语名称	术语和缩略语说明

4 组织与资源

4.1 组织机构

描述软件配置管理的组织机构，包括每个组织的权限和责任及该组织与其他组织的关系。可以用图表的方式描述执行软件配置管理活动的组织结构及在项目管理体系中的位置。

4.2 人员

描述用于配置管理的人员、人员的技术水平及在配置管理组织中的角色。

4.3 资源

描述用于软件配置管理的所有资源。

5 软件配置管理活动

描述配置标识、配置控制、配置状态记录与报告，以及配置审核等方面的软件配置管理活动。

5.1 基线划分与配置标识

详细说明软件的配置基线。软件生存周期中，至少应有3个基线，即功能基线、分配基线和产品基线。对于每个基线，应描述下列内容：

(1) 每个基线应交付的配置管理项（包括文档、程序和数据等）；

(2) 对每个基线应交付的配置管理项进行标识，如配置管理项名称、标识、受控时间等。

5.2 配置控制

描述软件生存周期各个阶段都适用的配置控制方法，包括以下4点。

(1) 在本计划所描述的软件生存周期各个阶段使用的更改批准权限的级别。

(2) 对已有配置管理项的更改申请进行处理的方法，其中包括：

① 详细说明在本计划描述的软件生存周期各个阶段提出更改申请的规程；

② 描述实现已批准的更改申请，如源代码、文档等的修改的方法；

③ 描述软件配置管理库控制的规程，其中包括如库存软件控制、对于使用基线的读写保护、成员保护、成员标识、档案维护、修改历史及故障恢复等规程；

④ 描述配置管理项和基线变更、发布的规程及相应的批准权限。

(3) 当与不属于本软件配置管理计划适用范围的软件和项目存在接口时，应描述对其进行配置控制的方法。如果这些软件的更改需要其他机构在配置管理组评审之前或之后进行评审，则应描述这些机构的组成、它们与配置管理组的关系及它们相互之间的关系。

(4) 与特殊产品（如非交付的软件、现有软件、用户提供的软件和内部支持软件）有关的配置控制规程。

5.3 配置状态报告

配置状态报告包括如下内容：

(1) 指明怎样收集、验证、存储、处理和报告配置管理项的状态变更信息；

(2) 详细说明要定期提供的报告及其分发方法；

(3) 如果提供动态查询，则要说明所提供的动态查询的能力；

(4) 如果要求记录用户指定的特殊项目的状态时，则要描述其实现手段。

在配置状态记录和报告中，对于每一个变更记录，至少应包括下述信息：

(1) 发生状态变更的配置管理项；

(2) 发生的变更及变化的原因；

(3) 谁在什么时候实施了该项变更；

(4) 该项变更可能的影响范围。

5.4　配置审核

配置审核应包括如下内容：

(1) 说明软件生存周期内的特定时间点上要执行的配置审核工作；

(2) 规定每次配置审核所包含的配置管理项和检查内容；

(3) 说明配置审核所发现问题的处理规程。

5.5　软件发行和交付

(1) 控制有关软件发行管理和交付的规程和方法；

(2) 确保软件配置管理项完整性的规程和方法；

(3) 确保一致且完整地复制软件产品的规程和方法；

(4) 按规定要求进行交付的规程和方法。

6　对供方的管理

说明对供方工作产品实施的配置管理的规程，还应说明评价供方软件配置管理能力的方法及监督其执行本计划的方法。

7　进度计划

说明配置管理活动的进度计划。

8　配置管理库的安全性要求

指明在软件生存周期过程中，对配置管理库的安全保密性和可靠性所采取的措施，还应包括配置管理库的备份方式、频度、责任人等。

8.3.3　软件配置管理计划示例

本节给出软件配置管理计划一些关键部分的示例。

8.3.3.1　示例 1 基线划分与配置标识

基线划分与配置标识应定义项目基线，一般至少包括 3 个基线：功能基线、分配基线和产品基线。每个基线应描述其名称、标识、版本、计划发布时间，以及其包含的配置管理项。在划分基线时有阶段式和连续式两种方式：阶段式，即基线只包含本阶段产生的配置管理项(configuration management items，CMI)，基线之间一般不重复，任一 CMI 变更时，根据影响域分析重新发布所有受影响的基线；连续式，即后面阶段的基线可以包含部分或全部包含前面阶段基线的 CMI，当 CMI 变更时，受影响 CMI 在后阶段基线中都能找到，这时只重新发布后阶段基线即可。

每个 CMI 的标识应包括名称、标识、版本和受控时间等。基线划分与配置标识的示例如下所示。

5.1 基线划分与配置项标识

5.1.1 基线划分

本项目受控库的基线划分及配置管理项的标识见表 3。流水号定义为 3 位数字，其首次编号为 001。

表 3 CMI 标识和基线划分

基线名称	基线标识	计划发布时间	基线 CMI
功能基线	YCPT _ RTS/Baseline _ AR/版本	2013-09-30	关于远程测试系统软件研制需求的沟通纪要
			任务远程支持平台远程测试系统·软件系统设计说明
			任务远程支持平台远程测试系统·软件研制任务书
分配基线	YCPT _ RTS/Baseline _ RS/版本	2013-11-15	任务远程支持平台远程测试系统遥控数据仿真软件·软件需求规格说明
产品基线	YCPT _ RTS/Baseline _ PB/版本	2014-04-30	任务远程支持平台远程测试系统·软件开发计划
			任务远程支持平台远程测试系统·软件质量保证计划
			任务远程支持平台远程测试系统·软件配置管理计划
			任务远程支持平台远程测试系统·软件测量与分析计划
			任务远程支持平台远程测试系统·软件系统测试计划
			任务远程支持平台远程测试系统·软件系统设计说明
			任务远程支持平台远程测试系统遥控数据仿真软件·软件需求规格说明
			任务远程支持平台远程测试系统遥控数据仿真软件·软件配置项测试计划
			任务远程支持平台远程测试系统遥控数据仿真软件·软件设计说明
			任务远程支持平台远程测试系统遥控数据仿真软件·软件单元测试方案
			任务远程支持平台远程测试系统遥控数据仿真软件·软件单元测试记录
			任务远程支持平台远程测试系统遥控数据仿真软件·软件单元测试问题报告
			任务远程支持平台远程测试系统遥控数据仿真软件·软件单元回归测试方案
			任务远程支持平台远程测试系统遥控数据仿真软件·软件单元回归测试记录
			任务远程支持平台远程测试系统遥控数据仿真软件·软件单元测试报告
			任务远程支持平台远程测试系统遥控数据仿真软件·软件源码

续表

基线名称	基线标识	计划发布时间	基线 CMI
产品基线	YCPT _ RTS/Baseline _ PB/版本	2014-04-30	任务远程支持平台远程测试系统遥控数据仿真软件·软件可执行程序
			任务远程支持平台远程测试系统遥控数据仿真软件·软件用户手册
			任务远程支持平台远程测试系统遥控数据仿真软件·软件配置项测试说明
			任务远程支持平台远程测试系统遥控数据仿真软件·软件配置项测试记录
			任务远程支持平台远程测试系统遥控数据仿真软件·软件配置项测试问题报告
			任务远程支持平台远程测试系统遥控数据仿真软件·软件配置项回归测试方案
			任务远程支持平台远程测试系统遥控数据仿真软件·软件配置项回归测试记录
			任务远程支持平台远程测试系统遥控数据仿真软件·软件配置项测试报告
			任务远程支持平台远程测试系统·软件系统测试说明
			任务远程支持平台远程测试系统·软件系统测试记录
			任务远程支持平台远程测试系统·软件系统测试问题报告
			任务远程支持平台远程测试系统·软件系统回归测试方案
			任务远程支持平台远程测试系统·软件系统回归测试记录
			任务远程支持平台远程测试系统·系统测试报告
			任务远程支持平台远程测试系统·软件研制总结报告

开发库中配置管理项包括表 3 中的工作产品外，还包括表 4 所有记录。

表 4　开发库中记录的标识

项目管理记录	培训记录表	YCPT_RTS/REC_TTR/流水号	相应活动完成后两天内
	会议纪要	YCPT_RTS/REC_MEET/流水号	
	需求更改申请/确认表	YCPT_RTS/REC_ReqM_CRV/流水号	
	需求状态跟踪表	YCPT_RTS/REC_ReqM_ST/流水号	
	规模估计表	YCPT_RTS/REC_PP_PET/流水号	
	进度计划表	YCPT_RTS/REC_PP_PPT/流水号	
	工作量估计表	YCPT_RTS/REC_PP_WET /流水号	
	例会记录表	YCPT_RTS/REC_PMC_MR/流水号	

续表

项目管理记录	问题跟踪表	YCPT_RTS/REC_PMC_TR/流水号
	问题报告与处置表	YCPT_RTS/REC_PMC_PPRD/流水号
	项目阶段/里程碑跟踪报告	YCPT_RTS/REC_PMC_PWR/流水号
支持过程记录	不符合项报告与处置表	YCPT_RTS/REC_QA_NRP/流水号
	质量保证报告	YCPT_RTS/REC_QA_QR/流水号
	评价报告	YCPT_RTS/REC_QA_ER/流水号
	问题上报表	YCPT_RTS/REC_QA_PR/流水号
	记录登记表	YCPT_RTS/REC_CM_IREC/流水号
	入库申请表	YCPT_RTS/REC_CM_In/流水号
	出库申请表	YCPT_RTS/REC_CM_Out/流水号
	配置审核检查表	YCPT_RTS/REC_CM_BACT/流水号
	配置审核报告表	YCPT_RTS/REC_CM_BAR/流水号
	配置管理状态报告	YCPT_RTS/REC_CM_CMSR/流水号
	基线发布表	YCPT_RTS/REC_CM_BLR/流水号
	更动申请报告表	YCPT_RTS/REC_CM_CRR/流水号
	更动追踪表	YCPT_RTS/REC_CM_CT/流水号
	记录借阅登记表	YCPT_RTS/REC_CM_OREC/流水号
	决策分析与决定报告	YCPT_RTS/REC_DAR_REP/流水号
软件评审记录	评审意见表(附检查单、评审问题记录表、评审委员会成员登记表、会议代表签到表)	YCPT_RTS/REC_SR_RR/流水号
其他记录	项目过程中或外部输入的其他记录	YCPT_RTS/REC_OTHER

5.1.2 配置管理项版本标识

1) 开发库

开发库版本标识采用 0.A 的形式标识，其中 0 表示版本号，A 表示修订号，修订号位数根据实际需要确定。具体说明如下：

(1) 以修订号为 1 位为例，初始版本为 0.0；

(2) 修改时，版本号不变，修订号加 1。

2) 受控库

受控库 CMI 及基线版本标识采用 X.Y 的形式标识，其中 X 表示版本号，Y 表示修订号，修订号位数为 1 位。具体说明如下：

(1) 初始版本为 1.0；

(2) 发生局部修改或错误改正时，版本号不变，修订号加 1；

(3) 发生重大变化或者修订号累积超出范围等情况下，版本号加 1，修订号变为 0。

3）产品库

产品库版本标识采用 X.Y 的形式标识，其中 X 表示版本号，Y 表示修订号，修订号位数为 1 位。具体说明如下：

（1）初始版本为 1.0；

（2）当产品发生小的变化时，版本号不变，修订号加 1；

（3）在产品发生重大变化或者修订号累积超出范围等情况下，版本号加 1，修订号变为 0。

8.3.3.2　示例 2 配置控制

配置控制是软件配置管理的核心工作。因此，在软件配置管理计划中应明确配置控制的策略与方法。应说明开发库、受控库和产品库的出入库管理规程，以及当配置管理项发生变更时，对开发库、受控库和产品库的变更控制规程。配置控制的示例如下所示。

5.2.1　出入库管理

5.2.1.1　开发库管理

开发库由项目技术主管负责管理。项目技术主管为每个项目成员分配操作权限。一般地，项目成员拥有增加、检入、检出、下载等权限，但是不能拥有“删除”权限；项目技术主管拥有所有权限。项目技术主管可根据选择的工具灵活掌握，但必须进行版本控制。

开发库产品在提交评审时，开发库被锁定，送审产品不能进行修改。

开发库的 CMI 经过内审且评审问题已关闭后，文档类 CMI 按照质量管理体系文件《文件管理程序》进行技术文件呈报，呈报获得批准后，该 CMI 初始入受控库。

5.2.1.2　受控库管理

受控库由项目配置管理组进行管理。受控库 CMI 分为基线产品、非基线产品（各类计划）和记录等。记录按照《记录管理规程》进行管理，基线产品和非基线产品按以下规程进行管理。

1）入库

（1）申请人填写《入库申请单》；

（2）项目 CCB 审批《入库申请单》；

（3）项目 CMG 依据批准的《入库申请单》，按照检查单上规定的内容对 CMI 进行检查，确认合格后将 CMI 入库，不合格者予以拒绝；

（4）更动入库的 CMI 关闭其更动状态，更新版本。

2）出库

（1）申请人填写《出库申请单》；

（2）项目 CCB 审批《出库申请单》；

（3）项目 CMG 依据批准的《出库申请单》或《更动申请报告表》将 CMI 出库；

（4）对于更动出库的 CMI，将其标识为更动状态。

5.2.1.3　产品库管理

当受控库发布产品基线后，项目技术主管填写《入库申请表》，将发布的产品及受控库中的所有 CMI 纳入产品库。产品库由所级 CMG 按《文件管理程序》进行管理。

向用户交付产品时，由申请人提交出库申请表，将相应的产品进行出库。

1）入库

（1）项目技术主管填写产品《入库申请单》；

(2) 项目 CCB、所级 CCB 主任(副主任)逐级审批《入库申请表》;

(3) 所级 CMG 依据批准的《入库申请单》操作入库。

2) 出库

(1) 申请人填写产品《出库申请单》;

(2) 项目 CCB、所级 CCB 主任(副主任)逐级审批《出库申请表》;

(3) 所级 CMG 按照已批准的《出库申请单》操作出库。

5.2.2 变更控制

5.2.2.1 开发库变更控制

项目成员根据项目技术主管赋予的检入、检出权限进行开发库产品变更。

5.2.2.2 受控库变更控制

1) 提出更动申请

由发起者提出更动申请,申请中应包括更动方案(包括验证与确认方案)、影响域分析、更动负责人、预期完成时间等,填写《更动申请报告表》。

2) 评估更动申请

项目技术主管负责组织相关人员对更动进行评估,给出评估意见。评估一般包括以下内容:

(1) 对项目进度的影响;

(2) 对工作量的影响;

(3) 对系统的影响;

(4) 对其他配置管理项的影响;

(5) 对测试的影响;

(6) 对资源和培训的影响;

(7) 对开发工具的影响;

(8) 对接口的影响;

(9) 对利益相关方的影响。

3) 审批更动申请

(1) 对于受控库中 CMI 的更动,项目 CCB 负责组织相关人员对更动进行评审,给出审批意见;

(2) 涉及对外承诺的更动(如需求更改、交付时间变更等),需所级 CCB 审批。

4) 实施更动

(1) 审批结论为“同意”时:

① 项目 CMG 根据《更动申请报告表》及该 CMI 配置管理状态,将相应的 CMI 更动出库,同时将该 CMI 置为“更动中”,如果该 CMI 已为“更动中”,不允许再次更动出库;

② 更动负责人根据《更动申请报告表》中的更改方案组织相关人员实施更动并验证与确认;

③ 验证确认通过后的 CMI 按照《配置库管理规程》入受控库,同时将该 CMI 置为“更动完成”,如果是基线产品,重新发布基线。

(2) 审批结论为“拒绝”时,项目 CMG 根据《更动申请报告表》将更动关闭。

5) 更动追踪

项目 CMG 接收到《更动申请报告表》后,填写《更动追踪表》,每两周更新表中该 CMI 的状态,直至更动关闭。

5.2.2.3 产品库变更控制

需要对产品库中的产品进行更动时,申请人按照 5.3.1.3 节将该产品从产品库出库,导入受控库后再实施更动。

8.3.3.3　示例 3 配置状态报告

配置状态报告是及时准确反映配置管理项技术状态的记录，因此在配置管理计划中应明确配置状态报告的要求。配置管理计划中配置状态报告的示例如下。

5.3　配置状态报告

配置管理采用工具进行管理，其状态信息可通过工具进行管理和查询等。另外，要求配置管理员在阶段结束后编写《配置管理状态报告》或者按项目要求随时提供《配置管理状态报告》，并将配置管理状态通报软件工程组、软件测试组、项目质量保证组、项目 CCB 等。配置状态报告的模板如下所示。

配置状态报告

1　基线及阶段状态

项目当前的基线及基线阶段状态见表 5。

表 5　基线及阶段状态表

基线名称	阶段	阶段状态	到达时间	包含 CMI	版本	CMI 状态

项目配置管理库中各个配置管理项的版本情况见表 6。

表 6　配置管理项版本及状态表

CMI 名称	标识	版本	前向版本	状态

各个配置管理项的出入库记录见表 7。

表 7　配置管理项出入库记录表

CMI 名称	版本	配置活动	实施时间

2　变更状态

2.1　问题报告

项目实施中提交的问题报告情况见表 8。

表 8　问题报告统计表

问题标识	问题类型	问题级别	报告人	报告时间	状态	对应的更动标识

2.2　更动申请

项目实施中提交的更动申请情况见表 9。

表 9　更动申请报告统计表

更动标识	更动类型	预期完成时间	实际完成时间	状态	负责人

2.3 更动追踪

项目实施中产生的变更过程见表10。

表10 更动过程追踪表

更动申请标识	配置管理项	更动前版本	出库时间	更动后版本	入库时间

3 配置审核结果

配置管理审核结果见表11。

表11 配置审核记录表

配置审核报告标识	审核日期	审核组长	审核结果	备注

8.3.3.4 示例4配置审核

配置审核是保证配置完整、正确的重要手段，因此在制订软件配置管理计划时应明确配置审核的具体要求，包括审核时机和审核项。配置审核示例如下。

5.4 配置审核

1) 项目CMG在CMI入库时根据入库申请单上规定的检查内容进行入库检查，检查的具体内容如下：

(1) 入库介质是否完好，是否经过防病毒处理；

(2) 入库申请的配置管理项与实际入库配置管理项是否一致；

(3) 初始入库的配置管理项是否经过评审且评审问题已关闭；

(4) 更动入库配置管理项与申请更动配置管理项是否一致；

(5) 更动入库配置管理项的更动位置与实际更动是否一致(不多也不少)；

(6) 更动入库配置管理项是否经过验证与确认。

2) 项目CCB组织项目QAG和项目CMG在基线发布前对配置管理对象和配置管理活动实施审核。审核的内容如下：

(1) 配置管理项的标识是否与计划一致；

(2) 配置管理项是否均已按照配置管理计划要求放入适当级别的配置管理库；

(3) 需要的配置管理项能否在受控库中找到；

(4) 基线设置与计划是否一致；

(5) 发布基线的CMI是否完整；

(6) 受控库中的配置管理项是否全部符合配置管理计划规定的入库条件；

(7) 配置管理记录是否完整，与实际操作一致；

(8) 受控库是否按计划做了备份，备份是否可恢复；

(9) 基线中各配置管理项是否经过评审，问题是否归零；

(10) 功能配置管理项的操作支持文档是否完备；

(11) 组成基线的配置管理项的入库审批手续是否完备；

(12) 基线的变更是否遵循变更控制规程；
(13) 基线变更的配置管理项是否经过了验证，是否有明确的责任人和验证人。

8.3.4　软件配置管理计划常见问题

软件配置管理计划是实施软件配置管理的依据，因此，其与其他计划的协调一致性、可操作性等需要重点关注。软件配置管理计划中常见问题如下。

(1) 软件配置项识别不完整或与相关文件定义不一致。配置管理项标识时，应根据软件研制任务要求、软件开发计划和质量体系文件等对相关工作产品的要求进行，避免应该受控的工作产品未纳入配置管理或工作产品的名称等与实际不一致。

(2) 缺少基线计划发布时间的定义，以及配置管理项受控时机的规定。

(3) 未说明版本管理的要求。主要表现在未说明版本变化的规则。

(4) 未按照要求对配置管理项进行分级控制，控制流程复杂。

(5) 未清晰定义配置管理人员的职责。当对配置管理项进行分级管理时，应具体、明确地规定不同角色应履行的职责，以确保配置管理工作有效落实。

(6) 未明确配置状态报告的机制，且配置状态报告的内容要求不具体。配置管理应能够及时、准确地提供各配置管理项、基线等的状态信息，保证配置管理库的可用性。因此，配置管理计划中应详细规定配置状态报告的机制和配置状态报告的具体内容。

(7) 配置审核的要求不具体。主要表现在配置审核缺乏可操作性和有效性。配置审核是保证配置管理项正确性和完整性的关键活动。因此，在配置管理计划中应明确、具体地规定配置审核的要求，包括人员、职责、时机及审核的内容等。

(8) 存在供方时，缺少对供方相关配置管理项的管理要求。供方软件工程产品的质量直接影响整个软件产品的质量、进度等。因此，如果存在供方，应对其工作产品实施配置管理，并在项目的配置管理计划中对供方的工作产品提出具体、明确的配置管理要求。

(9) 配置管理库的安全性要求不具体，缺乏可操作性。配置管理库等的安全性直接影响项目的安全性。因此，在软件配置管理计划中应具体、明确地规定对配置管理库的安全性要求等。

8.4　软件测试项目测量与分析计划

测试项目的测量分析不仅可以为测试项目监控提供准确、直观的信息，也可以为测试机构的组织能力提升提供基础信息和改进方向。测量分析活动应有序开展，制订测试项目的测量分析计划是开展测量分析活动的基础。

软件测试项目测量与分析计划

1　范围

1.1　标识

a) 已批准的文档标识号：文档标识号；

b）标题：××××·测量与分析计划；

c）本文档适用的范围：“××××”项目的测量分析活动。

1.2 系统概述

概述测试项目的情况，说明测试项目中的工作过程和工作产品。

1.3 文档概述

概述本文档的用途和内容。

例如：

本文档是“××××”项目的测量与分析计划，主要目的是根据项目的信息需求定义度量项，详细说明各度量项的采集、存储、分析和结果交流的规程，并对人员、资源和进度做出安排。

1.4 与其他计划的关系

概述本计划与其他计划的关系。

例如：

本文档依据《×××·测试计划》制定，与项目监控计划、质量保证计划和配置管理计划协调执行。

2 引用文件

按文档号、标题、编写单位（或作者）和出版日期等，列出本文档引用的所有文件。

3 术语和定义

给出所有在本文档中出现的专用术语和缩略语的确切定义。

4 组织与资源

4.1 组织机构

描述参与测量分析活动的组织机构，包括每个组织的权限和责任以及该组织与其他组织的关系。

例如，组织职责分配见表1。

表1 组织职责分配表

序号	组织名称	职责
1	高层管理者	确定高层目标，审核《测量分析计划》，使用测量结果做出组织级决策
2	项目负责人	a）制定测量分析计划； b）按计划执行测量分析活动； c）使用测量结果做出项目级决策； d）报告测量分析结果
3	质量保证组	提供度量所需要的数据
4	配置管理组	
5	软件测试组	

4.2 人员

描述用于测量分析的人员和角色，以及承担的职责。

4.3 资源

描述测量分析活动需要的所有软（测量分析工具等）、硬件（存储硬件、服务器等）资源。

a）软件资源：

b）硬件资源。

5 度量目标

说明进行数据采集的度量目标。

6 进度

说明本项目策划的所有测量分析活动及其相关的时间安排。

7 度量项

分节详细说明各个度量项的要求。

7.1 工作量(以工作量为例)

测量目标描述	
信息需要	掌握项目各项任务的工作量情况,为单位提供资产数据
测量目标	提高工作量估计的准确性,使同类项目的任务工作量估计偏差小于20%
信息分类	资源与成本
优先级	高
基本测量描述	
相关实体	个人周报、项目周报等
属性	任务的工作量
基本测量	a) 任务的估计工作量; b) 任务的实际工作量
测量方法	a) 从配置管理库中提取当前使用版本的项目测试计划,从项目估计结果表获取测量期内已完成任务的估计工作量; b) 从本次测量周期内产生的项目周报、个人周报中统计测量期内已完成任务的实际工作量
单位	人·时
派生测量描述	
派生测量	工作量估计偏差
测量函数	工作量估计偏差=(实际工作量-估计工作量)/估计工作量
指示器	
指示器	a) 各个任务工作量的估计偏差; b) 各阶段工作量的估计偏差; c) 各类型工作量的估计偏差
分析模型	比较任务工作量估计与实际差异,当实际工作量大于估计值时,测量结果大于0,反之小于0,实际工作量等于估计值时,测量结果等于0
决策准则	估计偏差超出±30%时应分析原因
数据采集、存储和分析	
采集责任人	项目负责人
采集时机	按项目工作阶段,一般为周或双周
采集要求	测量数据按照项目测量信息表模板格式记录,项目测量信息表按项目记录纳入配置管理,每次数据有更新时形成新记录
验证与确认	项目负责人对采集数据进行检查,确认所记录的工作量与任务是否对应一致

续表

分析责任人	项目负责人
分析时机	每次项目阶段工作例会前,分析该阶段完成任务的工作量偏差情况;项目里程碑时,分析各阶段、各类型的总工作量偏差
结果交流	项目中测量分析的结果以会议形式通报给利益相关方,项目结束后的测量分析报告要上报责任单位领导
备注	

7.2 ×××(度量项名称)

……

7.n ×××(度量项名称)

……

8 安全保密要求

指明在软件测量分析过程中,对测量和分析结果的安全保密性和可靠性所采取的措施。

8.5 测试项目阶段总结报告

编写研制总结报告是项目结束的一个重要标志和环节。研制总结报告应在软件开发过程完成后对项目的研制工作及管理工作进行全面、系统的总结。其总结内容是否全面、到位是关乎项目能否顺利移交的一个重要依据。

研制总结报告对项目研制工作的重要作用体现在:

(1) 通过对项目的研制工作及管理工作进行全面、系统的总结,获取项目的实现与计划偏差的情况,有助于客观、真实地评价项目完成的程度及质量;

(2) 通过总结软件满足研制要求的情况,明确软件是否具备移交条件;

(3) 通过总结明确项目的不足之处,并制定相应的优化措施,有助于避免今后项目中类似问题的重复出现;

(4) 通过总结提炼项目中值得借鉴的宝贵经验,并列举项目的优秀工作产品,为今后项目的开展创造更扎实的基础及良好的标杆。

编写研制总结报告的具体活动如下。

(1) 描述项目的任务背景;

(2) 概述项目的需求情况;

(3) 对软件实现情况进行综述;

(4) 对项目研制工作进行综述;

(5) 从各个管理过程着手,对项目的管理工作进行综述;

(6) 对管理过程提出改进意见;

(7) 列举项目中的优秀工作产品;

(8) 基于上述总结,对软件是否满足研制要求的情况进行说明,明确软件是否具备移交条件。

编写研制总结报告的策略如下。

(1) 研制总结报告编写依据:项目各阶段的技术及管理工作。

(2) 研制总结报告编写时机:项目完成准备移交之前。

(3) 研制总结报告编写人员:应由项目技术主管进行编写。

(4) 研制总结报告的变更:如果项目不满足移交条件,则项目应做相应调整,完成后应重新编写研制总结报告,对项目是否满足研制要求的情况及是否具备移交条件重新进行说明。

(5) 研制总结报告的评审:软件项目参与人员应参与评审研制总结报告的内容是否全面、真实、客观。评审内容主要如下。

① 是否清晰说明了软件的设计思想;

② 是否对软件各阶段的研制工作进行了全面总结;

③ 是否对软件管理工作进行了全面总结;

④ 是否对软件的各项功能、性能和接口满足研制任务书的要求情况进行说明;

⑤ 是否明确说明了软件是否具备移交条件;

⑥ 研制总结报告是否与其他项目文档协调一致;

⑦ 文档是否编制规范、内容完整、描述准确。

(6) 研制总结报告的管理:研制总结报告应按照配置管理的要求进行管理。

(7) 研制总结报告的原则:研制总结报告应遵循项目的技术及管理工作描述全面、翔实,项目是否满足研制要求的结论客观,总结的经验教训是否得到项目组成员认可,列举出的优秀工作产品是否依据具有代表性的原则进行编写。

阶段/里程碑总结报告是在项目某个阶段结束或某个里程碑到达时,对该阶段或里程碑内软件研制情况进行总结的文档。通过该报告对项目每个阶段或里程碑的研制状态进行及时跟踪,总结项目一段时间内按照计划执行的偏差程度及项目的质量趋势,是促进项目及时总结、归纳已做工作,纠正存在问题,保证项目顺利进展的必要条件。

阶段/里程碑总结报告与研制总结报告同属项目总结报告一类,报告内容基本相似,只是阶段/里程碑总结报告还需要说明各种计划的跟踪情况及下阶段的计划。

8.5.1　研制总结报告的编写要求

研制总结报告的编写是决定项目是否满足交付条件的重要评判依据,因此应针对项目的技术实现及管理情况进行全面、具体、清晰的总结及分析,保障项目顺利通过相应审查,完成交付工作,为项目结束画上圆满的句号。

研制总结报告的内容主要包括任务背景、项目需求、软件实现、研制工作综述、管理工作综述、改进意见及建议等。编写应满足如下要求。

(1) 在项目需求总结中,应全面、具体地描述软件功能及性能方面的需求,方便审查时对软件实现与相应需求进行比对,得出实现是否满足要求的客观结论。

(2) 在软件实现总结中,应对软件的设计原则和指导思想进行明确、具体的描述。应在主要技术性能指标中列出软件实现的主要性能指标,方便其与相应要求的比对。

(3) 在研制工作综述中,应对软件研制各阶段工作进展是否满足相应进度要求情况进行总结;应针对每个阶段过程中所做主要工作及其进度,以及完成相应评审的情况进行总结。

(4) 在管理工作综述中,应针对软件管理过程(包括项目策划、需求管理、配置管理、质量保证、项目监控、测量分析、决策分析与决定等)的管理内容及其进度情况进行总结。

(5) 在管理工作综述中应说明项目实施过程中的经验及教训,并提出过程改进的建议,包括组织类过程、工程类过程、管理类过程和支持类过程的改进建议,并列举项目的优秀工作产品。优秀工作产品应能够代表项目某方面优秀的特性,并对后续项目的发展具有重要指导意义。所列举的优秀产品应得到项目组成员及专家组的认可。

(6) 在研制总结报告中应对软件项目的各项功能、性能和接口满足研制任务书的要求情况进行说明,并明确软件是否具备交付条件。

(7) 研制总结报告的编写应尊重客观事实,真实总结、描述软件的实现及管理过程。总结应全面、具体。当在测量分析总结中出现工作量、产品规模、项目进度与计划不符等情况时应有相应的原因分析。

阶段/里程碑总结报告应总结某个阶段或里程碑内软件研制项目的完成情况,其内容应包括以下方面。

(1) 技术工作完成情况:该时间段内计划完成的产品和实际完成情况,应包括项目进度完成情况、工作量完成情况、规模完成情况。

(2) 各种计划跟踪情况:应包括资源、知识和技能,以及数据管理计划执行情况,利益相关方参与活动跟踪情况,关键依赖关系情况,供方协议情况,决策分析与决定情况,承诺等方面的跟踪情况。

(3) 项目变更情况:如项目发生变更应加以说明。

(4) 质量保证情况:应总结本阶段质保人员进行的质量保证活动的次数,发现的不符合项个数、其严重程度统计情况、来源统计情况、不符合项的关闭情况,并说明项目进展到报告时所发现不符合项的趋势变化情况。

(5) 配置管理情况:应总结本阶段所进行的配置管理活动。

(6) 问题跟踪情况:应总结项目之前各阶段及里程碑的内部评审、外部评审和测试等发现问题情况,问题关闭情况,问题数量、变化趋势情况。

(7) 风险跟踪情况:应总结项目共跟踪的风险数量,本阶段新识别及跟踪的风险、新关闭的风险,是否有风险发生等情况统计。

(8) 经验教训:应总结项目在当前阶段/里程碑过程中的经验、教训,提出过程改进的建议。

(9) 下阶段计划:包括项目下一个阶段的规模估计、工作量估计、进度计划估计。

8.5.2 研制总结报告的内容模板

研制总结报告

1 范围

1.1 标识

写明本文档的:

(1) 标识;

(2) 标题;

(3) 本文档的适用范围；

(4) 本文档的版本号。

1.2　软件概述

概述软件的下列内容：

(1) 软件的名称、版本、用途；

(2) 软件的组成、功能、性能和接口；

(3) 软件的开发和运行环境等。

1.3　文档概述

概述本文档的用途和内容。

1.4　与其他文档的关系

概述本文档与其他文档之间的关系。

2　项目需求

2.1　功能需求

概述软件项目的功能需求。

2.2　性能需求

概述软件项目的性能需求。

3　软件实现

3.1　设计原则和指导思想

概述软件项目的主要设计思想。

3.2　软件组成

可用框图介绍软件的主要组成情况。

3.3　主要技术性能指标

概述软件项目的主要性能要求。

4　研制工作综述

对各个阶段的起止时间及相应软件产品及完成情况进行汇总，如表 1 所示。之后分章节对项目包含各阶段的主要工作及其进度情况进行概述。

表 1　软件研制各阶段工作进展情况总结

序号	阶段	起止时间	软件产品	完成情况

4.1　软件系统分析与设计

概述在软件系统分析与设计阶段完成的主要工作及其进度，完成相应评审的情况。

4.2　软件需求分析

概述在软件需求分析阶段完成的主要工作及其进度，完成相应评审的情况。

4.3　软件设计与实现

概述在软件设计与实现阶段完成的主要工作及其进度，单元测试中发现问题及归零情况的总结，完成相应评审的情况。

4.4 软件测试

概述软件进行配置项测试和系统测试的主要工作及其进度，对发现问题及归零情况进行总结，完成相应评审的情况。

4.5 软件验收与交付

概述软件在验收与交付阶段完成的主要工作及其进度，完成相应评审的情况。

5 管理工作综述

5.1 项目策划

说明项目相关人员组成情况，主要完成了哪些项目策划计划，项目策划的主要工作节点，以及计划变更的情况。项目相关人员组成情况描述见表 2。

表 2 项目相关人员组成

角色	人员	职称

5.2 需求管理

说明需求管理的主要活动，包括获取需求、建立与维护对需求的追踪、管理需求的变更等方面。

5.3 配置管理

说明软件配置管理工作的情况，可包括软件配置管理活动的进展及与软件配置管理计划的偏差、为纠正不符合规程要求的配置管理活动所采取的措施、配置项的版本变更情况、软件研制过程中的所有变更情况、所有基线的发布及变更情况、配置项的入库记录及出库记录、配置审核情况、备份记录等内容。

5.4 质量保证

说明质保工作的情况，总结质量保证过程共开展质量评价活动的次数，质量变化趋势，发现不符合项及最后问题归零的情况。此外，如进行了第三方软件评测，应说明其评测情况及质量评价结论。

5.5 项目监控

说明项目监控工作的主要活动，可包括会议、例会、评审、问题报告与处置、风险跟踪、阶段跟踪等方面。其中对评审情况的描述如表 3 所示。

表 3 评审情况总结表

序号	评审时间	工作内容	参与人员	评审类型	评审问题数

5.6 测量分析

说明项目测量分析的主要活动，汇总分析工作量情况（实际工作量总量、各阶段、类型工作量及所占比例、估计值与实际值对比等），规模情况（实际产品规模、估计与实际对比、编码的生产率等）、进度情况（计划进度与实际进度的差异情况等）和项目缺陷情况（缺陷总数，测试、评审、质保各自发现缺陷数及其缺陷密度等），提出测量分析的意见建议，见表 4～表 7。

表 4 工作量情况分析表

阶　段		计划工作量	比例	实际工作量	比例	备注
阶段 1 名称	技术活动					
	管理活动					

续表

阶　段		计划工作量	比例	实际工作量	比例	备注
……	技术活动					
	管理活动					
合计	技术活动					
	管理活动					

表5　产品规模情况分析表

产品类型	估计规模	实际规模	工作量	生产率	备注
文档				—	
编码				行/(人·日)	

表6　项目进度情况分析表

里程碑	计划开始日期	计划结束日期	实际开始日期	实际结束日期	提前/延期时间	原因分析

表7　项目缺陷情况分析表

产品类型	测试提交缺陷数	解决率	评审提交缺陷数	解决率	缺陷总数	规模	缺陷密度	备注
文档						(页)	个/页	
编码						(行)	个/千行	

5.7　决策分析与决定情况

可针对决策分析与决定的管理情况进行说明。

5.8　其他管理情况

可对除上述管理方面以外的其他管理情况进行说明。

6　过程改进意见

说明项目在实施过程中的经验、教训,提出过程改进的建议,包括组织类过程、工程类过程、管理类过程和支持类过程的过程改进建议,并列举项目的优秀工作产品,见表8～表10。

表8　经验教训表

序号	过程域	经验/教训描述	应用/处理情况

表9　过程改进建议表

序号	过程域	过程改进建议

表 10 优秀工作产品表

序号	过程域	产品名称	特点	应用前景

7 结束语

对软件系统的各项功能、性能和接口满足研制任务书的要求情况进行说明，明确软件是否具备移交条件。

8.5.3 阶段/里程碑总结报告模板

阶段/里程碑总结报告的编写可参照研制总结报告的模板，在此基础上做适当调整。如可增加章节，通过以下规模估计表（表 1）、工作量估计表（表 2）、进度计划估计表（表 3）的形式对下阶段计划进行说明。

阶段（里程碑）总结报告的部分模板内容

表 1 规模估计表

阶段名称				
序号	产品标识	产品名称	说明	规模
1				
2				
合计				
估计人员				
估计理由				

表 2 工作量估计表

阶段名称				
WBS 标识	WBS 名称	工作产品	人员安排	工作量
估计人员				
估计理由				
说明				

表3 进度计划估计表

阶段名称					
WBS标识	WBS名称	持续时间	预计开始时间	预计结束时间	前置任务
1	需求分析阶段				
1.1	活动1				
1.2	活动2				
与初始策划的比较					

下述章节形式可用来对各种计划跟踪情况进行说明。

阶段/里程碑总结报告的部分模板内容

× 各种计划跟踪情况

×.1 资源跟踪情况

×.1.1 计算机资源跟踪情况

说明计算机资源跟踪情况。

×.1.2 人力资源跟踪情况

说明人力资源跟踪情况。

×.2 知识和技能跟踪情况

说明人员知识和技能跟踪情况。

×.3 数据管理计划执行情况

说明所有数据得到管理的情况,文档及记录管理的情况。

×.4 利益相关方参与活动跟踪情况

说明利益相关方参与活动的情况,如表1所示。

表1 利益相关方参与活动跟踪表

序号	活动安排	开始时间	结束时间	参与人员	跟踪情况
1	××评审				
2					
3	……				

×.5 关键依赖关系跟踪情况

说明关键依赖关系跟踪情况,如表2所示。

表2 关键依赖关系情况

序号	依赖关系	交付方	接收方	时间	跟踪情况

×.6 供方协议情况

说明供方协议按计划的执行情况。

×.7 决策分析与决定情况

说明决策分析与决定的相关情况。

×.8 承诺的跟踪情况

说明所有承诺按计划的完成情况。

8.5.4 研制总结报告编写示例

本节给出研制总结报告一些关键部分的描述示例。

8.5.4.1 示例1设计原则和指导思想

开发人员应在设计原则和指导思想中描述项目的概要设计思路及所遵循的原则。以下是设计原则和指导思想的示例。

3.1 设计原则和指导思想

基于适用、好用、灵活易扩展的原则，进行××系统的设计和实现。系统各软件功能既相互独立，又能够互相配合，内部各软件之间能够通过网络、文件等方式进行数据交换和共享，对外通过数据收发软件与被测软件系统进行数据交换。各软件与数据收发软件组合后，能够完成对不同被测软件的测试任务。

8.5.4.2 示例2研制工作综述

应在研制工作综述中详细总结项目各阶段的主要研制工作内容。如下面所示的某软件研制总结报告中研制工作综述的示例，项目包括以下阶段：软件系统分析与设计、软件需求分析、软件设计与实现、软件测试、软件验收与交付。示例首先在软件研制各阶段工作进展情况总结表中描述上述各阶段的起止时间、相应工作产品及工作完成情况，之后针对各阶段分别描述所完成的研制工作，包括完成时间及主要完成的工作内容，按照时间顺序分条进行描述。

4 研制工作综述

项目各研制过程共分5个阶段，各阶段工作的进展情况如表1所示。

表1 软件研制各阶段工作进展情况总结

序号	阶段	起止时间	软件产品	完成情况
1	软件系统分析与设计	2013-09-16—2013-09-30	软件系统设计说明	按进度完成
			软件系统测试计划	
			软件开发计划	
			配置管理计划	
			质量保证计划	
			测量分析计划	

续表

序号	阶段	起止时间	软件产品	完成情况
2	软件需求分析	2013-11-01—2013-11-15	软件需求规格说明	按进度完成
			软件配置项测试计划	
3	软件设计与实现	2013-11-16—2014-03-14	软件设计说明	按进度完成
			软件单元测试方案	
			软件单元测试记录	
			软件单元测试问题报告	
			软件单元回归测试方案	
			软件单元回归测试记录	
			软件单元测试报告	
			软件用户手册	
4	软件测试	2014-03-15—2014-04-23	软件配置项测试说明	按进度完成
			软件配置项测试记录	
			软件配置项测试问题报告	
			软件配置项回归测试方案	
			软件配置项回归测试记录	
			软件配置项测试报告	
			软件系统测试说明	
			软件系统测试记录	
			软件系统测试报告	
5	软件验收与交付	2014-04-24—2014-04-30	软件研制总结报告	按进度完成

4.1　软件系统分析与设计

2013-09-16—2013-09-30，项目组完成了以下各项工作：

(1) 依据《关于××研制需求的沟通纪要》的要求，进行了软件系统分析与设计，明确了软件的功能和性能，定义了内外部接口，编写了软件系统设计说明和软件系统测试计划；

(2) 完成了项目的各项策划工作，制订了软件开发计划、配置管理计划、质量保证计划、测量分析计划；

(3) 2013-09-27，组织进行了本阶段里程碑内部评审，评审共发现 38 个问题，项目组对评审所发现的问题进行了归零处理；

(4) 2013-09-28，通过了科技处组织的本阶段里程碑外部评审，专项总师、科技处、用户等相关利益方参加了评审，评审共发现 7 个问题，项目组对评审所发现的问题进行了归零处理。

4.2　软件需求分析

2013-11-01—2013-11-15，项目组完成了以下各项工作：

(1) 项目组依据软件系统设计说明进行了软件需求分析，完成了软件需求规格说明、软件配置项测试计划的编写工作；

(2) 2013-11-14,组织进行了本阶段里程碑内部评审,评审共发现11个问题,项目组对评审所发现的问题进行了归零处理;

(3) 2013-11-15,通过了本阶段里程碑外部评审,专项总师、科技处、用户等相关利益方参加了评审,评审共发现两个问题,项目组对评审所发现的问题进行了归零处理。

4.3 软件设计与实现

2013-11-16—2014-03-14,项目组按计划完成了以下各项工作:

(1) 2013-11-16—2013-12-13,依据需求规格说明,对软件进行了概要设计和详细设计,对需求中明确的功能、性能及接口,在概要设计中予以设计分配,采用面向对象的设计方法,主要设计内容包括逻辑视图设计、线程视图设计、实现视图设计、部署视图设计等构成的体系结构设计及数据设计,定义了类及类的属性及操作,在此基础上,完成了软件设计说明文档的编写工作;

(2) 2013-12-13,组织对软件设计说明进行了内部评审,评审共发现9个问题,项目组对评审所发现的问题进行了归零处理;

(3) 2013-12-14—2014-01-24,依据软件设计说明完成了软件编码和调试;

(4) 2014-02-08—2014-03-07,按计划完成了单元测试方案设计、单元测试和单元测试文档的编写工作,首轮单元测试发现10个问题,项目组对测试问题进行影响域分析后,对问题进行了归零处理,并进行了单元回归测试;

(5) 2014-02-21,组织对单元测试方案进行了内部评审,评审共发现6个问题,项目组对评审所发现的问题进行了归零处理;

(6) 2014-03-08—2014-03-14,完成了用户手册的编写;

(7) 2014-03-14,组织对单元测试的执行情况和软件设计与实现阶段进行了内部评审,评审共发现4个问题,项目组对评审所发现的问题进行了归零处理。

4.4 软件测试

按计划要求,软件测试阶段需要完成软件配置项测试和软件系统测试。

软件测试阶段的主要活动如下:

(1) 2014-03-15—2014-04-23,软件测试组完成了配置项测试设计,依据配置项测试说明对软件实施了配置项测试,完成了配置项测试文档的编写工作,配置项测试共发现4个问题,对测试问题进行影响域分析后,对问题进行了归零处理,并进行了配置项回归测试;

(2) 2014-03-28,组织对配置项测试就绪情况进行内部评审,评审共发现4个问题,项目组相关人员对评审问题进行了归零处理;

(3) 2014-04-11,组织对配置项测试执行情况进行了内部评审,评审共发现1个问题,项目组相关人员对评审问题进行了归零处理;

(4) 2014-03-29—2014-04-22,软件测试组进行了软件系统测试设计,依据软件系统测试说明对软件实施了系统测试,完成了系统测试文档的编写工作;

(5) 2014-04-11,组织对系统测试就绪情况进行内部评审,评审共发现1个问题,项目组相关人员对评审问题进行了归零处理;

(6) 2014-04-23,组织对系统测试执行情况和软件测试阶段进行了内部评审,评审共发现1个问题,项目组相关人员对评审问题进行了归零处理。

4.5 软件验收与交付

2014-04-24—2014-04-30,项目组开展了软件研制工作的总结活动,编写了软件研制总结报告,2014-04-29通过了本阶段里程碑内部评审,2014-04-30通过了本阶段里程碑外部评审(验收评审),专项总师、科技处、用户等相关利益方参加了里程碑外部评审。

8.5.4.3　示例 3 管理工作综述

应在管理工作综述中针对项目各管理过程域的完成工作情况分别进行总结。如下面所示的某软件研制总结报告中管理工作综述的示例，就是从项目策划、需求管理、配置管理、质量保证、项目监控、测量分析、决策分析与决定几个方面出发，分别总结了各自的完成情况。总结了主要完成的工作内容及相关人员，并将所完成工作内容按照其时间先后顺序逐项列出。

5　管理工作综述

5.1　项目策划

按照软件质量管理体系项目策划过程要求，主要完成了工作产品分解、顶层 WBS 策划、人员策划。项目相关人员组成如表 1 所示。

表 1　项目相关人员组成

角色	人员	职称
所级配置控制委员会	×××	研究员
	×××	研究员
专项总师	×××	研究员
所级质量保证组	×××	工程师
所级软件产品配置管理组	×××	工程师
科技处	×××	工程师
主管室领导	×××	工程师
专业主任设计师	×××	高级工程师
用户	×××	工程师
	×××	工程师
项目配置控制委员会	×××	高级工程师
	×××	工程师
	×××	研究员
项目技术主管	×××	研究员
软件工程组	×××	工程师
	×××	工程师
	×××	工程师
	×××	工程师
软件测试组	×××	工程师
	×××	工程师
	×××	工程师

续表

角色	人员	职称
项目质量保证组	×××	工程师
项目配置管理组	×××	工程师

项目策划主要工作节点如下：

(1) 2013-09-16，完成初始策划；

(2) 2013-09-16，完成软件系统分析与设计阶段策划；

(3) 2013-09-30，完成软件需求分析阶段策划；

(4) 2013-11-15，完成软件设计与实现阶段策划；

(5) 2014-03-14，完成软件测试阶段策划；

(6) 2014-04-23，完成软件验收与交付阶段策划。

5.2 需求管理

按照软件质量管理体系需求管理过程要求，主要完成了需求理解与承诺、需求追踪矩阵、需求状态跟踪，以及对需求的变更控制。其中，需求追踪矩阵在技术文档中实现，研制过程需求无变更。

需求管理主要活动如下：

(1) 2013-09-30，建立软件系统分析与设计阶段需求状态跟踪表；

(2) 2013-11-15，建立软件需求分析阶段需求状态跟踪表；

(3) 2014-03-14，建立软件设计与实现阶段需求状态跟踪表；

(4) 2014-04-23，建立软件测试阶段需求状态跟踪表；

(5) 2014-04-30，建立软件验收与交付阶段需求状态跟踪表。

5.3 配置管理

按照软件质量管理体系配置管理过程要求，按计划主要完成了配置管理计划、出入库管理、基线发布、配置审核、配置状态报告，以及对配置的变更控制，未发生偏差。

配置管理主要活动如下：

(1) 2013-09-30，建立并发布了功能基线；

(2) 2013-09-30，软件系统设计说明 V1.0、软件系统测试计划 V1.0、软件开发计划 V1.0、质量保证计划 V1.0、配置管理计划 V1.0、测量分析计划 V1.0 入受控库；

(3) 2013 年 10 月项目挂起期间，由软件质量管理体系内部评估问题，带来系统分析与设计阶段的软件开发计划、配置管理计划、质量保证计划和软件系统测试计划发生更动，更动后的产品已入受控库，产品的版本由 V1.0 升为 V2.0；

(4) 2013-11-15，建立并发布了分配基线；

(5) 2013-11-15，需求规格说明 V1.0、软件配置项测试计划 V1.0 入受控库；

(6) 2014-01-15，软件研制任务书 V1.0 入库，重新发布了功能基线 V2.0；

(7) 2014-01-15，三级预评价问题整改，软件开发计划 V3.0、软件质量保证计划 V3.0、软件配置管理计划 V3.0、测量分析计划 V2.0、软件配置项测试计划 V2.0、软件系统设计说明 V2.0、软件设计说明 V2.0 更动入库；

(8) 2014-03-14，软件设计说明 V1.0、软件单元测试方案 V1.0、软件单元测试记录 V1.0、软件单元测试问题报告 V1.0、软件单元回归测试方案 V1.0、软件单元回归测试记录 V1.0、软件单元测试报告 V1.0、软件源码 V1.0、软件可执行程序 V1.0、软件用户手册 V1.0 初始入库；

(9) 2014-04-23,软件配置项测试说明V1.0、软件配置项测试记录V1.0、软件配置项回归测试方案V1.0、软件配置项回归测试记录V1.0、软件配置项测试问题报告V1.0、软件配置项测试报告V1.0、软件系统测试说明V1.0、软件系统测试记录V1.0、软件系统测试报告V1.0初始入库,软件源码V1.1、软件可执行程序V1.1更动入库;

(10) 2014-04-30,软件研制总结报告V1.0初始入库,产品基线发布V1.0,提交了出库申请(包括交付产品出库申请单和归档产品出库申请单)。

在2013-09-30、2013-11-15、2014-01-15、2014-04-30分别进行了配置审核,审核未发现问题。

在2013-11-15、2014-04-30由配置管理员对配置库已有内容在文件服务器上进行了备份。

5.4 质量保证

质量保证人员按照软件质量管理体系要求,编写了质量保证计划并按照计划进行了质量保证活动。质量保证活动综述如下。

(1) 项目开展以来共进行18次过程和产品评价,覆盖了体系文件要求的过程域、软件生存周期过程和重要工作产品。共发现25个不符合项(NCI),其中产品的NCI个数为24个,过程的NCI个数为1个。质量保证人员对所有NCI的处理情况进行了跟踪验证直至其关闭,在项目组例会上进行通报,并报告给利益相关方。

(2) 项目开展以来共编写7份质量保证报告,对项目的质量信息进行了总结和分析。项目在软件系统分析与设计阶段的NCI个数为10,在软件需求分析阶段的NCI个数为3,在设计与实现阶段的NCI个数为7,在软件测试阶段的NCI个数为4,在软件验收与交付阶段的NCI个数为1。项目开展过程中NCI呈下降趋势,说明项目质量趋势良好。

(3) 质量保证活动具有独立性和客观性。本项目评价过程中所有不符合项均得到及时解决,没有出现需要质保人员填写《问题上报表》进行上报的情况。

5.5 项目监控

按照所软件质量管理体系项目监控过程要求,主要完成了项目监控计划、任务分派与跟踪、周例会、里程碑评审、风险跟踪、问题跟踪、资源跟踪、利益相关方参与跟踪等,以及对问题的报告与处置。

项目监控主要活动如下。

(1) 会议

2013-09-16,与用户进行了需求理解,形成了《关于××软件研制需求的沟通纪要》。

(2) 例会

每双周五召开例会(如果例会时间在阶段结束处,例会与阶段/里程碑跟踪合并,不再召开例会),共召开10次例会,例会中对项目进展的进度、规模、工作量、问题、风险、需求管理情况、配置管理情况、质量保证情况以及下一双周工作计划等进行分析和确认。

(3) 评审

项目研制过程中所进行的评审情况如表2所示。

表2 评审情况总结表

序号	评审时间	工作内容	参与人员	评审类型	评审问题数
1	2013-09-27	软件系统分析与设计阶段里程碑内部评审	主管室领导 专业主任设计师 项目组	会议	38
2	2013-09-28	软件系统分析与设计阶段里程碑外部评审	专项总师 科技处 主管室领导 专业主任设计师 用户 项目组	会议	7

续表

序号	评审时间	工作内容	参与人员	评审类型	评审问题数
3	2013-11-14	软件需求分析阶段里程碑内部评审	主管室领导 专业主任设计师项目组	会议	11
4	2013-11-15	软件需求分析阶段里程碑外部评审	专项总师 科技处 主管室领导 专业主任设计师 用户 项目组	会议	2
5	2013-12-13	软件设计说明评审	主管室领导 专业主任设计师 项目组	会议	9
6	2014-02-21	软件单元测试策划与设计评审	主管室领导 专业主任设计师 项目组	会议	6
7	2014-03-14	软件单元测试评审 软件设计与实现阶段评审	主管室领导 专业主任设计师 项目组	会议	4
8	2014-03-28	软件配置项测试就绪评审	主管室领导 专业主任设计师 项目组	会议	4
9	2014-04-11	软件配置项测试评审 软件系统测试就绪评审	主管室领导 专业主任设计师 项目组	会议	1
10	2014-04-11	软件系统测试就绪评审	主管室领导 专业主任设计师 项目组	会议	1
11	2014-04-23	软件系统测试评审 软件测试阶段评审	主管室领导 专业主任设计师 项目组	会议	1
12	2014-04-29	软件验收与交付阶段里程碑内部评审	主管室领导 专业主任设计师 项目组	会议	0
13	2014-04-30	软件验收与交付阶段里程碑外部评审(验收评审)	专项总师 科技处 主管室领导 专业主任设计师 用户 项目组	会议	0

(4) 问题报告与处置

在项目管理过程、评审和审查活动、测试活动及项目人员自身检查活动中,共发现和解决了135个问题。

(5) 风险跟踪

共跟踪3个风险,每双周跟踪一次,风险系数如果发生变化,重新对风险进行排序,其中两个风险已发生,1个未发生。

(6) 阶段跟踪

① 2013-09-30,完成软件系统分析与设计阶段里程碑跟踪报告;

② 2013-11-15,完成软件需求分析阶段里程碑跟踪报告;

③ 2014-03-14,完成软件设计与实现阶段跟踪报告;

④ 2014-04-23,完成软件测试阶段跟踪报告;

⑤ 2014-04-30,完成软件验收与交付阶段里程碑跟踪报告。

5.6 测量分析

按照软件质量管理体系测量分析过程要求,主要完成了测量分析计划、测量数据采集、测量与分析报告等,如表3～表6所示。

表3 工作量情况分析表

阶段名称		计划工作量/(人·时)	比例/%	实际工作量/(人·时)	比例/%	备注
软件系统分析与设计阶段	技术活动	157	9.9	169	10.3	
	管理活动	58	3.7	58	3.5	
软件需求分析阶段	技术活动	75	4.7	80	4.9	
	管理活动	39	2.5	36	2.2	
软件设计与实现阶段	技术活动	727	45.8	767	46.9	
	管理活动	55	3.5	56	3.4	
软件测试阶段	技术活动	379	23.9	370	22.6	
	管理活动	26	1.6	26	1.6	
软件验收与交付阶段	技术活动	44	2.8	45	2.8	
	管理活动	29	1.8	28	1.7	
合计	技术活动	1382	87.0	1431	87.5	
	管理活动	207	13.0	204	12.5	

表4 产品规模情况分析表

产品类型	估计规模	实际规模	工作量/(人·时)	生产率	备注
文档	1029页	1203页	712	—	文件规模746页,各种记录457页
编码	11 000行	10 030行	210	35行/(人·日)	用于计算生产率的工作量包含所有技术活动工作量,1431人·时,不包含管理活动工作量,每天按5小时计算工作时间

表 5 项目进度情况分析表

里程碑	计划开始日期	计划结束日期	实际开始日期	实际结束日期	提前或延期时间/日	原因分析
软件系统分析与设计	2013-09-16	2013-09-30	2013-09-16	2013-09-30	0	
软件需求分析	2013-11-01	2013-11-15	2013-11-01	2013-11-15	0	
研制总结	2014-04-24	2014-04-28	2014-04-24	2014-04-28	0	

表 6 项目缺陷情况分析表

产品类型	测试提交缺陷数	解决率/%	评审提交缺陷数	解决率/%	质保提交缺陷数	解决率/%	缺陷总数	规模	缺陷密度	备注
文档	0	100	83	100	23	100	106	746 页	0.142 个/页	
编码	16	100	0	100	1	100	17	10 千行	1.7 个/千行	

5.7 决策分析与决定情况

对××软件是通过××软件转发仿真数据，还是自主发送仿真数据进行决策分析，该决策事项涉及××系统设计中××软件接口方案的选择。按照技术架构/技术方案选择准则进行评价，采用的评价方法是专家组提供的判断。根据打分结果，最终采纳了自主发送模式，即××数据仿真软件实现UDP帧头的配置，直接将仿真数据发送给被测软件。

5.8 其他管理情况

无。

8.5.5 研制总结报告的常见问题

在编写研制总结报告中常见的问题如下。

(1) 软件实现说明中缺少主要技术性能指标的信息，造成未真实反应项目实现性能的真实状况。

(2) 研制工作综述中每个阶段的工作内容总结不全面、不具体，造成无法得出与项目计划是否存在偏差的结论。

(3) 管理工作综述中缺少对某些过程管理情况的说明，或对每个过程管理工作内容的总结笼统、不具体，造成无法得出项目管理工作是否到位的结论。

(4) 管理工作综述的测量分析总结中缺少工作量、产品规模、项目进度等方面的实际完成情况与计划情况的具体对比，不利于项目测量分析结果的直观展示。

(5) 管理工作综述的质量保证总结中缺少对问题趋势的说明，或缺少对已发现问题的解决情况的说明，不利于全面了解项目的问题追踪情况。

(6) 缺少项目经验教训、过程改进意见信息，不利于对项目已有问题举一反三和对过程管理方法的持续改进。

(7) 所列举的优秀产品不具有代表性，敷衍了事，不利于已有项目优秀经验及成果的积累及推广。

测试项目总结报告的编写需要避免以上常见问题的出现，否则将不利于全面、真实、具体地反映软件项目的实现与管理过程，以及对项目经验教训的总结积累。

8.6 本章小结

本章给出了软件测试项目管理中，软件测试计划、软件测试项目质量保证计划、配置管理计划、测量与分析计划和测试项目阶段总结报告等几个主要文档的编写要求，并给出了对应的文档模板和工作中易出现问题的提示。

第9章 CHAPTER 9

软件测试项目管理工具

9.1 测试管理工具

9.1.1 TestCenter

1. 工具概述

TestCenter测试管理工具是一款功能强大的测试管理工具。TestCenter采用面向需求的测试而不是面向操作流程的测试。TestCenter采用针对用户业务流程的测试,支持顺序流程,同时支持工作流的操作。TestCenter的使用可以实现测试用例的过程管理,对测试需求过程、测试用例设计过程、业务组件设计实现过程等整个测试过程进行管理;可以实现测试用例的标准化,即每个测试人员都能够理解并使用标准化后的测试用例,降低了测试用例对人的依赖。TestCenter提供测试用例复用功能,用例和脚本都能够被复用,以保护测试人员的资产;提供可伸缩的测试执行框架,提供自动测试支持;提供测试数据管理,帮助用户统一管理测试数据,降低测试数据和测试脚本之间的耦合度。

2. 产品功能

TestCenter是面向测试流程和测试用例库的测试管理工具,具有以下功能。

(1) 测试需求管理。TestCenter支持对测试需求的全方位管理:支持Word、Excel格式的测试需求导入;支持需求条目化;支持测试需求评审;支持测试需求与用例的关联;支持测试需求树,树的每个节点是一个具体的需求,也可以定义子节点作为子需求,每个需求节点都可以对应到一个或者多个测试用例。

(2) 测试用例管理。测试用例允许建立测试主题,通过测试主题来过滤测试用例的范围,实现有效的测试。支持手工测试用例和自动化测试用例,支持测试用例树型结构。支持测试用例的各种状态:执行通过、未执行、执行失败;支持测试用例关联缺陷;支持测试关联到需求。支持执行中的测试用例管理。实现测试用例的标准化即每个测试人员都能够理解并使用标准化后的测试用例,降低了测试用例对个人的依赖。

(3) 测试业务组件管理。支持软件测试用例与业务组件之间的关系管理,通过测试业务组件和数据搭建测试用例,实现了测试用例的高度可配置和可维护性。

(4) 测试流程管理。管理测试中的流程,测试需求创建、测试需求评审、测试计划、测试执行、缺陷管理等流程。支持测试计划管理、测试计划多次执行；测试需求范围定义、测试集定义。支持测试自动执行（通过调用测试工具）；支持在测试出错的情况下执行错误处理脚本，保证出错后的测试用例脚本能够继续被执行。

（5）自动测试框架。支持存放自动测试脚本；支持不同类型的自动测试工具；支持配置化的自动测试用例；支持自动测试框架，支持测试执行中的数据管理；支持自动测试日志。自动测试框架能够极大地简化自动测试过程和用例。

（6）测试结果日志查看。具有截取屏幕的日志查看功能。

（7）测试结果分析。TestCenter 中带有功能强大而全面的报表系统，采用集成化的用户界面，每一次测试对应一个 TestID。TestCenter 报表的功能是对测试过的案例，返回一个测试结果，包括正确返回（与预期相同）与错误返回（与预期不同，并且同时返回错误时候的状态：屏幕画面、设备值等）；TestCenter 的报表可指定错误目录，生成测试报告，生成异常错误数据和报告；其统计功能包括 3 种测试状态（未测试、成功、失败）的百分比、针对测试案例的百分比；测试针对测试案例生成测试日志，截取所有的屏幕界面、以 HTML 的格式存放，可以通过链接直接访问。支持多种统计图标，如需求覆盖率图、测试用例完成的比例分析图、业务组件覆盖比例图等。

（8）缺陷管理。提供了最好用的缺陷管理模块。支持缺陷流程管理，用户可以自定义缺陷流程；支持缺陷属性自定义；支持自定义的缺陷报表和缺陷分析。支持从测试错误到曲线的自动添加与手工添加；支持自定义错误状态、自定义工作流的缺陷管理过程。

3. 产品应用

该产品安装简单、使用方便，支持 Windows 操作系统和 SQL Server 数据库。C/S 版本的 TestCenter 也可以连接该公司自己研发的缺陷管理系统，与其他同类工具相比具有以下特点：

（1）中文界面，更容易使用和理解。

（2）可自定义工作流，适应各个公司的具体情况。

（3）强大的报表分析系统，可根据用户要求统计出 Bug 的各种情况及各类对比。

（4）操作简易，使用过滤器搜索 Bug 简便。

9.1.2　TP-Maneger

1. 工具概述

TP-Manager 支持软件测试各个阶段的工作，符合主要测试标准或规范的管理要求，能够自动化实现软件测试过程的规范化管理，有效提高测试过程管理的工作效率。该工具具备以下特点：

（1）能够有效规范测试流程，引导评测人员严格按照软件测试规范进行各阶段的测试活动。

（2）通过底层数据库对测试项目信息、测试各阶段活动、测试结果及测试数据等信息进行合理化管理，保证了所有信息的完整性和一致性。

(3) 能够自动进行测试信息的分类、统计，辅助测试人员对繁杂的测试设计及结果信息进行合理化分析。

(4) 能够自动化生成一整套规范的软件测试文档。

(5) 通过联网作业方式为软件测试小组成员创建一体化协同工作平台。

TP-Manager 以向导服务方式引导测试人员严格按照软件测试各阶段的要求开展软件测试工作，包括清晰、明确地梳理测试需求，基于测试需求制订测试计划，按照测试计划设计测试用例，遵循测试用例设计执行软件测试，依据客观测试结果自动分析、归纳测试结论；该工具可以建立并维护测试数据库，通过联网作业方式为软件测试小组成员创建一体化协同工作平台，确保数据和信息的完整性和一致性；该工具能够自动进行测试信息的分类、统计和分析，自动生成规范化的软件测试文档。

2. 产品功能

TP-Manager 提供一个软件测试过程管理向导树，包括项目基本信息管理、软件测试需求分析、测试策划、测试设计、测试执行、测试总结等多层次的工作向导。软件测试人员只要按照向导树规定的步骤完成每一步的工作，就能逐项落实软件测试的各项管理要求和技术要求。TP-Manager 主界面如图 9-1 所示。下面介绍该工具为用户提供的诸多引导服务功能。

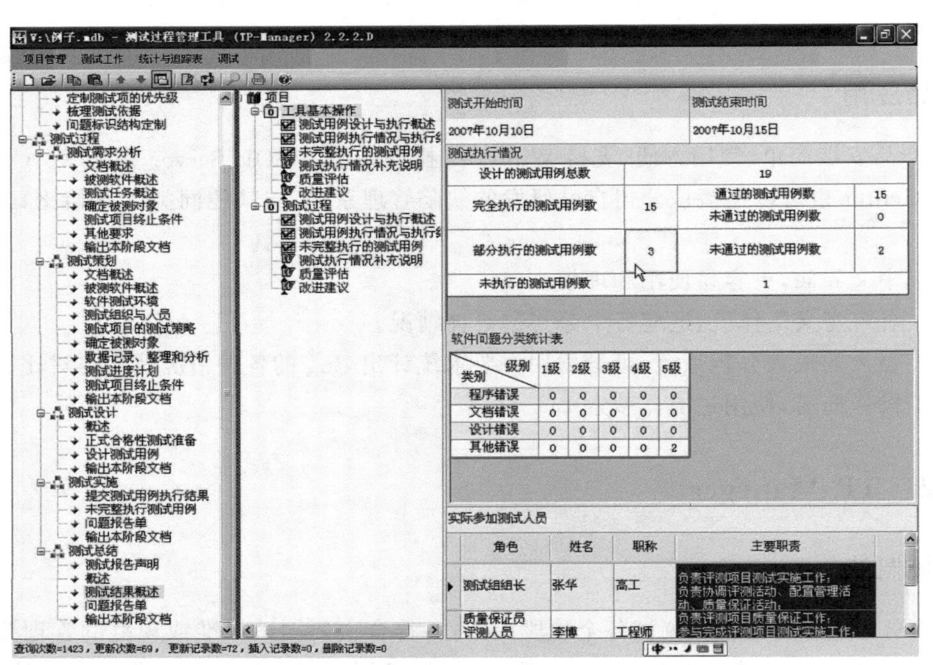

图 9-1 TP-Manager 主界面

1) 软件测试项目基本信息管理

工具提供软件测试项目基本信息管理向导，包括项目基本信息、测试类别、测试用例设计方法、软件问题类别、软件问题级别、测试项的优先级、问题标识结构等管理向导。

为了统一软件测试项目测试类型的划分方法，工具为用户提供了定制软件测试类型术语的功能，用户可根据需要定制测试类型。定制的测试类型可用于软件测试需求分析、测试策划阶段对测试对象测试要求的层次化分解。例如，用户定制测试类型为功能测试、性能测试、接口测试、人机交互界面测试、安装性测试等，定制了这些类型之后，在软件测试需求分析、测试策划阶段就可以直接在定制的测试类型集合中选择这些测试类型。该功能具有两个方面的目的，一是便于统一软件测试项目的测试类型划分方法，二是省略了用户多次输入测试类型的操作。

在软件测试实践中，存在着多种软件测试用例的设计方法，如有效类、无效类、边界值、压力、时序、猜错法等。为了统一测试用例设计方法，工具为用户提供了定制测试用例设计方法的功能，通过这个功能统一定义测试项目的测试用例设计方法，如可把测试用例设计方法定制为有效类、无效类、边界值、压力、时序或者等价类划分、错误猜错法、边界值分析法等。定制的这些方法将用于测试用例设计、选择测试用例的设计方法。

对于每个测试项，工具按照测试用例设计方法分类统计功能，便于测试管理人员分析测试用例设计的充分性。

软件问题是指在软件测试期间所发现的被测软件存在的问题，该工具以软件问题报告的形式提交被测软件存在的问题。对于软件问题的类别和级别，不同的用户有不同的分类、分级方法。工具为用户提供了软件问题类别和软件问题级别的定制功能，可以为某个测试项目单独定制软件问题类别和软件问题级别，如将软件问题的类别定义为软件任务书问题、需求分析问题、软件设计问题、软件编码问题、其他问题等，将软件问题的级别定义为致命问题、严重问题、一般问题、轻微问题等。

用户定制的软件问题级别和软件问题类别将用于软件问题报告，当测试人员发现被测软件的问题时，通过工具提交软件问题报告，软件问题报告中的问题级别和问题类别只能在定制的类别和级别中选择。如果需要调整软件问题的类别和级别，用户可以在该工作界面重新定制，重新定制之后，工具将自动并且全部刷新所有问题报告中的相关信息。

《软件测试需求规格说明》和《软件测试计划》可以为软件测试项定义测试项的优先级。不同的用户，甚至同一用户对于不同软件测试项目存在着多种软件测试项优先级的表述方式，如将优先级表示为A、B、C等级，或者1、2、3等级等。工具为用户提供了定制软件测试项优先级表述方式的定制功能，用户可以按照自己的规范进行自我定制。用户定制的软件测试项优先级表述方式，将用于《软件测试需求规格说明》和《软件测试计划》中测试项优先级的选择，对于软件测试需求分析阶段或软件测试策划阶段分解出的测试项，其优先级只能在已经定制的测试项优先级中选择。如果需要调整测试项的优先级，用户可以在该工作界面重新定制，重新定制之后，工具将自动并且全部刷新所有测试项的优先级。

软件问题报告中有软件问题标识的栏目。不同的用户，甚至同一用户对于不同软件测试项目存在着多种软件问题标识的表述方式。工具为用户提供了软件问题标识表述方式的定制功能，用户可以按照自己的规范进行自我定制。工具为用户提供了最多4个字段的定制功能，在每个字段中，用户可以定义多个字符串。

用户定制的软件问题标识表述方式，将用于提交软件问题报告时生成软件问题标识。

工具自动对同一标识的软件问题分类计数，按照提交问题的先后顺序，给同一标识的软件问题自动编号。

2）软件测试需求分析的向导与管理

软件测试必须具有明确的测试依据。软件测试依据可包括软件测试合同、软件测试技术协议、软件测试任务书、被测软件的需求规格说明、被测软件的接口需求规格说明、被测软件的设计说明（主要用于部件测试）、被测软件的用户手册等。

梳理测试依据功能为用户提供了逐层分解测试依据的工作界面，便于测试人员清晰、全面地梳理测试依据。测试人员应尽可能将软件测试依据分解细化，并明确地描述测试依据的出处及其说明，如“需求分析 2.1.1.1 节的打印队列管理功能”。

测试人员梳理出来的测试依据将用于建立软件测试项与测试依据的追踪关系，工具自动查询软件测试项与测试依据的追踪关系，建立测试依据与测试项的追踪关系表；如果某项测试依据没有被测试项所追踪的话，工具将自动给出红色的报警提示。

3）软件测试策划阶段的向导与管理

对于大多数测试组织来讲，软件测试策划阶段是软件测试项目的第一个阶段（工具支持向导功能的定制，可隐藏测试需求分析阶段，工具直接进入测试策划阶段）。

软件测试策划的管理工作包括《软件测试计划》文档基本信息管理、设计软件测试环境、规划软件测试策略、安排测试的组织与人员、分析确定被测对象、针对每个被测对象分解测试项、确定测试项目的终止条件、输出《软件测试计划》文档等工作。

如果软件测试组织在软件测试策划阶段之前已经使用该工具进行了软件测试需求分析，那么，在软件测试策划阶段将直接沿用需求分析阶段识别的被测对象、被测软件概述信息、针对每个被测对象定义的测试类型和各个测试项、测试项目终止条件等信息。

用户在软件测试需求分析阶段或者在软件测试策划阶段对于被测对象、被测软件概述信息、针对每个被测对象定义的测试类型和各个测试项、测试项目终止条件等信息的更改，将直接导致对《软件测试需求规格说明》和《软件测试计划》的同步更改，这一功能有效地保障了《软件测试需求规格说明》和《软件测试计划》的一致性。

4）测试设计与实现阶段的向导与管理

测试设计与实现阶段的主要任务有两个，一是遵循软件测试计划（或软件测试需求规格说明）设计软件测试用例，二是实现支持测试用例所需的测试软件或者测试工具。该工具侧重于支持软件测试用例的设计及其管理，对于与测试用例相关联的测试软件、测试工具、输入域中的数据或图片、期望域中的数据或图片提供了附件管理功能，从而使得软件测试用例及其相关附件紧密耦合，管理清晰。

按照软件测试标准或规范的基本要求，测试用例的设计必须遵循测试计划，即必须在测试计划的框架下开展测试用例的设计工作。工具提供遵循软件测试计划设计测试用例的功能，在软件测试策划时分析定义的被测对象、测试类型、测试项都将作为测试用例设计的约束性框架，同时也是引导框架。工具能够确保被测对象、测试类型、测试项的完整性及其层次关系，测试人员只需在各个软件测试项下设计测试用例即可。

5）测试执行阶段的向导与管理

按照软件测试标准和规范的要求，原则上应依照《软件测试说明》中描述的测试用例开展测试用例的执行工作，在实际测试期间，如果需要增加、删除、变更测试用例，应该得到相应的控制，并且必须保持测试说明与测试记录的一一映射关系。

在测试执行期间，如果某些（或某个）测试用例没有完整执行或没有执行，测试人员应分别针对每个未完整执行(包括未执行)的测试用例说明原因。

本工具支持软件测试标准和规范的上述要求,严格、有序地建立了测试说明与测试记录的一一映射关系,实现了测试记录与测试说明相同栏目的同步更改,确保了测试说明与测试记录的一致性。

6）测试总结阶段

根据软件测试标准和规范的要求,必须基于客观、翔实的软件测试记录进行软件测试总结。工具通过对测试数据库的查询,针对不同的被测对象,用统计表的形式分别统计出测试用例的设计数目、完整执行的数目、部分执行的数目、未执行的数目。

工具通过对测试数据库的查询,针对不同的被测对象,用统计报表的形式分别给出测试用例的执行状态、执行结果、对应的问题单等信息。工具的自动查询、统计功能,确保了统计报表的客观性和准确性。在统计报表中还提供了测试用例的链接和软件问题报告单的链接功能,当测试人员需要查看某个测试用例、某个软件问题报告单时,可以通过链接功能快速查阅。

工具通过对测试数据库的查询,针对不同的被测对象,用统计报表的形式分别统计出未完整执行(包括未执行)的测试用例,测试人员可在此统计报表中填写未完整执行的原因,当用户需要查看某个测试用例时,该统计报表中还提供了测试用例的链接功能,便于测试人员快速查看相应的测试用例。

用户提交的测试相关信息均保存在本测试项目的数据库中,工具将按照用户定制的文档模板的格式要求,自动生成测试文档。

3. 产品应用

该产品的安装和运行需满足以下要求:计算机系统内容大于 256 MB,可用磁盘空间大于 2 GB、Word 2003 及以上文字处理系统 、Access 2003 及以上数据库。TP-Manager 是在.net 的平台上开发的,软件的安装和运行需要 .net 2.0 FrameWork 的支持。如果计算机上没有安装 .net,安装程序将会自动在计算机上安装 .net FrameWork。

9.1.3 其他测试工具

其他测试管理工具有 TestDirector(QualityCenter)、QADirector、certify、Product manager、SilkCentral Test Manager、Doors、e-manager、testmanager、TestView Manager、Professional 等。

软件测试工具是实现软件测试技术的软件产品,对于多数软件测试来说都是必不可少的。本章对常用的静态测试工具、动态测试工具和测试管理工具进行了介绍,这些工具对于发现软件缺陷、提高测试及管理效率发挥了重要作用。但是需认识到,测试工具也有自身的局限性,软件测试工具不能取代手工测试,手工测试可以比自动测试发现更多的缺陷。目前,各种测试工具种类繁多,在选用工具时应综合考虑工具的功能、价格、售后服务等因素,针对不同开发语言、不同应用领域、在软件工程的不同阶段选择合适的测试工具,只有这样才能充分发挥测试工具的作用,提高软件测试效率和软件质量。

9.2 软件过程管理工具

“工欲善其事,必先利其器”。如果要按照体系文件的要求实施过程管理,一个合适的软件过程管理工具是必须的。本节首先对软件过程管理工具的必要性进行了分析,然后对工具的分类进行了介绍,最后对软件过程管理系统(SPM)包含的两大功能模块:项目过程管理功能和系统管理功能进行了详细说明。

9.2.1 软件过程管理工具的必要性

为确保军用软件的质量,明确要求承担军用软件开发的单位必须具备 CMMI 2 级以上的能力,即至少必须制度化并有效实施需求管理、项目策划、项目监控、配置管理、过程和产品质量保证、测量与分析和供方协议管理共 7 个软件过程。为了落实 CMMI 2 级成熟度能力的要求,需要提供配套的软件过程管理工具。软件过程管理工具的必要性主要表现在以下几个方面。

(1) 在标准中,众多过程域的专用实践、共用实践对工具提出了明确要求。

以 2 级为例,配置管理过程域的 SP1.2——建立一个配置管理系统,明确提出配置管理系统包括存储介质、规程和访问配置管理系统的工具、记录和访问更改申请的工具等,GP2.3——提供资源,列举配置管理工具、数据管理工具、数据库程序、归档和复制工具作为典型资源;测量分析过程域的 SP1.3——指明数据采集和存储规程,将数据采集工具列为典型工作产品,SP1.4——指明分析规程,将数据分析工具列为典型工作产品,GP2.3——提供资源,提到了通过网络采集数据的软件包;项目跟踪监督过程域中提到了为实施项目监控过程可能需要的工作量报告系统、措施项跟踪系统等。大量实践表明,CMMI 的众多过程域的实施都要求有相应的工具提供资源保证。

(2) 认证的证据特点要求有工具支持。

软件过程管理将软件开发看成一组过程,根据统计质量管理的理论对软件开发进行精细化过程管理,使其工程化、标准化,从而进一步提高软件开发工作效率和工作质量。在进行能力等级评价时,关注相应等级过程实施的客观证据是评价的主要手段之一。软件质量管理体系贯穿软件生存的整个周期,项目过程中产生的各种文档、记录、数据等直接、间接证据数量庞大,且分散于不同的项目参与人员手中,对数据进行及时准确的收集、可靠保存、快速检索和长期维护,没有工具支持是很难保证的。

以项目生存周期为 1 年,项目监控周期为 1 周为例,按现有软件质量体系要求保守估计(不考虑频繁的变动情况),要产生的 Word 文档和表单达 300 多个。而且很多表格存在关联关系,表单中的有些内容,如编号、日期等是顺序增长的,如果依靠人工管理,工作量巨大、出错概率高。

(3) 标准的顺利推进要求有工具支持。

标准的本质是过程管理,任何单位实施软件过程管理的初期都不可避免地面临管理成本的上升,没有合适的工具支持,管理的工作量、难度都会对管理体系的推行带来阻碍,甚至产生反复。软件质量管理体系的运行首先要对软件从业人员进行体系宣贯和培训，仅仅针对文件条文进行讲解比较枯燥，遵照执行时可能因理解偏差而产生分歧，如果结合相应的管理工具进行演示讲解，则生动、方便、到位，能有效保障和加快体系实施的过程。

(4) 过程持续改进的需要。

项目运行过程中的不完善因素及过程管理从1级到5级的等级划分都决定了软件过程改进是逐级进化的过程，这就决定了体系的运行、评估及整改是一个循序渐进的过程，同时也意味着软件过程管理工具需要持续不断地改进、保持与体系的同步。

9.2.2 软件过程管理工具的分类

软件过程管理工具从功能覆盖范围来看，分为综合过程管理工具和独立过程管理工具。综合过程管理工具是将多个过程域的过程管理整合在一起，过程的执行能够形成一个整体。独立过程管理工具是针对特定过程域提供的工具，如配置管理工具、度量分析工具、需求管理工具、测试管理工具等。

CMMI是世界范围内用于衡量软件过程能力的标准，但它不是过程改进的执行标准，也就是说CMMI只说了应该"做什么"，没有说"怎么做"，CMMI没有说"怎么做"是因为根本不存在适用于所有组织的执行标准。同样，也不存在适用于所有组织的通用软件过程管理工具。各个软件研制机构的软件质量管理体系的实施需要一个紧密贴合体系要求的、支持全部过程域的综合管理平台。综合过程管理工具通常都支持CMMI 2级或以上，一般都能够覆盖项目策划、项目监控、需求管理、风险管理、质量保证等过程域。但是各个软件研制机构软件质量体系文件有许多个性化要求。如对项目规模、工作量、进度等进行估计的算法，配置管理中配置项标识的规范、更动审批的流程等，综合过程管理工具很难保证这些特点的实现与体系要求完全一致。另外，质量体系不是一成不变的，需要不断更改完善、持续改进，综合过程管理工具也需要不断地维护更新、保持与体系的同步。

独立过程管理工具的功能相对而言比较单一，只针对某个过程域或过程的某一部分，结构、平台各异，不容易整合，但一般其易用性较综合过程管理工具好。

9.2.3 SPM简介

软件过程管理系统(SPM)由作者所在单位研发，是采用Windows XP操作系统，在Microsoft Visual Studio .Net 2008环境下，用C++语言开发的Web浏览终端应用程序；数据库服务器采用Microsoft SQL Server 2000数据库服务，存储过程采用Transact-SQL语言开发。SPM是在软件研发过程中按照标准要求，对软件研发进行过程管控的一种项目管理系统，该系统对需求管理、项目策划、项目监控、配置管理、质量保证、测量与分析、供方协议管理、风险管理、缺陷管理等提供了全面的支持，是一个全流程、系统化和标准化的软件过程管理平台；该系统充分吸取了国内软件过程管理、配置管理、需求管理和缺陷管理等的实践经验，以软件开发过程管理为核心，同时支持缺陷追踪、文档管理、版本控制、变更控制、消息通知、项目统计查询等功能，是一个集成性好、实用性强、便于使用、便于维护的管理系统。该系统的应用不仅可以提高软件研制机构的软件研制能力与管理水平，而且能够实现对软件研制能力的有效促进和约束。

SPM 包括项目过程管理和系统管理两个功能模块，从登录界面进入管理系统后根据自己的授权进行角色选择，通过点击相应的按钮即可进入相应的功能模块。

9.2.3.1 项目过程管理功能模块

项目过程管理模块主要根据软件质量管理体系文件的要求进行软件开发过程的管理，并生成相关的文档和过程记录，主要包括 9 个子功能模块：需求管理、项目策划、项目监控、配置管理、过程与产品质量保证、测量分析、供方协议管理、文档辅助生成及组织资产库管理，如图 9-2 所示。其中组织资产库管理属于 CMMI 3 级的内容。

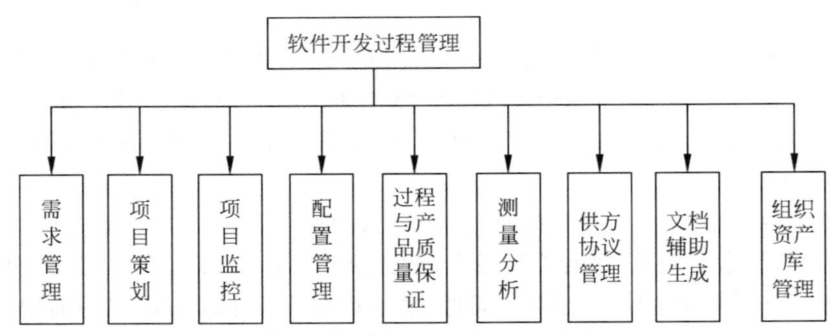

图 9-2 SPM 项目过程管理功能结构图

各模块及模块间的关系如图 9-3 所示。其中，文档辅助生成功能贯穿各个功能模块，主要功能是根据文档模板生成各个过程所需的文档和过程记录，如软件开发计划、质量保证计划、配置管理计划、项目定期跟踪报告、例会记录、质量审核报告、不符合项报告、配置管理申请表单等。其余 7 个功能模块分别对应标准的 7 个过程域。

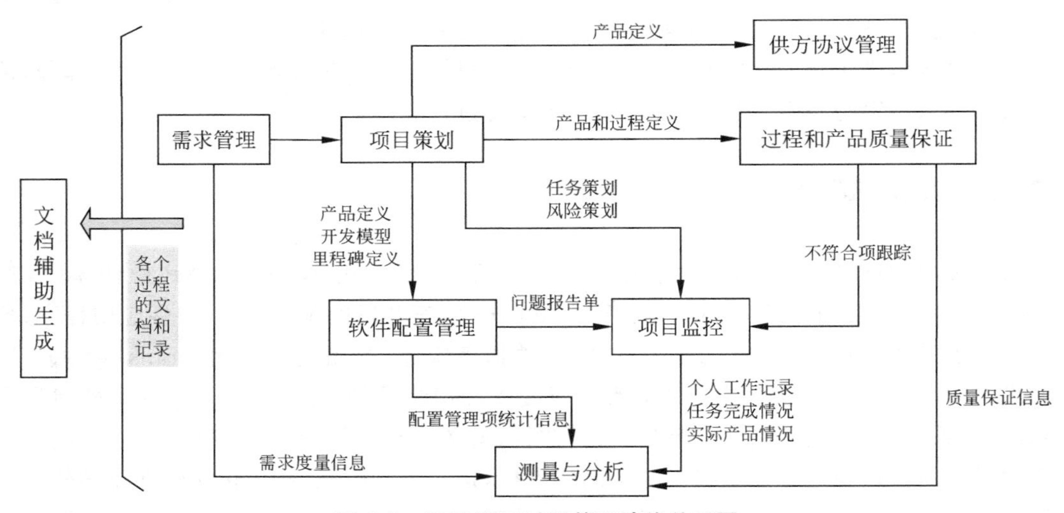

图 9-3 SPM 项目过程管理功能关系图

系统的结构为 B/S 模式开发，采用当前比较流行的系统架构，由四层结构组成，分别是数据库、数据访问层、业务逻辑层和表现层，硬件部署由数据库服务器、WebService 服务器、

Web 服务器和浏览器四层组成，如图 9-4 所示。

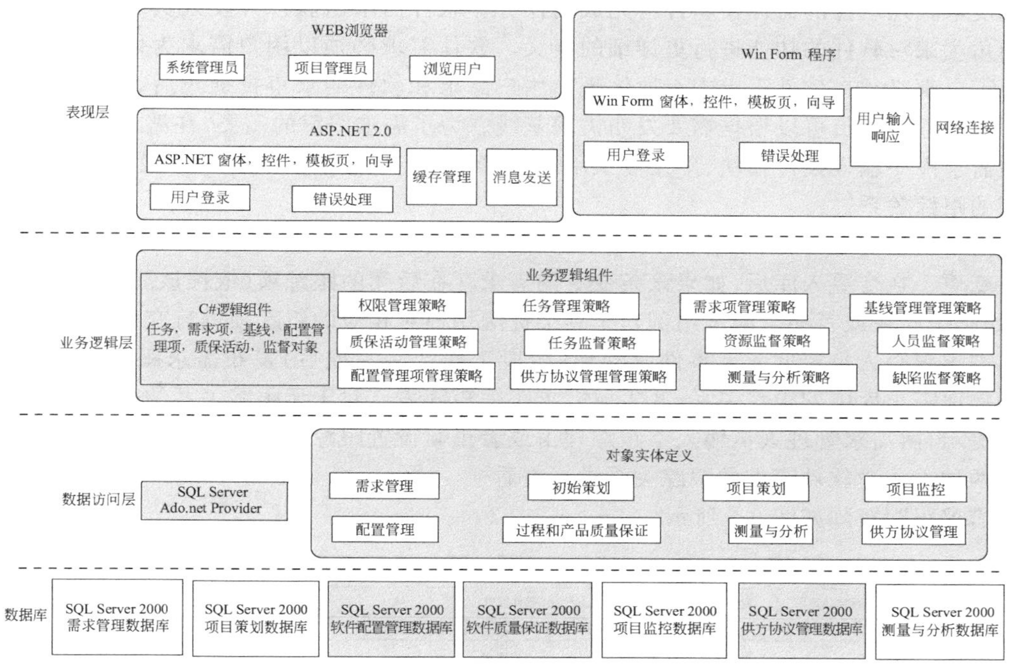

图 9-4　系统结构图

1）需求管理

需求管理的流程如图 9-5 所示，主要由需求定义、需求变更、需求跟踪三部分组成。

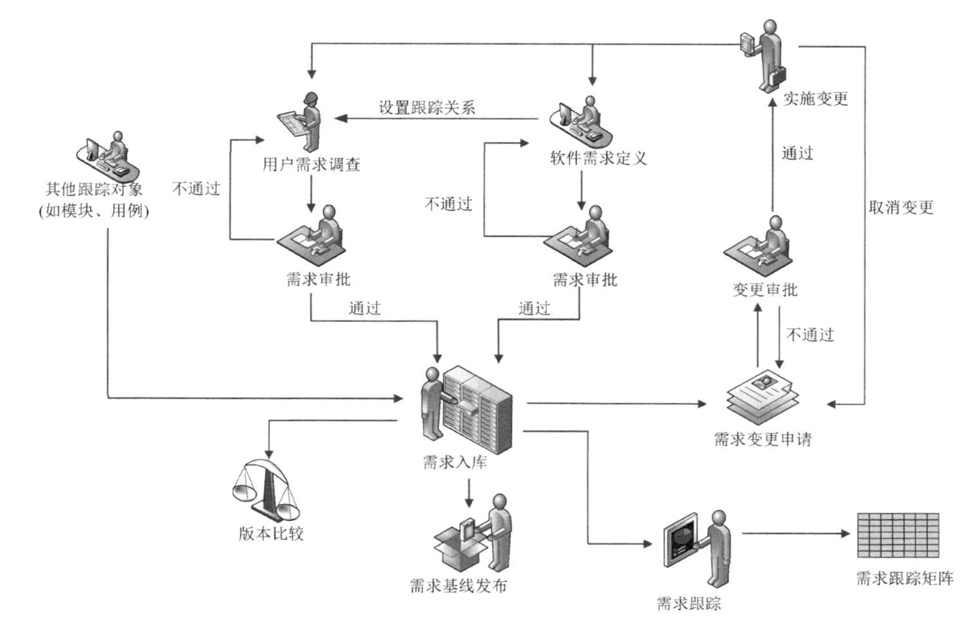

图 9-5　需求管理流程

软件的需求分为用户需求和软件需求两种，前者由需求调查人员从用户处获取，以用户的角度来描述软件的目标及软件应完成的任务。软件需求由软件开发人员编写，从软件实现的角度来对软件的功能进行更详细的定义。软件需求必须以用户需求为依据，且所有的用户需求都必须在软件需求中有所体现。用户需求和软件需求审批通过后，进入需求管理库。需求管理人员可以根据需要发布需求基线。为了需求跟踪的需要，在需求定义时，也可以在需求库中输入设计模块、单元测试用例、配置项测试用例等跟踪项，并设置这些跟踪项之间的跟踪关系。

需求发生更动时，由需求管理人员提交变更申请，经批准后，将对应的需求项目出库并进行变更。在变更入库后，如果该条变更的需求存在后续的跟踪项（依赖该需求项目的跟踪项，如某个模块或者某个测试用例），工具会提醒用户对相应的跟踪项进行变更。

需求跟踪人员定期或者事件驱动地（阶段工作产品完成后）发布需求跟踪矩阵。SPM 自动提取需求库中的跟踪关系，并生成需求跟踪矩阵表。对于无跟踪关系的需求项，软件会自动提示，由需求管理人员输入不跟踪理由或者重新设置跟踪关系。SPM 支持以表格和图形化两种方式对软件需求的跟踪关系进行查看。

需求跟踪矩阵如图 9-6 所示。

需求追踪矩阵

选择跟踪类型　用户需求 ⇐=> 软件需求　正向追踪

源分类编号	源分类标题	目标分类编号	目标分类标题
1.1	WBS任务管理	1	WBS任务策划
1.2	WBS任务分派	1.1	增加WBS任务分派
		1.2	编辑WBS任务
		1.3	删除Wbs分解任务
1.3	WBS任务统计	该用户需求没有对应的软件需求	
1.5	WBS产品分解	该用户需求没有对应的软件需求	

图 9-6　需求跟踪矩阵

另外，需求管理功能还支持按类型、优先级等对需求进行分类。图 9-7 是按需求类型分类统计的示例。

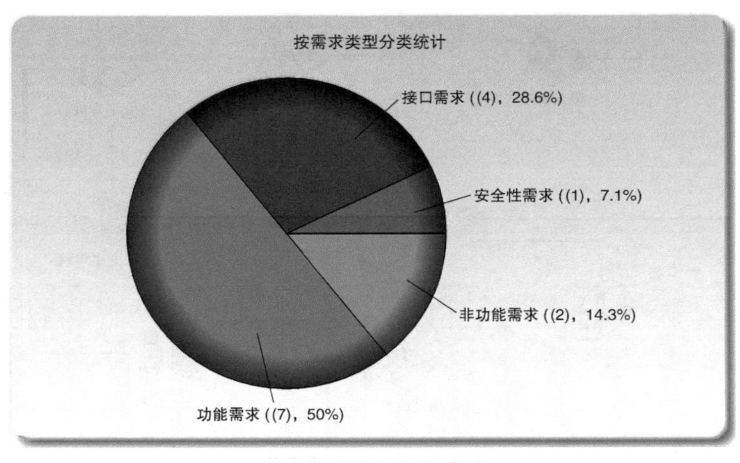

图 9-7　需求统计功能

2）项目策划

项目策划的流程如图 9-8 所示，主要由工作产品分解、软件生存周期模型、顶层 WBS 策划、任务和工作产品策划、风险策划、资源策划等几部分组成。

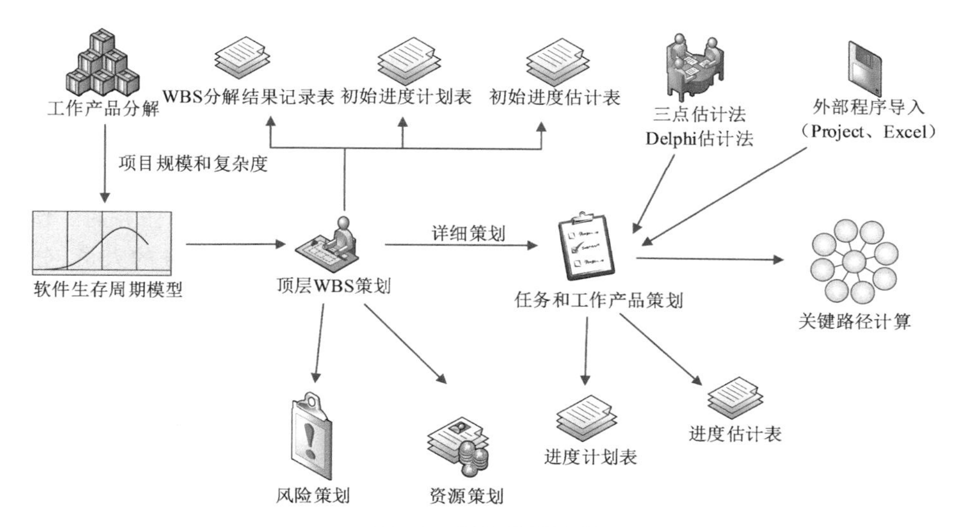

图 9-8　项目策划流程

工作产品分解用于对软件产品进行分解与规模估计，并在历史经验数据的基础上对项目的总工作量进行估计。SPM 提供工作产品的层次分解及自动合并计算，并可将结果输出到产品分解结果记录表中。工作产品分解示例如图 9-9 所示。

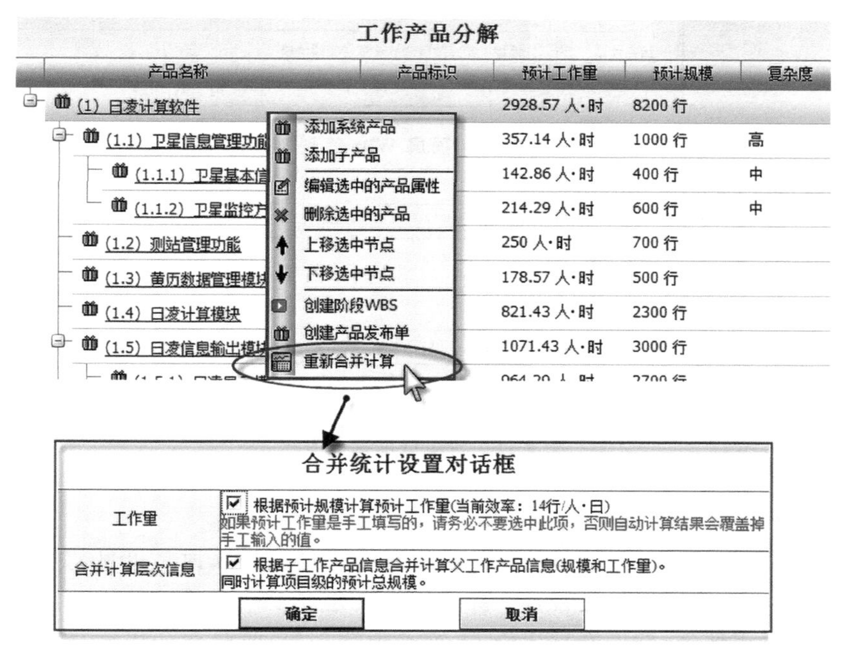

图 9-9　工作产品分解示例

软件生存周期模型用于定义软件的开发模型，并参考相应开发模型的经验数据，对项目各阶段的分解及各阶段工作量占项目总工作量的比例进行估算。

顶层 WBS 策划是根据软件的开发模型（如瀑布式开发模型、迭代式开发模型等），对软件的开发过程进行分解，然后根据历史经验数据并结合开发模型估计出各阶段工作量占总工作量的比例，分别估算出各阶段的工作量及主要时间节点。如图 9-10 所示，策划人员按照开发模型分配各阶段的工作量比例，进而估计出各阶段所占的工作量。再根据人员安排及人员参与程度，计算出阶段的持续时间，然后推导出阶段的起始结束时间。如果推导的结果与实际不一致，也可以手工进行修改。阶段进度推导流程见图 9-11。

软件支持对各阶段的策划进行细化，即将阶段分解到任务一级，每个任务的工作周期理论上应不超过双周。每个任务可以定义其输出产品、产品规模、参加任务的人员、分派的工作量，以及各任务间的相互依赖关系（如前置关系、后置关系）。软件可根据各任务的分派时间与前后置关系，计算出项目的关键路径。为便于操作，软件支持从 Project 软件或 Excel 文件中导入已经策划的任务和产品。

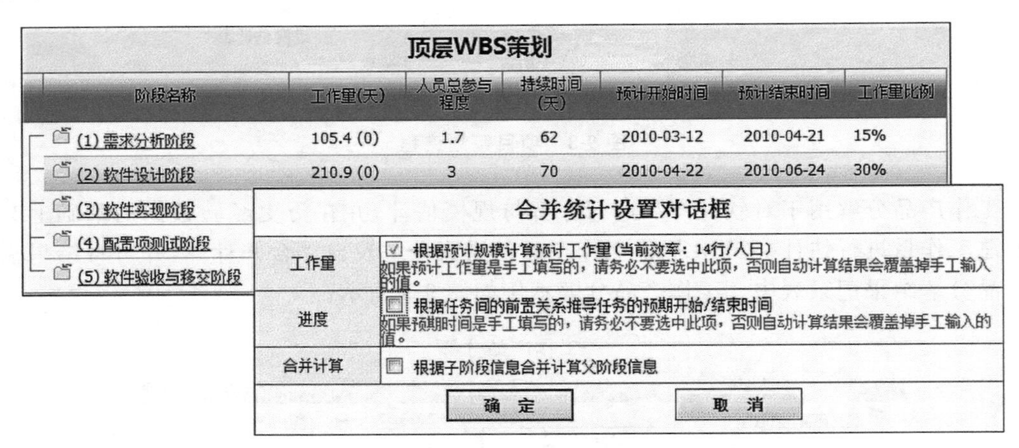

图 9-10　顶层 WBS 策划

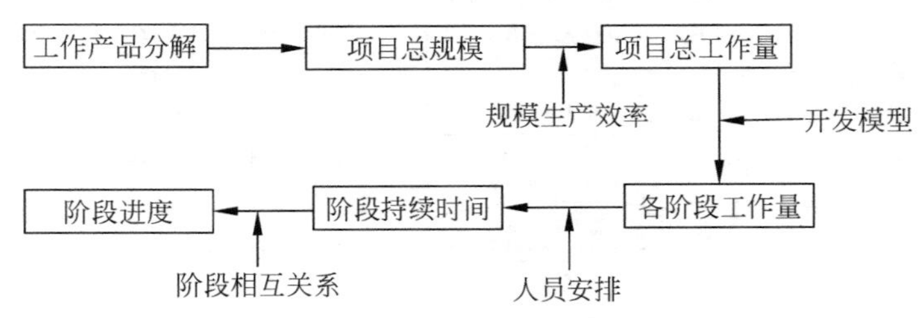

图 9-11　阶段进度推导流程

3）过程和产品质量保证

过程和产品质量保证的目的是使软件过程对于管理人员来说是可见的，通过对软件产品和活动进行评价来验证软件是否合乎标准。工具建立了一套系统的方法，通过对各种质量活动，如软件过程评价、软件产品评价、不符合项管理等，收集和分析质量数据，处理发现的问题，保证软件质量。过程和产品质量保证流程如图 9-12 所示。

质量保证策划活动用于确定评价的过程和产品。质量保证人员定期创建质量评价报告单，并在评价报告单中选择审核对象。目前支持的审核对象包括 3 种：工作产品（见图 9-13）、开发过程、管理过程（见图 9-14）。开发过程在项目策划中定义，内容为软件开发的各个阶段，如需求分析阶段、测试阶段等。管理过程为软件开发过程中的各个 CMMI 域的过程，如配置管理、项目监控等。SPM 支持对这些事件进行审核。工作产品为配置管理库中已经入库的各个管理项版本，软件支持对特定的版本进行审核。工具为每个审核对象创建各自的评价检查表。

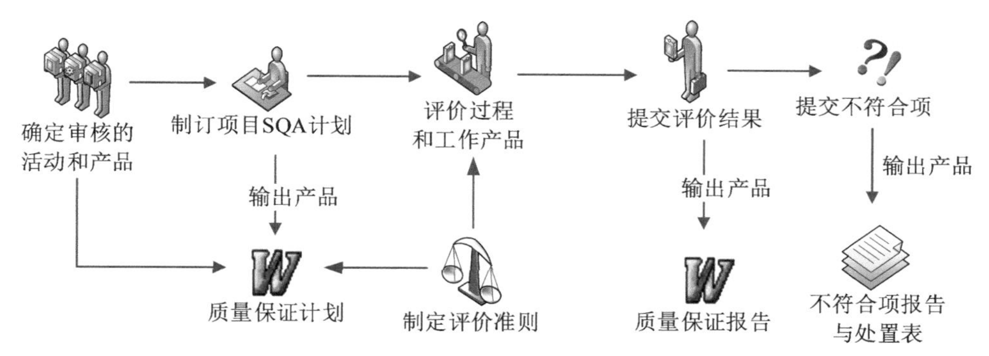

图 9-12　过程和产品质量保证流程

质量保证评价报告--产品选择 -- 网页对话框

质量评价报告--产品选择

项目名称/标识	远程测试系统/YCPT_RTS	
名称	**标识**	**版本**
功能基线		
关于远程测试系统软件研制需求的沟通纪要	YCPT_RTS/REC_ReqM_MEET/001	V1.0
远程测试系统•软件系统设计说明	YCPT_RTS/DOC_SSDD/版本	V1.0
分配基线		
远程测试系统遥控数据仿真软件•软件需求规格说明	YCPT_RTS•TCPS/DOC_SRS/版本	V1.0
产品基线		
远程测试系统•软件系统设计说明	YCPT_RTS/DOC_SSDD/版本	V1.0
远程测试系统遥控数据仿真软件•软件需求规格说明	YCPT_RTS•TCPS/DOC_SRS/版本	V1.0

图 9-13　选择工作产品审核对象

工具支持质量保证人员对审核对象实施审核（见图 9-15）。每个审核对象都可以创建一张《过程和产品评价检查表》，审核项自动从系统定义的模板中获取，也支持手工添加修改。在检查表中对每个审核项填写审核结果，如果审核未通过，需填写不符合项报告单。

所有审核对象审核完毕后，工具自动生成质量评价报告（见图 9-16），在报告中列出所有评价对象的评价结果，点击每个评价对象可以查看质量审核的详细情况。

4）配置管理

配置管理主要是通过执行版本控制、变更控制等规程，来保证所有配置项的完整性和可跟踪性，由配置策划、变更控制、配置审核与状态报告 3 部分功能组成。

（1）配置策划

配置策划活动包括审批组织策划、标识策划、基线策划、配置管理项策划等，配置策划应

质量保证评价报告--阶段选择 -- 网页对话框

质量保证评价报告--阶段选择

项目名称/标识	远程测试系统/YCPT_RTS

选择 ☐	标识
开发过程	
☑ 软件系统分析与设计阶段	
☑ 软件需求分析阶段	
☐ 软件设计与实现阶段	
☐ 软件测试阶段	
☐ 软件验收与交付	
管理过程	
☑ 软件项目管理过程	SPM
☑ 需求管理过程	ReqM
☐ 测量与分析过程	MA
☑ 配置管理过程	CM
☐ 决策分析与决定过程	DAR
☐ 供方协议管理过程	SAM

图 9-14 选择开发过程与管理过程

过程和产品评价检查表

日凌计算软件	项目标识	RLJS
需求分析阶段		
软件需求分析阶段 重新选择模板		

QA活动审核项

检查要点	审核结果	审核结果描述
完整性评价：项目是否提交了软件开发计划、软件质量保证计划、软件配置管理计划、软件需求规格说明、软件接口需	未审核	
规范性评价：本阶段每个工作产品的编制是否符合软件开发计划规定的标准、规范或规程的要求。	未审核 未审核 符合 不符合 不适用 基本符合	
一致性评价：每个工作产品的前后描述是否一致、各文档之间是否协调、一致。		
符合性评价：本阶段的每个工作产品的内容描述是否准确、是否达到了相应的技术要求和管理要求。		
是否完成了本阶段要求的评审，且评审问题归零。	未审核	

图 9-15 过程和产品评审检查表

质量评价报告

项目名称/标识	日凌计算软件/RLJS		表单标识	RLJS/REC_QA_ER/002	
评价时间	2011-11-29				
评价类型	过程评价	需求分析阶段(审核未通过)， 需求管理(审核通过)， 项目策划(未审核)， 配置管理(未审核)			
	产品评价	产品名称	标识	版本	介质
		日凌计算软件·软件研制任务书（未审核）	RLJS /DOC_SDT/1.00	1.01	电子
		软件需求规格说明（未审核）	REQ	1.11	电子
评价情况	点击进行评价检查				

提交修改　选择对象　返　回　生成表单

图 9-16 质量评价报告

在项目初始策划完成后实施，如图 9-17 所示。

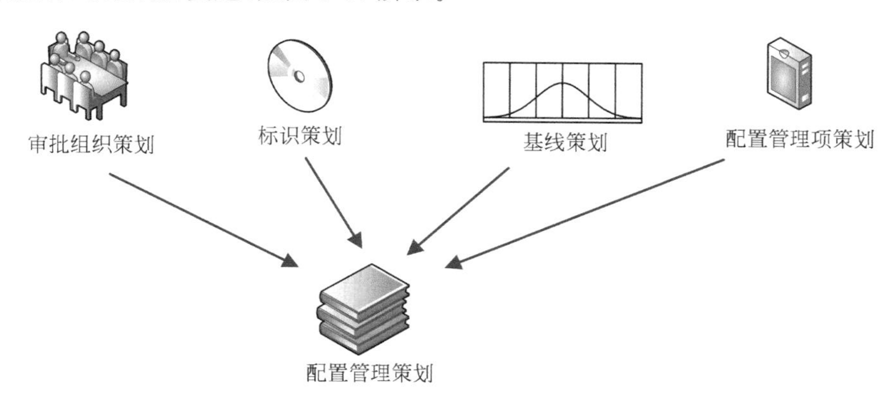

图 9-17　配置策划流程

审批组织策划用于对各种配置管理活动的审批流程进行定义。对于某些表单（如更动申请单），可能有多个审批流程（基线产品变更和非基线产品变更），创建表单时，软件自动根据实际情况选择合适的审批流程。标识策划用于定义各类配置管理表单的标识定义，以及配置管理项版本规则的定义。基线表示软件开发过程中的一些关键点（或里程碑），表示一些阶段的结束或下一阶段的开始，以及在上述关键点处应该产生的全部工作产品。基线策划用于定义项目开展过程中的所有基线，一般应与软件生存周期模型协调。配置管理项策划则定义了整个开发过程中需要进行配置管理的所有配置管理项。工具中内置了开发过程中的 8 个基线及 46 个配置管理项，实际项目中可进行裁减或者根据需要添加新配置管理项。配置策划活动完成后，软件可根据配置管理策划的信息及指定的模板输出配置管理计划文档。

（2）变更控制

变更控制流程包括以下几部分，如图 9-18 所示：

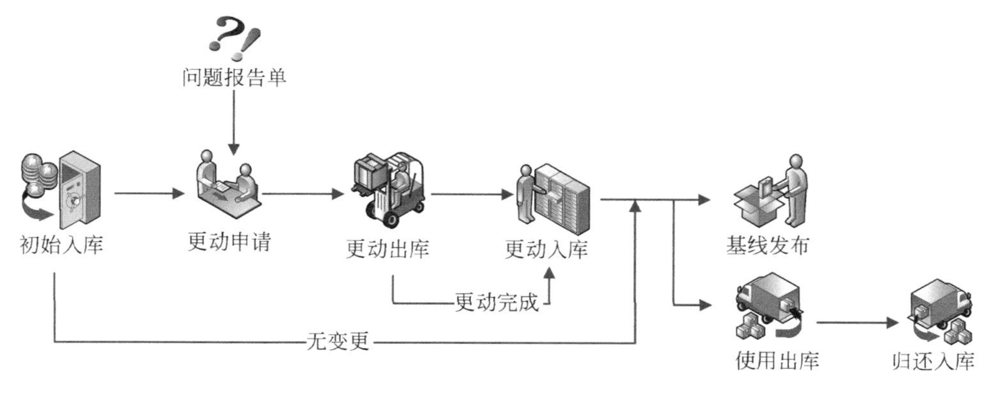

图 9-18　变更控制流程

① 初始入库：管理项入库的第一个版本称为初始入库，入库时配置管理员提交入库申请单，输入配置项版本及上传入库的文件，并提交审批人员审批。审批人员在审批组织策划中定义。

② 更动申请：管理项需要变更时，配置管理员提交更动申请单。更动申请单可以由问

题报告单发起，也可以由配置管理人员根据需要人工触发。在更动申请单中，配置管理员输入需要变更的管理项及其版本，变更理由等，并提交审批人员进行审批。在提交过程中，软件自动对依赖关系进行检查，如果某个配置管理项的依赖项发生变更，则该配置管理项也应该变更。

③ 更动出库：在更动申请单审批成功后，配置管理员可创建更动出库单。在审批通过后，配置管理员可以在表单页面中下载要变更版本的管理项的文件。

④ 更动入库：管理项变更完毕后，配置管理员可以创建更动入库单。更动入库单中自动列出所有处于更动出库状态的管理项，配置管理员选择本次入库的管理项，依次输入新的版本，上传入库文件，并提交审批人员进行审批。审批通过后，软件自动保持变更前与变更后版本的链接关系。

⑤ 基线发布：在基线包含的所有配置管理项入库后，配置管理员可以对基线内容进行发布。在基线发布单中，配置管理员必须指定基线的版本，并可指定该次基线发布的前向基线版本。在基线下所有管理项的发布版本选择完毕后，将基线发布单提交审批人员进行审批。如图 9-19 所示，功能基线发布了 4 个版本。

基线发布清单列表

基线名称/发布单名称	基线版本	上溯基线	发布人	发布时间	审批状态
功能基线					
RLJS/REC_CM_BLR/001	V1.0		管理员	2012-02-18	审批通过
RLJS/REC_CM_BLR/002	V1.1	V1.0	管理员	2012-02-22	审批通过
RLJS/REC_CM_BLR/003	V2.0	V1.1	管理员	2012-03-11	中止审批
RLJS/REC_CM_BLR/004	V2.1	V1.1	管理员	2012-03-15	审批通过
分配基线					
设计基线					
实现基线					
测试基线					
产品基线					

图 9-19　基线发布清单

图 9-20 所示为基线发布单页面，用户可以对基线中的所有配置管理项发布指定的版本。如果某个配置管理项未入库，也可以暂时不发布该配置管理项(由系统策略控制)。

(3) 配置审核与状态报告

在配置实施过程中，配置管理员可以定期或者在基线发布前，对配置管理库中的内容进行审核与状态报告。

配置审核：配置审核一般采用检查单的方式进行，检查单的模板内容一般在组织级定制中事先定义好，用户新建“配置审核检查单”时，配置审核项缺省引用模板中定义的内容。根据实际情况，也可以对审核项进行编辑。对每个审核项，审核结果可以是“符合”“不符合”“不适用”，并可以添加备注。如果审核结果为不符合，还可以对不符合的内容提交问题报告单。如图 9-21 所示。

配置状态记录单：配置管理员可随时跟踪管理项的变更情况及状态的变化情况。工具支持为每个配置管理项生成配置状态记录单，其中记录为该配置管理项的所有出入库记录及变更记录。如图 9-22 所示，工具自动查询出指定配置管理项所有版本的状态变更情况。

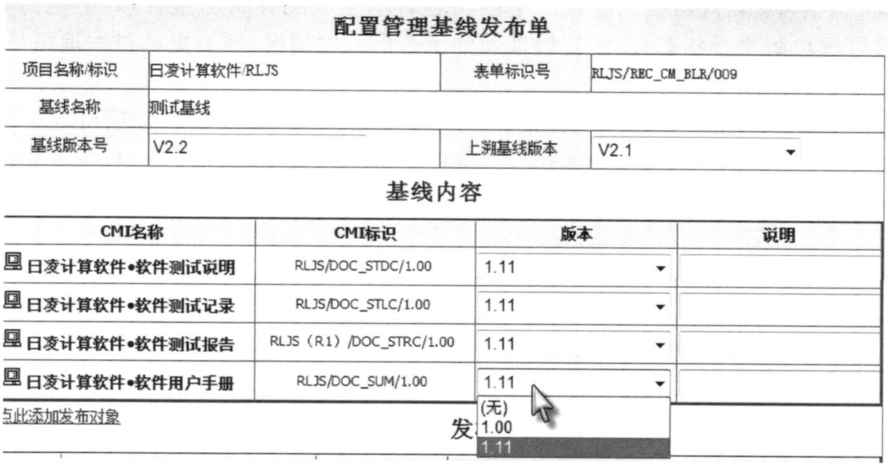

配置管理基线发布单

项目名称/标识	日凌计算软件/RLJS	表单标识号	RLJS/REC_CM_BLR/009
基线名称	测试基线		
基线版本号	V2.2	上溯基线版本	V2.1

基线内容

CMI名称	CMI标识	版本	说明
日凌计算软件•软件测试说明	RLJS/DOC_STDC/1.00	1.11	
日凌计算软件•软件测试记录	RLJS/DOC_STLC/1.00	1.11	
日凌计算软件•软件测试报告	RLJS（R1）/DOC_STRC/1.00	1.11	
日凌计算软件•软件用户手册	RLJS/DOC_SUM/1.00	1.11	

(无)
1.00
1.11

与此添加发布对象

发

图 9-20　基线发布表单

配置审核检查单

编号：　YCPT_RTS/REC_CM_BACT/003

项目名称	远程测试系统	项目标识	YCPT_RTS
审核对象			

配置审核项　添加配置审核项

操作	序号	审核内容	结论			关联的问题	问题操作
			符合	不符合	不适用		
✖ ↓	1	在配置管理库系统中是否建立了受控库，并且是严格受控的；	☐	☑	☐	YCPT_RTS/REC_PMC_PPRD/014	清除问题
✖ ↑ ↓	2	受控库是否按照软件配置管理计划制定的；	☐	☑	☐	YCPT_RTS/REC_PMC_PPRD/014	清除问题
✖ ↑ ↓	3	配置管理项是否均已按照配置管理计划要求放入适当的受控库；	☐	☐	☑		新建 选择
✖ ↑ ↓	4	需要的配置管理项能否在受控库中找到；	☑	☐	☐		新建 选择
✖ ↑ ↓	5	受控库中的配置管理项是否全部符合配置管理计划规定的入库条件；	☑	☐	☐		新建 选择

图 9-21　配置审核检查单

配置状态记录单

项目名称/标识	日凌计算软件/RLJS	表单标识号	RLJS/REC_CM_SR/001
基线/配置项名称	日凌计算软件•软件研制任务书	基线/配置项标识	RLJS /DOC_SDT/1.00

操作版本	序号	出/入库原因	出/入库单号	SCR编号	申请人员	操作日期
1.01	1	初始入库单	RLJS/REC_CM_In/001		管理员	2011-02-18
	2	变更出库单	RLJS/REC_CM_Out/001	RLJS/REC_CM_CRR/001	管理员	2011-02-18
	3	更动入库单	RLJS/REC_CM_In/001	RLJS/REC_CM_Out/001	管理员	2011-02-18
	4	变更出库单	RLJS/REC_CM_Out/002	RLJS/REC_CM_CRR/002	管理员	2011-09-23
	5	更动入库单	RLJS/REC_CM_In/002	RLJS/REC_CM_Out/002	管理员	2011-09-26
	6	变更出库单	RLJS/REC_CM_Out/004	RLJS/REC_CM_CRR/005	管理员	2011-12-05
1.10	7	更动入库单	RLJS/REC_CM_In/001		管理员	2011-02-18
	8	变更出库单	RLJS/REC_CM_Out/003	RLJS/REC_CM_CRR/003	管理员	2011-09-26
	9	更动入库单	RLJS/REC_CM_In/002	RLJS/REC_CM_Out/003	管理员	2011-09-26
	10	变更出库单	RLJS/REC_CM_Out/004	RLJS/REC_CM_CRR/005	管理员	2011-12-05
1.11	11	更动入库单	RLJS/REC_CM_In/002		管理员	2011-09-26

审核完毕　提　交　返　回　生成表单

图 9-22　配置状态记录单

配置状态报告：软件可根据配置库中的内容自动生成配置状态报告，其中包括基线及状态表、配置管理项版本及状态表、配置管理项的所有出入库情况、所有更动过程追踪情况等。

5）项目监控

在项目开发过程中，在每个阶段结束后或者定期（如每双周）需要对项目的进展情况进行监控，如图 9-23 所示。在每个跟踪点，对项目的实际度量项进行统计，并与计划值进行比对，如果超出偏差，需进行分析，并根据分析结果制定相应的纠正措施。

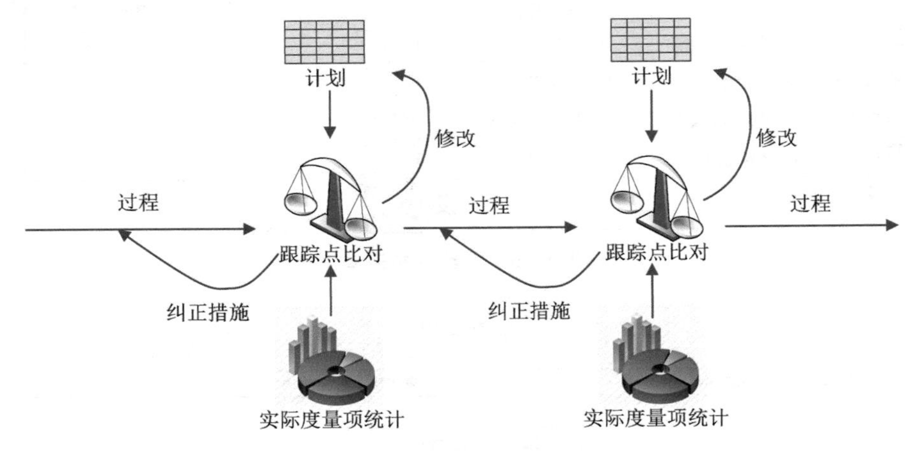

图 9-23 项目监控流程

实际度量项主要包括项目周报，软件自动在跟踪表中把指定时间段内任务的计划工作量/规模与实际工作量/规模进行比对，并计算出偏差值。

本工具支持的项目监控的内容包括风险跟踪、任务跟踪、个人工作记录、例会记录等。每天工作完成后，由项目组成员在工具中输入当天的工作日志，包括每条任务的实际完成情况，在该条任务中消耗的时间、完成的实际规模，以及完成内容等信息。如果在当天执行了多条任务，则需对每一条任务填写一条个人日志。个人周报由在某时间区段的个人日报的基础上统计得出。将某时间区间内的所有个人工作记录表合并计算，即可统计出项目周报的内容（见图 9-24）。

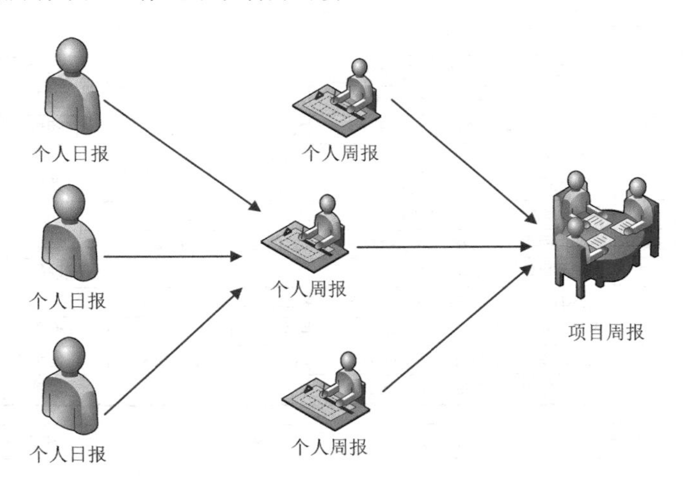

图 9-24 个人周报与项目周报

任务创建后可以分派到个人。该用户登录后，在个人任务列表中自动列出所有需要完成的任务。用户选中某条任务，输入当天任务完成情况，包括实际工作量，实际完成规模等，工具会自动统计任务的所有完成人情况，在此基础上计算出任务的实际完成情况。如图 9-25 所示。

个人任务列表　姜兴伟　列出所有任务

任务名称	人员	分派规模	实际规模	分派工作量	实际工作量	分派进度(天)	实际进度(天)	个人任务完成情况
(1.1)获取软件需求 (2010-03-12～2010-03-12)	姜兴伟	0	0	4	5	0	1	完成
(1.2.1)项目初始估计 (2010-03-15～2010-03-15)	姜兴伟	0	0	10	5	0	1	完成
(1.2.2)需求分析阶段详细策划 (2010-03-16～2010-03-16)	姜兴伟	0	0	5	5	0	1	完成
(1.2.5)计划内审及问题归零处理 (2010-03-22～2010-03-23)	姜兴伟	0	0	5	5	0	1	完成

图例：红色为超期未完成的任务。蓝色为正在进行中的任务。黑色为尚未开始的任务。绿色为已经完成的任务。

个人日报列表　☑仅列当前用户　保存修改

用户	时间	实际规模	实际工作量	实际进度	备注
✖ 姜兴伟	2010-09-01	0	5	未完成	完成性能测试用例编写。
✖ 姜兴伟	2010-09-02	0			
✖ 姜兴伟	2010-09-03	0			
✖ 姜兴伟	2010-09-06	0			

当前的任务：(3.7.2)性能、… 分派规模：0，…

添加个人日报

日期	2010-09-07	实际进度	已完成	
实际规模	0	实际工作量	4	小时
备注	编写了3个性能测试用例，5个接口测试用例			

添加个人日报

图 9-25　个人日报

项目监督人员定期创建项目周计划，并指定每条任务的分派工作量与分派规模，软件自动合并指定时间区间内的所有个人工作的实际工作情况(见图 9-26)，并可计算实际工作量与分派工作量之间的偏差，如果超出 30%，需填写偏差原因。工具在任务实际完成情况的基础上，自动计算 SPI 与 CPI 等指标。

任务分派与跟踪表

项目名称/标识	日麦计算软件/RLJS	表单标识号	RLJS/REC_PMC_WT/017	任务分派人	管理员
阶段名称	软件验收与移交阶段	时间区间	2010-10-23 ～ 2010-10-29	重新查询跟踪项	☑合并已填项

任务名称	人员	分派规模	实际规模	规模偏差率	分派工作量	实际工作量	总预计工作量	总分派工作量	工作量偏差率	分派进度	实际进度	是否完成
(5.3)软件验收测试	窦朝晖(高工) 姜兴伟(工程师) 董锐(工程师)				45	29	45	45	-35.56%	2010-10-25～2010-10-26	2010-10-25～2010-10-26	是
(5.4)验收问题归零	董锐(工程师)				20	0	20	20	-100%	2010-10-25～2010-10-25	2010-10-26～2010-10-26	是
(5.5)软件验收评审以及问题归零处理	张卫祥(工程师) 窦朝晖(高工) 张敏(工程师) 陈青(高工) 姜兴伟(工程师) 董锐(工程师)				35	24	35	35	-31.43%	2010-10-26～2010-10-27	2010-10-27～2010-10-27	是

BCWS	3208.5	BCWP	3208.5	ACWP	2847
SPI	1	CPI	1.13		
偏差分析	(5.4)验收问题归零：验收测试未发现问题。 (5.5)软件验收评审以及问题归零处理：软件验收评审未发现问题。	纠正措施	将来策划类似的项目时，需考虑到项目的成熟程序。	计算机资源跟踪情况	正常使用。

图 9-26　项目周报

项目跟踪人员在每次开完周例会后，填写例会记录表如图 9-27 所示。在例会记录表中，工具可自动查询下阶段的工作计划与工作完成情况，供项目跟踪人员在填写例会内容与分派任务时做参考。

例会记录表

项目名称/标识	日凌计算软件/RLJS	表单标识号	RLJS/REC_PMC_RMR/001
阶段名称	需求分析阶段		
例会时间	2012-03-28	例会地点	
与会人员	项目经理、质量保证人员、配置管理人员、项目监督人员		
例会内容	1. 项目经理总结上一阶段完成情况 2. 项目经理安排下一阶段任务。 3. 质量保证人员汇报质量检查工作。 4. 项目监督人员介绍项目监督情况及发现的问题。		
提交人	管理员	提交时间	2012-03-28
下阶段起止时间	2010-03-28 ~ 2010-04-27 重新查询工作计划		
SPI	1	CPI	1.17

下阶段工作计划

任务名称	人员	分派规模	实际规模	分派工作量	实际工作量	分派进度	实际进度
测站管理功能软件需求分析	张卫祥	0	0	10	10	0	2
日凌计算功能软件需求分析	窦朝晖	0	0	15	17.5	0	4
日凌打印功能软件需求分析	董锐	0	0	20	18	0	4

下阶段完成情况

日期	人员	任务描述	活动产品	实际规模	实际工作量	实际进度	备注
2010-03-29	张卫祥	测站管理功能软件需求分析		0	5	完成	说明测站管理功能的主事件流和...
2010-03-29	窦朝晖	日凌计算功能软件需求分析		0	4	未完成	描述日凌计算功能的前置条件、...

图 9-27　例会记录表

风险跟踪根据项目计划定期对风险进行监督，如图 9-28 所示。风险的概率、后果等会随着时间的变化产生相应的变化，风险跟踪计算并跟踪这些变化，重新计算系数及优先级，并跟踪风险的关闭状态。项目跟踪人员定期生成风险跟踪表，工具自动获取当前时刻的风险记录，生成风险跟踪表的内容。

风险跟踪表

项目名称/标识：日凌计算软件/RLJS　　表单标识号：RLJS/REC_PMC_RT/001

序号	风险系数	风险等级	风险标识	风险描述	识别时间	可能性	后果	发生时段	应对措施	启动时机	应对结果
1	36	高	risk1		2011-04-04	50%	低	近			
2	30	中	risk2		2011-03-30	45%	非常高	远			
3	16	中	risk3		2011-03-30	21%	低	中			

提　交　　返　回　　生成表单

图 9-28　风险跟踪表

6）测量分析

测量与分析功能主要是采集测量数据，并将采集到的数据转换成相应指示器的值，如散点图、趋势图、条形图等，分析判断项目所处的状态，形成易理解的分析意见。测量分析的流程如图 9-29 所示。项目管理者需要通过量化的过程控制和管理方法了解项目的真实进展状况，洞察产品的开发过程，掌握项目的进度、成本、质量状况等，使整个项目的开发过程处于受控状态，为管理者制定决策提供可靠的依据。度量数据可以帮助组织者确定团队的开发效率，识别潜在的风险区域，为组织实施过程改进建立基础。

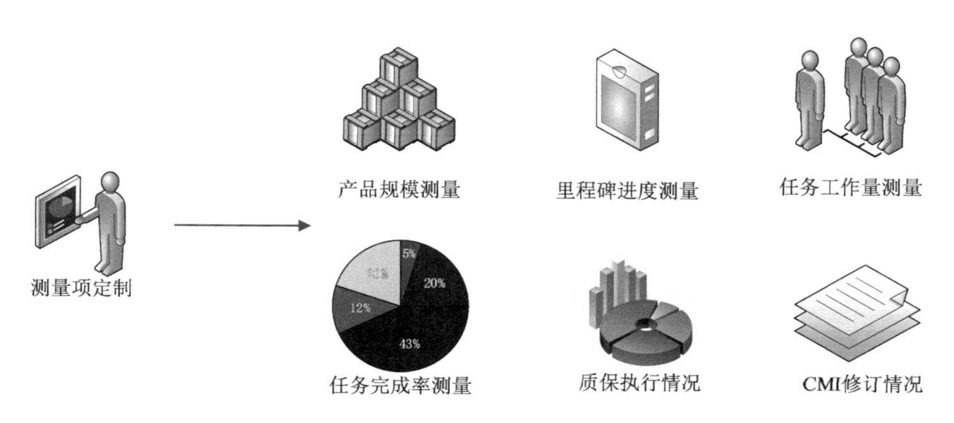

图 9-29　测量分析流程

在测量分析工作开始前，需要对进行度量的条目进行定制，目前支持的条目包括项目度量、产品度量、过程度量等几类，具体内容包括产品规模度量、进度度量、任务工作量度量、任务完成率度量、质保执行情况度量、CMI 修订情况度量等。软件具有良好的扩展性，以后可根据需要增加新的度量项。还可以对测量的周期进行定制，如单周测量、双周测量，或者指定时间进行测量。SPM 度量项定制界面如图 9-30 所示。

度量项定制

类别/优先级 ☐全选	组织建立和维护过程资产库所需要的信息	项目过程管理和产品质量控制所需要的信息	软件研制项目的其它信息
项目度量	☑规模 ☑工作量	☑进度	☑任务完成率
产品度量	☑产品缺陷	☑测试统计	
过程度量	☑需求变化率	☑监控有效性 ☑质保有效性	☑配置项修订数

周期性度量定制

自动添加度量日期	度量时间定制（每行一个日期）
起始时间：2010-03-12 截止时间：2010-04-11 周期方式：单周(每周五) 自动添加度量时间 =>	2010-03-19 2010-04-02 2010-04-16 2010-04-20 2010-04-30 2010-05-14 2010-05-28 2010-06-11 2010-06-23 2010-07-02 2010-07-16 2010-07-30 2010-08-13

图 9-30　度量项定制

分为产品规模绝对偏差与相对偏差，对产品的估计规模和实际规模进行统计，如图 9-31 所示。如果偏差超过 30%则发出提醒。对于到达计划时间点后仍未完成的产品也可发出提醒。

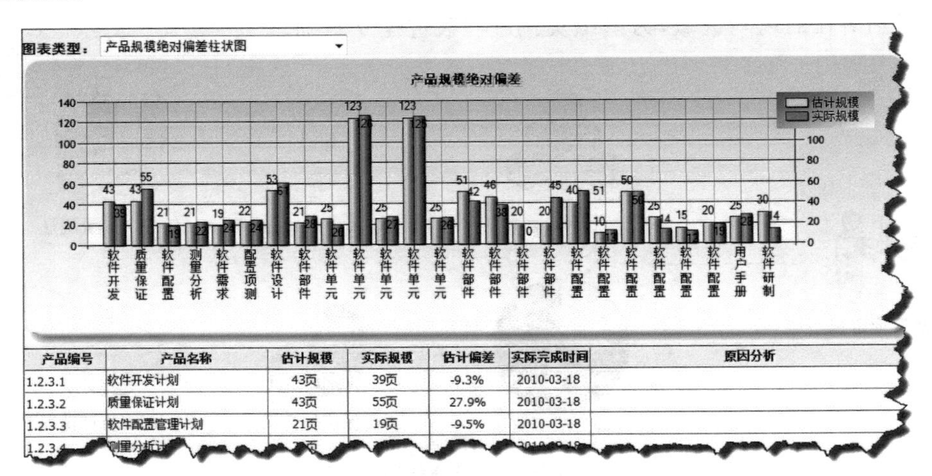

产品编号	产品名称	估计规模	实际规模	估计偏差	实际完成时间	原因分析
1.2.3.1	软件开发计划	43页	39页	-9.3%	2010-03-18	
1.2.3.2	质量保证计划	43页	55页	27.9%	2010-03-18	
1.2.3.3	软件配置管理计划	21页	19页	-9.5%	2010-03-18	

图 9-31　产品规模度量

用于计算各个测量点的计划工作量和实际工作量的比例，从而得出工程是否超出预算的结果，参见图 9-32。

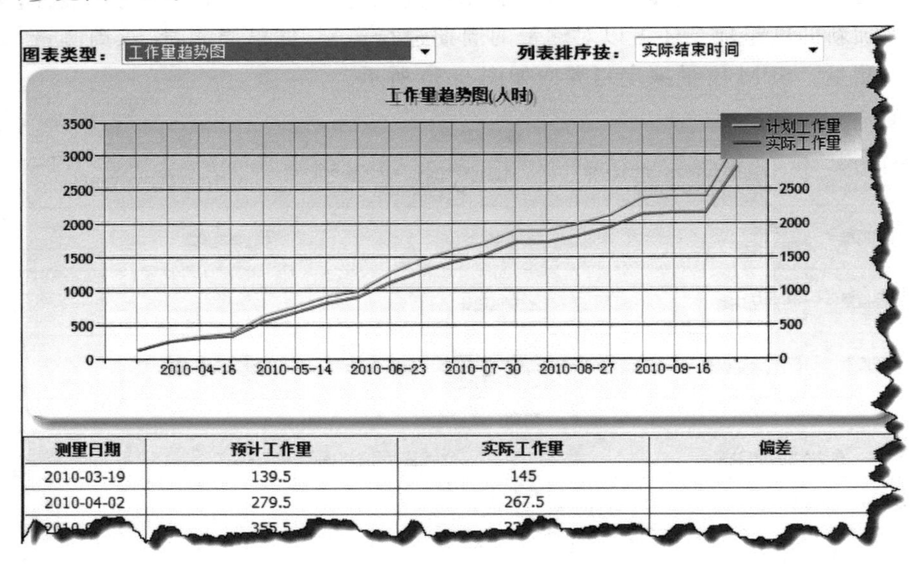

测量日期	预计工作量	实际工作量	偏差
2010-03-19	139.5	145	
2010-04-02	279.5	267.5	

图 9-32　工作量趋势图

SPM 可计算各时间点的进度执行指标(SPI)和费用执行指标(CPI)，从而识别出项目是否按进度执行，预算是否超出，如图 9-33 所示。

其中，生成项目进度跟踪信息采用挣值分析法，对项目的工作量和成本进行计算，需要计算的 3 个基本参数如下。

(1) 计划工作量的预算费用(budgeted cost for work scheduled，BCWS)，也称计划值

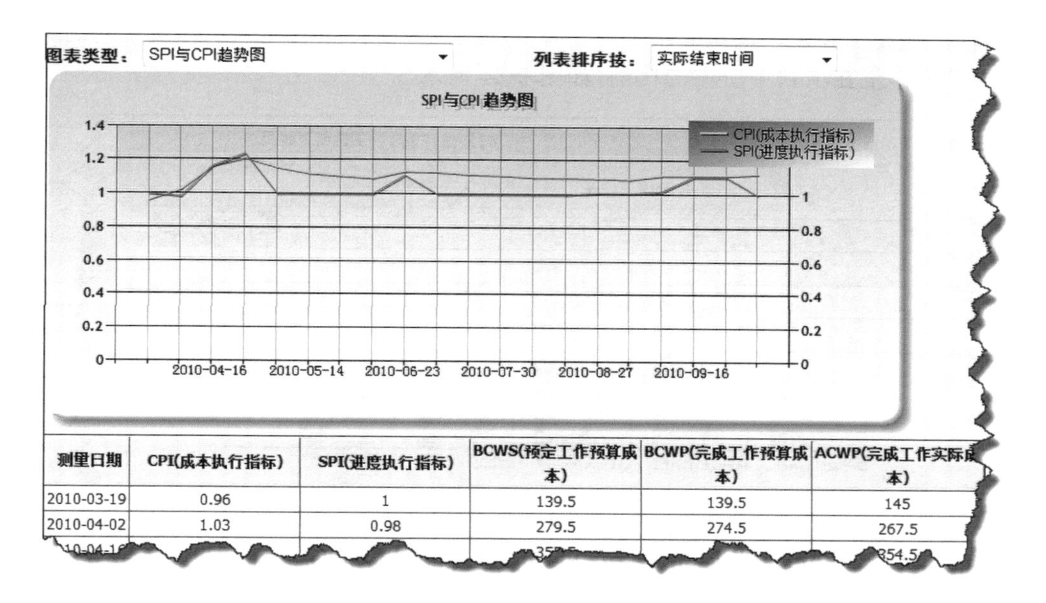

测量日期	CPI(成本执行指标)	SPI(进度执行指标)	BCWS(预定工作预算成本)	BCWP(完成工作预算成本)	ACWP(完成工作实际成本)
2010-03-19	0.96	1	139.5	139.5	145
2010-04-02	1.03	0.98	279.5	274.5	267.5

图 9-33　SPI 与 CPI 趋势图

(planned value，PV)。BCWS 是指项目实施过程中某阶段计划要求完成的工作量所需的预算工时(或费用)。

其计算公式为：BCWS=计划工作量 × 预算定额。

(2) 已完成工作量的实际费用(actual cost for work performed，ACWP)，也称实际值(actual cost，AC)。ACWP 是指项目实施过程中某阶段实际完成的工作量所消耗的工时(或费用)。ACWP 主要反映项目执行的实际消耗指标。

(3) 已完工作量的预算成本(budgeted cost for work performed，BCWP)，也称挣值(earned value，EV)。BCWP 是指项目实施过程中某阶段实际完成工作量及按预算定额计算出来的工时(或费用)。

BCWP 的计算公式为：BCWP=已完成工作量×预算定额。

(4) 在此基础上计算出 CPI 与 SPI。

① 费用执行指标(cost performed index，CPI)：CPI 是指预算费用与实际费用值之比(或工时值之比)。

计算公式为：CPI=BCWP/ACWP。

当 CPI>1 时，表示低于预算，即实际费用低于预算费用；

当 CPI<1 时，表示超出预算，即实际费用高于预算费用；

当 CPI=1 时，表示实际费用与预算费用正好吻合。

② 进度执行指标(schedule performed index，SPI)：SPI 是指项目挣得值与计划之比，即 SPI=BCWP/BCWS

当 SPI>1 时，表示进度提前，即实际进度比计划进度快；

当 SPI<1 时，表示进度延误，即实际进度比计划进度慢；

当 SPI=1 时，表示实际进度等于计划进度。

偏差比对功能是在里程碑节点处将计划进程与实际进程比较，如果偏差超过了事先设定好的阈值，则提示告警。该功能用于测量各阶段的预计工作量与实际工作量之间的偏差，以及各阶段工作量在项目中所占的比例，如图 9-34 所示。

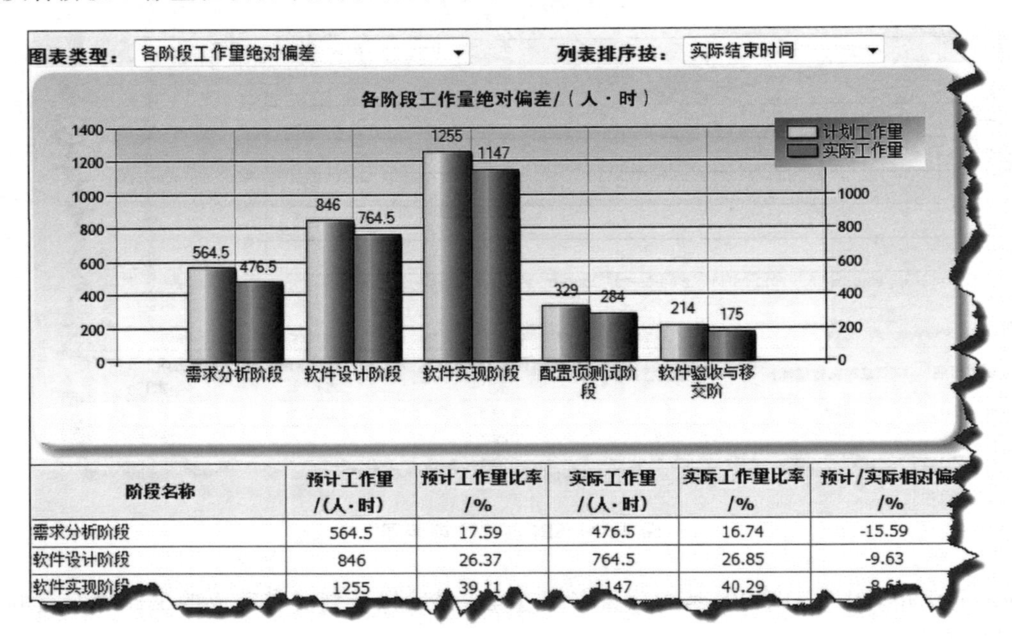

阶段名称	预计工作量/(人·时)	预计工作量比率/%	实际工作量/(人·时)	实际工作量比率/%	预计/实际相对偏差/%
需求分析阶段	564.5	17.59	476.5	16.74	-15.59
软件设计阶段	846	26.37	764.5	26.85	-9.63
软件实现阶段	1255	39.11	1147	40.29	-8.61

图 9-34　各阶段工作量绝对偏差

测量各时间点的计划完成任务数与实际完成任务数，并计算任务完成率（见图 9-35）。如果有任务超前完成，则任务完成率会超过 100%。

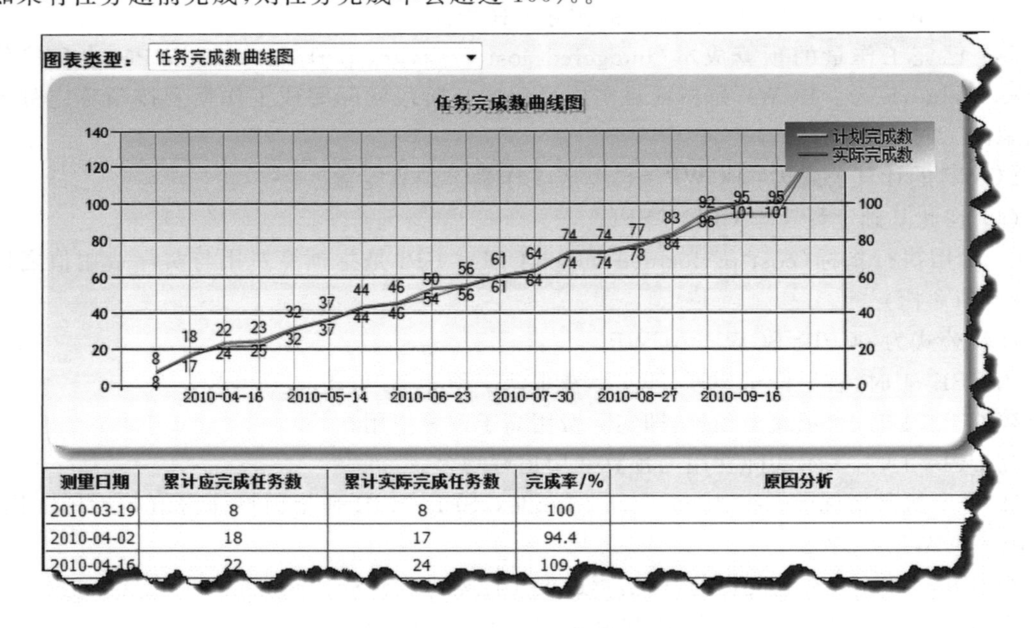

测量日期	累计应完成任务数	累计实际完成任务数	完成率/%	原因分析
2010-03-19	8	8	100	
2010-04-02	18	17	94.4	
2010-04-16	22	24	109.1	

图 9-35　任务完成数/完成率测量

产品缺陷统计对用户在项目过程中提交的问题报告单进行分析，以图表方式显示出产品缺陷的发生率与时间的关系（见图 9-36），并可按问题级别、问题类别、问题来源、所属阶段进行分类统计。

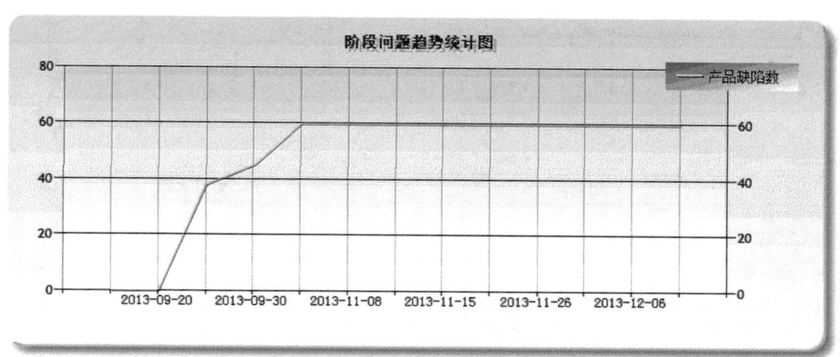

问题标识	问题描述	问题级别	问题类别	问题来源	所属阶段
YCPT_RTS_REV001	性能需求应删除对CPU、内存的要求。	5级问题	文档问题		
YCPT_RTS_REV002	删除“任务远程支持中心系统对外接口需求”。	4级问题	文档问题		
YCPT_RTS_REV003	删除其他需求的描述。	4级问题	文档问题		
YCPT_RTS_REV004	可靠性需求中删除“具备快速重启能力，不因个体故障导致整个系统崩溃”。	5级问题	文档问题		
YCPT_RTS_REV005	运行环境中缺少对“Microsoft Framework 3.0以上”的要求。	5级问题	文档问题	同行评审	软件系统分析与设计阶段

图 9-36　产品缺陷趋势统计

质保执行情况度量用于统计项目各时间点的质量保证执行情况，以及发现的各类 NCI（不符合项）的分类统计信息。包括质量趋势分析与不符合项分布（见图 9-37）。

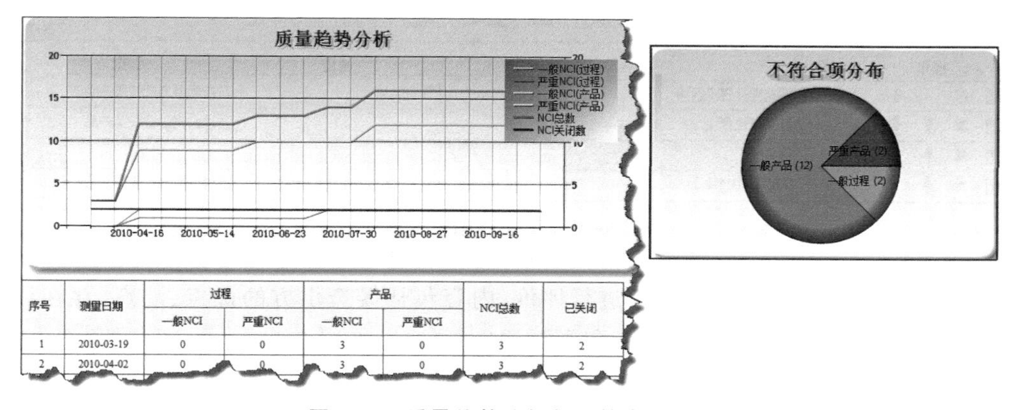

序号	测量日期	过程		产品		NCI总数	已关闭
		一般NCI	严重NCI	一般NCI	严重NCI		
1	2010-03-19	0	0	3	0	3	2
2	2010-04-02	0	0	3	0	3	2

图 9-37　质量趋势分析与不符合项分布

CMI 修订情况度量用于统计配置管理库中各管理项的变更次数（见图 9-38）。

1）供方协议管理

供方协议管理过程主要分为制订供方协议管理计划、确定采办产品、确定供方资质、对过程和产品进行监督和评价、移交产品等活动，如图 9-39 所示。

通常，在产品的策划及开发的早期阶段，确定项目要获取的产品。采办产品一览表用于定义供方协议中需要采办的产品及数量，如图 9-40 所示。

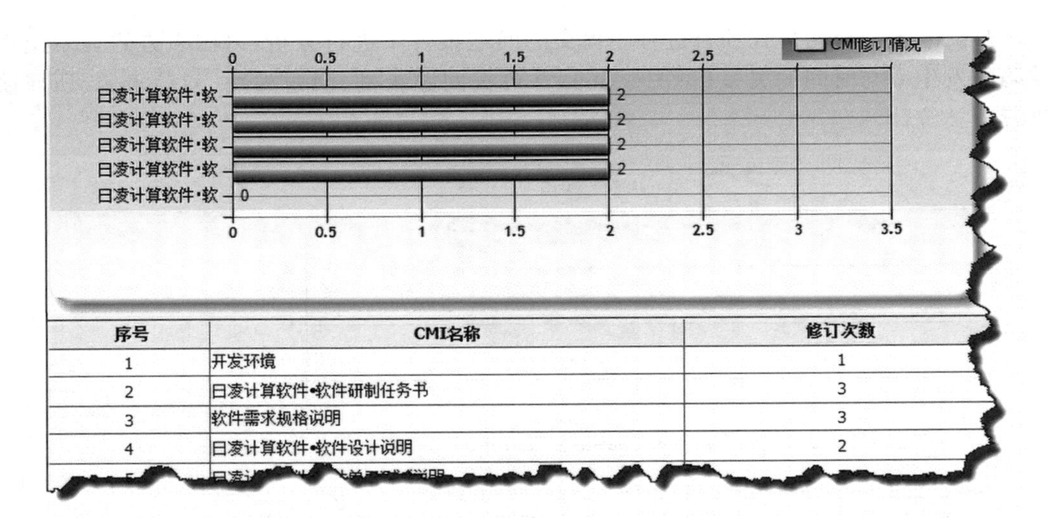

序号	CMI名称	修订次数
1	开发环境	1
2	日凌计算软件•软件研制任务书	3
3	软件需求规格说明	3
4	日凌计算软件•软件设计说明	2

图 9-38　CMI 修订情况统计

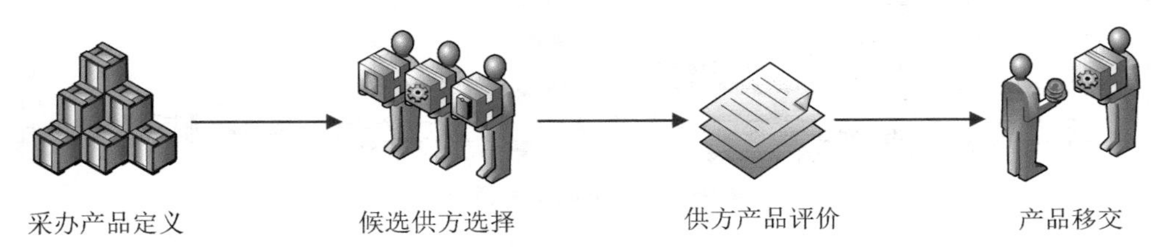

图 9-39　供方协议管理流程

采办产品一览表

新建

操作	序号	名称	数量	名称
	1	网格控件显示模块	2	从内部供方处获得产品
	2	日凌算法模块	1	通过合同协议获得产品
	3	服务器	2	
	4	报表打印模块	1	通过合同协议获得产品

图 9-40　采办产品一览表

识别潜在的供方，并对候选供方进行评价，内容包括候选供方的优点、缺点、存在风险、管理能力评价、人员评价、可用的设施和资源评价等信息，如图 9-41 所示。项目负责人组织相关人员准备招标文件，向候选供方分发招标文件，对候选供方进行综合评价，并从中选择合适的供方。

与供方建立正式协议后，须确定供方需遵循的关键过程（或活动）和重要的供方工作产品，并定期或事件驱动地对过程进行监督，对产品进行评价，如不满足协议要求，需制定纠正措施。图 9-42 是一个供方工作产品评价的示例，需对供方提交的工作产品进行评价，如果存在问题，应填写解决措施。

在接收供方工作产品前，首先须完成验收审查和测试，确定产品已满足供方协议要求。然后，进行产品接收和移交，产品移交清单如图 9-43 所示。

候选供方一览表

新建

操作	序号	供方	优点	缺点	风险	是否选择
	1	北京航天公司	技术力量强。	成本高。	无	✔
	2	北京指挥学院	人员力量充足。	没有相关经验。	没有相关经验，进度可能延迟。	✔
	3	21所				✔
	4	12所				

图 9-41 候选供方一览表

供方工作产品评价报告

项目名称/标识	日凌计算软件/RLJS	表单标识号	RLJS/REC_SAM_QA/001
评价人	管理员	评价日期	2011-02-17

操作	工作产品	供方	产品评价	措施	备注
✖	网格控件显示模块	21所	完成		无
✖	日凌算法模块		未完成	完善算法	无
✖	服务器	北京航天公司	完成		无
✖	报表打印模块	21所	完成		无

会签	

图 9-42 供方工作产品评价示例

产品移交清单

项目名称/标识	日凌计算软件/RLJS	表单标识号	RLJS/REC_SAM_HD/003
交接日期	2010-03-10	交接地点	北京

操作	产品项名称	代号	版本号	载体	数量	备注
✖	网格控件显示模块	Net-1	V1.0	光盘	1	无。
✖	日凌算法模块	CAL-1	V1.1	光盘	1	无。
✖	服务器	PC-server	无	实体	2	无。
✖	报表打印模块	Print-1	V2.2	光盘	1	无。

移交单位	开方单位	移交人	张三
接收单位	通信单位	接收人	李四

图 9-43 产品移交清单

2）组织资产库管理

工具支持建立和维护一个可用的组织过程资产集和工作环境。要求建立组织资产库，建立标准过程、裁剪指南、度量仓库、生存周期模型等。组织资产库包含内容类别包括体系文件、培训教材、示例文档、经验教训与项目测量信息。用户可在不同的分类下上传相应的资料，作为组织资产内容（见图 9-44）。

对于数据库中的项目，工具可自动提取出工作产品、工作量、进度、缺陷等相关的数据，形成测量信息库（见图 9-45）。对于历史项目，工具也支持手工录入相关的关键信息。测量信息库生成后，工具可按时间段对库中的测量信息进行统计分析。

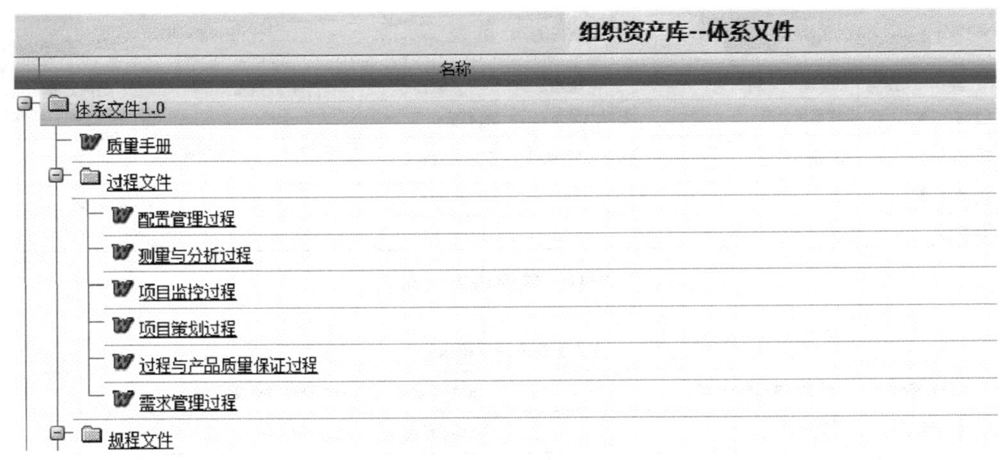

图 9-44 组织资产库内容

项目测量信息表

项目名称	远程测试系统
项目标识	YCPT_RTS

项目基本信息 工作产品测量 阶段工作量 测试问题数

产品编号	产品名称	估计规模	实际规模/单位	
1	软件开发计划		38	页数
2	软件质量保证计划		49	页数
3	软件测量分析计划		21	页数
4	软件配置管理计划		21	页数
5	软件需求安全性分析报告		13	页数
6	软件需求规格说明		22	页数
7	软件配置项测试计划		21	页数

图 9-45 测量信息库内容

3) 文档生成

工具可以根据文档模板自动生成符合各类规范的文档,以及各种过程记录表单。为了满足各种不同的需求,增加软件的适应性,在输出文档时,采用了文档模板+项目数据的方式(见图 9-46)。即事先定义好文档模板,如封面、字体、样式等,工具自动将项目的数据按文档模板的格式输出到最终文档中。这样当文档格式改变时,仅需修改文档模板即可,一方面简化了程序实现,另一方面增加了灵活性,最终用户可根据需求自行修改模板。

9.2.3.2 系统管理功能模块

系统管理模块主要完成系统管理、项目管理、系统定制及其他组织级定制功能,进入该功能模块需要具备系统管理员权限。

1) 系统管理

系统管理包括人员管理、日志管理和数据库日志查询等功能。

人员管理是对组织内的人员信息进行管理,包括登录名、真实姓名、是否有效、是否可以创建项目、是否为系统管理员、职称、电话、电子邮件、注册日期等基本信息。

日志管理提供系统级和项目级两级日志查询功能。系统级日志主要记录系统管理及系统使用情况,通过查询能够获取项目管理、用户登录、用户管理、角色管理、组织级定制等事

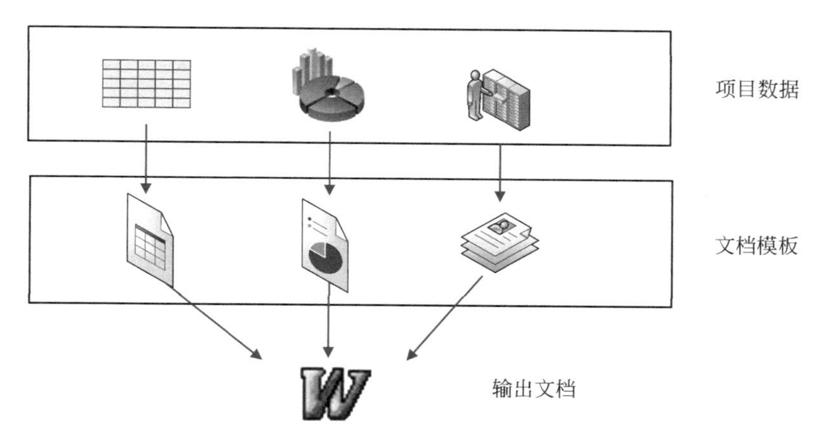

图 9-46　文档生成

件的执行情况。项目级日志主要记录项目过程中各项活动的执行情况，例如，项目策划、项目监控、需求管理、质量保证、配置管理、表单制定、评审情况等。日志查询可以通过用户名、发生时间、事件级别、日志类型和结果进行查询和排序。

数据库日志查询功能是对数据库日志进行查询，也可以进行数据库日志的刷新、清空和缓存清空操作。

2）项目管理

项目管理功能模块主要包括项目分系统定制和项目模板定制两个子功能。SPM 能够根据系统特点划分分系统和子系统，例如，根据软件类型划分为嵌入式系统、应用系统、分布式系统等，每类系统下又可以细分为不同的子系统；能够定制所有项目的项目属性，并提供项目数据导入/导出功能，可用于项目的备份和恢复。

3）系统定制

系统定制功能模块包括组织级/系统级角色定制、岗位技能矩阵定制和利益相关方识别准则设置共 3 个子功能。

组织级/系统级角色定制主要用于定制项目研制过程中的各类角色，例如，配置管理委员会、项目负责人、质量保证人员、项目监督人员、需求分析人员、供方协议管理人员、配置管理员、开发人员、测试人员、系统维护人员、浏览用户等，以及这些角色的权限配置；岗位技能矩阵定制用于为各类角色定制应具备的岗位能力；利益相关方识别准则给出了在项目研制过程的各阶段或各过程域，各类角色的重要程度。

4）其他组织级定制

其他组织级定制功能模块包括组织级规程、过程评价检查单模板定制、产品评价检查单模板定制、配置审核项定制、问题级别与类型定制、标识策划和系统枚举值定制等。

（1）组织级规程

能够对组织级规程进行编辑，内容包括名称、标识、版本、标签、创建日期等；能够上传和下载组织级制定的各类规程，在项目研制过程中，可作为项目研制和质量保证的依据。

（2）过程评价检查单模板定制

SPM 提供各过程评价检查单的模板，通过选择模板类型可以定制各种工作产品的审核内容，如图 9-47 所示。

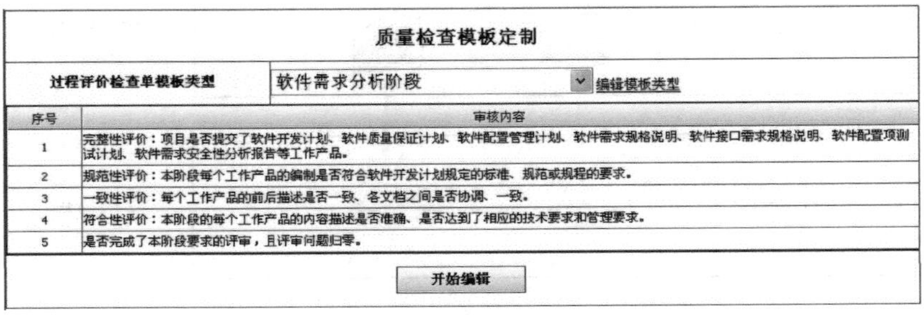

质量检查模板定制

过程评价检查单模板类型 软件需求分析阶段 编辑模板类型

序号	审核内容
1	完整性评价：项目是否提交了软件开发计划、软件质量保证计划、软件配置管理计划、软件需求规格说明、软件接口需求规格说明、软件配置项测试计划、软件需求安全性分析报告等工作产品。
2	规范性评价：本阶段每个工作产品的编制是否符合软件开发计划规定的标准、规范或规程的要求。
3	一致性评价：每个工作产品的前后描述是否一致、各文档之间是否协调、一致。
4	符合性评价：本阶段的每个工作产品的内容描述是否准确、是否达到了相应的技术要求和管理要求。
5	是否完成了本阶段要求的评审，且评审问题归零。

开始编辑

图 9-47 过程评价检查单模板定制页面

(3) 产品评价检查单模板定制

SPM 提供各产品评价检查单的模板，通过选择模板类型可以定制不同阶段产品的审核内容，如图 9-48 所示。

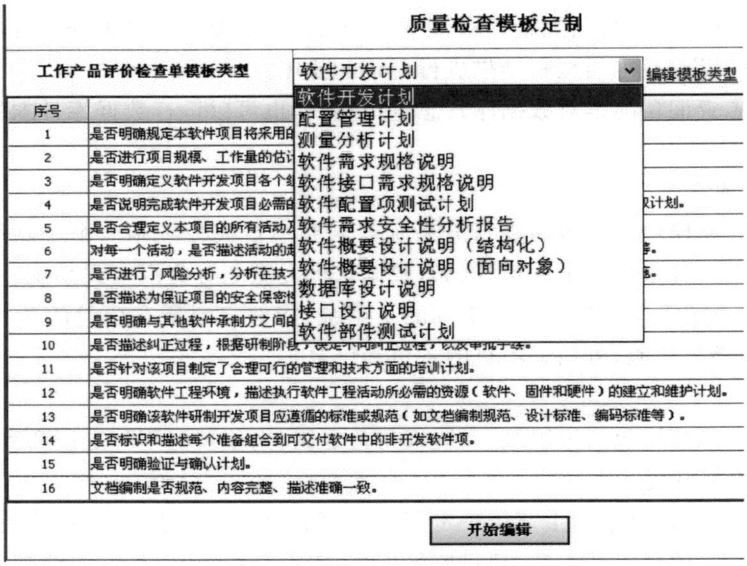

质量检查模板定制

工作产品评价检查单模板类型 软件开发计划 编辑模板类型

软件开发计划
配置管理计划
测量分析计划
软件需求规格说明
软件接口需求规格说明
软件配置项测试计划
软件需求安全性分析报告
软件概要设计说明（结构化）
软件概要设计说明（面向对象）
数据库设计说明
接口设计说明
软件部件测试计划

序号	
1	是否明确规定本软件项目将采用的
2	是否进行项目规模、工作量的估
3	是否明确定义软件开发项目各个
4	是否说明完成软件开发项目必需的 …计划。
5	是否合理定义本项目的所有活动及
6	对每一个活动，是否描述活动的
7	是否进行了风险分析，分析在技
8	是否描述为保证项目的安全保密性
9	是否明确与其他软件承制方之间的
10	是否描述纠正过程，根据研制阶段
11	是否针对该项目制定了合理可行的管理和技术方面的培训计划。
12	是否明确软件工程环境，描述执行软件工程活动所必需的资源（软件、固件和硬件）的建立和维护计划。
13	是否明确该软件研制开发项目应遵循的标准或规范（如文档编制规范、设计标准、编码标准等）。
14	是否标识和描述每个准备组合到可交付软件中的非开发软件项。
15	是否明确验证与确认计划。
16	文档编制是否规范、内容完整、描述准确一致。

开始编辑

图 9-48 产品评价质量检查模板定制页面

(4) 配置审核项定制

提供配置审核定制功能，能够定制入库申请单、更动申请单、配置审核检查单的审核内容，如图 9-49 所示。

(5) 问题级别与类型定制

能够查看并定制问题级别、问题类别、问题位置和更动类型。例如，问题级别可定制为 5 级：1—致命；2—严重；3—一般；4—轻微；5—建议；问题类别可定制为 4 种：1—程序问题；2—文档问题；3—设计问题；4—其他问题等，如图 9-50 所示。

(6) 标识策划

能够对 CMI 版本、任务分派单、问题报告单、评审申请单等的标识进行定制。

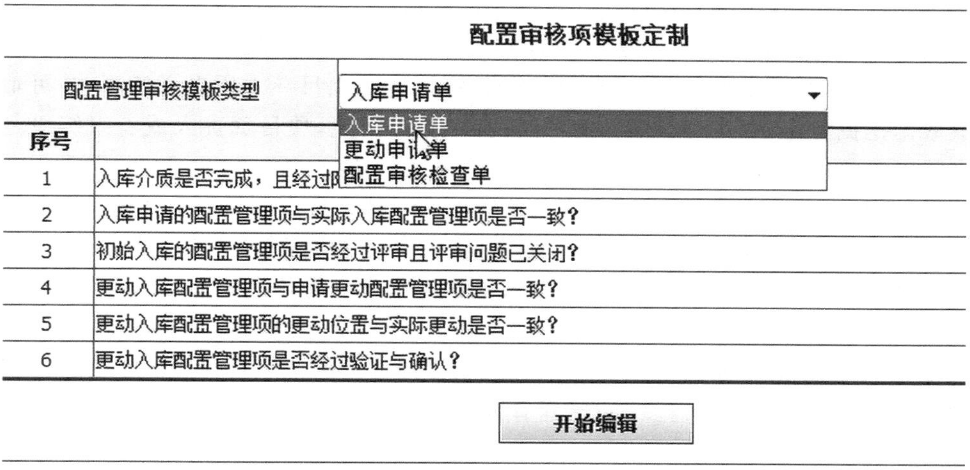

配置审核项模板定制

配置管理审核模板类型：入库申请单（下拉选项：入库申请单、更动申请单、配置审核检查单）

序号	
1	入库介质是否完成，且经过[illegible]
2	入库申请的配置管理项与实际入库配置管理项是否一致？
3	初始入库的配置管理项是否经过评审且评审问题已关闭？
4	更动入库配置管理项与申请更动配置管理项是否一致？
5	更动入库配置管理项的更动位置与实际更动是否一致？
6	更动入库配置管理项是否经过验证与确认？

开始编辑

图 9-49　配置审核项模板定制页面

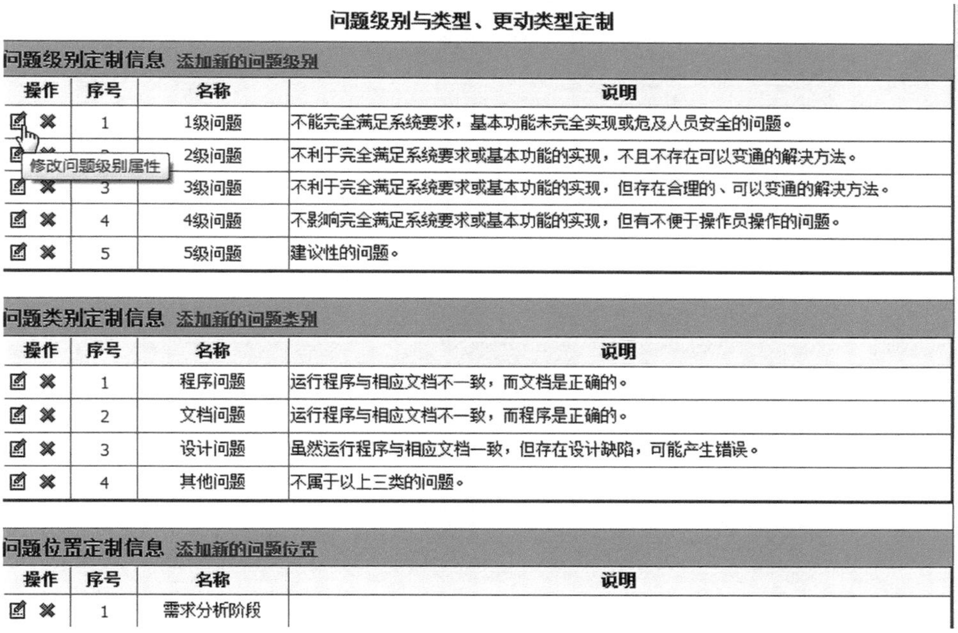

问题级别与类型、更动类型定制

问题级别定制信息　添加新的问题级别

操作	序号	名称	说明
	1	1级问题	不能完全满足系统要求，基本功能未完全实现或危及人员安全的问题。
	2	2级问题	不利于完全满足系统要求或基本功能的实现，不且不存在可以变通的解决方法。
	3	3级问题	不利于完全满足系统要求或基本功能的实现，但存在合理的、可以变通的解决方法。
	4	4级问题	不影响完全满足系统要求或基本功能的实现，但有不便于操作员操作的问题。
	5	5级问题	建议性的问题。

修改问题级别属性

问题类别定制信息　添加新的问题类别

操作	序号	名称	说明
	1	程序问题	运行程序与相应文档不一致，而文档是正确的。
	2	文档问题	运行程序与相应文档不一致，而程序是正确的。
	3	设计问题	虽然运行程序与相应文档一致，但存在设计缺陷，可能产生错误。
	4	其他问题	不属于以上三类的问题。

问题位置定制信息　添加新的问题位置

操作	序号	名称	说明
	1	需求分析阶段	

图 9-50　问题级别与类型定制页面

9.3　本章小结

要对软件的开发过程进行有效的管理，必须要有工具的支持。一个有效的软件开发过程管理工具不仅要具备统计计算的功能，帮助用户完成大量繁琐的计算与合并工作，更应当具有辅助任务完成功能，即使在用户对体系不是很熟悉的情况下，也能引导用户一步步完成自己的工作,一旦发现工作出现偏差或者错误,及时提醒用户进行纠正。此外,一个好的管理工具还应该具备:权限控制功能,不同用户进入系统时,仅可以操作和查看系统赋予权限的功能,保证敏感数据的安全性;资产库功能,将完成的项目导入历史资产库,并可辅助用户完成数据挖掘工作,以支持新项目的开展;实时监控功能,项目负责人或者组织级经理可随时查看项目的进度或者其他完成情况,当项目的实际情况与预期不一致时,可及早采取纠正措施;文档及表单生成功能,将项目库中的数据按照体系规定的模板格式输出到文档或者表单中,可保证文档的规范性,用户也不需要把大量精力放在调整文档格式上;良好的适应性,在体系发生变更或者使用不同的体系时,工具应尽量少做修改或者不做修改,即可适应不同的情况。

本章介绍的 SPM 工具较好地支持了 CMMI 2 级要求的 7 个过程域的工作及 3 级要求的组织过程管理功能,将各过程域的流程有效地整合在一起,对 CMMI 3 级管理工作的完成具有较好的辅助与指导作用。

参 考 文 献

[1] 中华人民共和信息产业部.软件工程 产品质量 第1部分：质量模型：GB/T 16260.1—2006[S].北京：中国标准出版社,2006.

[2] 中华人民共和信息产业部.软件工程 产品质量 第2部分：外部度量：GB/T 16260.2—2006[S].北京：中国标准出版社,2006.

[3] 中华人民共和信息产业部.软件工程 产品质量 第3部分：内部度量：GB/T 16260.3—2006[S].北京：中国标准出版社,2006.

[4] 中华人民共和信息产业部.软件工程 产品质量 第4部分：使用质量的度量：GB/T 16260.4—2006[S].北京：中国标准出版社,2006.

[5] 中华人民共和信息产业部.信息技术 软件工程术语：GB/T 11457—2006[S].北京：中国标准出版社,2006.

[6] 中华人民共和信息产业部.计算机软件文档编制规范：GB/T 8567—2006[S].北京：中国标准出版社,2006.

[7] 中华人民共和信息产业部.信息技术 软件生存周期过程：GB/T 8566—2007[S].北京：中国标准出版社,2007.

[8] 中国人民解放军总装备部.军用软件研制能力成熟度模型：GJB 5000A—2008[S].北京：中国人民解放军总装备部军标出版发行部,2008.

[9] 全国信息技术标准化技术委员会.软件工程 软件产品质量要求与评价(SQuaRE)SQuaRE指南：GB/T 25000.1—2010[S].北京：中国标准出版社,2010.

[10] 陈火旺,王戟,董威.高可信软件工程技术[J].电子学报,2003,31(12A)：1933-1938.

[11] 刘克,单志广,王戟,等."可信软件基础研究"重大研究计划综述[J].中国科学基金,2008,22(3)：145-151.

[12] 李烨,蔡云泽,尹汝泼,等.基于证据理论的多类分类支持向量机集成[J].计算机研究与发展,2008,45(4)：571-578.

[13] Shafer G. A. A Mathematical Theory of Evidence[M]. Princeton：Princeton University Press,1976.

[14] Yager R R. On the D-S framework and new combination rules[J]. Information Sciences,1987,41(2)：93-138.

[15] 康耀红.数据融合理论与应用[M].西安：西安电子科技大学出版社,1997.

[16] 孙全,叶秀清,顾伟康.一种新的基于证据理论的合成公式[J].电子学报,2000,28(8)：117-119.

[17] Zhang Weixiang,Liu Wenhong,Du Huisen. A Software Quantitative Assessment Method Based on Software Testing[C]. Berlin：International Conference on Intelligent Computing,2012.

[18] 林广艳,姚淑珍.软件工程过程[M].北京：清华大学出版社,2009.

[19] 石柱.军用软件研制能力成熟度模型及其应用[M].北京：中国标准出版社,2009.

[20] 管野文友.软件质量管理[M].北京：北京航空学院出版社,1987.

[21] R. S. 普瑞斯曼.软件工程——实践者的研究方法(第4版)[M].黄柏素,梅宏,译.北京：机械工业出版社,1999.

[22] Naur P,Randall B. Software Engineering：A Report on a Conference Sponsored by the NATO Science Committee[M]. Brussels,Belgium：Scientific Affairs Division,NATO,1969.

[23] 齐治昌,谭庆平,宁洪.软件工程[M].2版.北京：高等教育出版社,2004.

[24] McCall,J A,Richards P K,Walters G F. Factors in Software Quality[R]. Virginia: Defense Technical Information Center,1977.

[25] Boehm B. W,Brown J. R,Lipow M. Quantitative Evaluation of Software Quality[C]//Proceedings of the 2nd International Conference on Software Engineering. Washington, D. C. : IEEE Computer Society Press,1976.

[26] Laprie J C. Dependable computing and fault tolerance: concepts and terminology. In: proc. 15th IEEE Int. Symposium On Fault-Tolerant Computing (FTCS-15),Ann Arbor,Michigan,June 1985. 2-11.

[27] 中国科学院. 2011 高技术发展报告[M]. 北京: 科学出版社,2011.

[28] 中国科学院. 2012 高技术发展报告[M]. 北京: 科学出版社,2012.

[29] 中国科学院. 2013 高技术发展报告[M]. 北京: 科学出版社,2013.

[30] PATTON R. 软件测试(第 2 版)[M]. 张小松,译. 北京: 机械工业出版社,2006.

[31] 杨纶标,高英仪. 模糊数学原理与应用[M]. 3 版. 广州: 华南理工大学出版社,2003.

[32] Lei Y,Tai K. C. In-parameter-order: a test generation strategy for pairwise testing[R]. North Carolina: Technical Report TR-2001-03,Dept of Computer Science,2001.

[33] 聂长海,徐宝文. 基于接口参数的黑箱测试用例自动生成算法[J]. 计算机学报,2004,27(3): 382-388.

[34] Kobayashi N,Tsuchiya T,Kikuno T. A new method for constructing pair-wise covering designs for software testing[J]. InformationProcessing Letters,2002,81(2): 85-91.

[35] 杜会森,张卫祥. 军用软件第三方质量保证实施方法研究[J]. 计算机应用研究,2013,30(Z1): 701-704.

[36] 张卫祥,刘文红. 灰盒测试方法的实践与研究[J]. 飞行器测控学报,2010,29(6): 86-89.

[37] Cohen D. M. ,FredmanM. L. New techniques for designing qualitatively independent systems[J]. Journal of Combinatorial Designs,1998,6(6): 411-416.

[38] NASA. NASA STD 28719 software safety[R]. Washington: NASA tenhninal standard,1997.

[39] John M. Software reliablity engineering[M]. New York: McGrawHill,1996.

[40] McGRAW C,PDTTER B. Software seeurity testing[J]. IEEE Security & Privacy,2004,2(5): 81-85.

[41] David L P,John A,Kwan S P. Evaluation of safety-critical software[J]. Communication of ACM, June 1990,33(6): 636-648.

[42] John C K. Safety critical system: challenges and directions[C]. Orlando: Proceedings of the 24th International Conference on Software Engineering,2002: 547-550.

[43] Krishna C,Shin K. Real-time systems[M]. New York: McGrawHill,1997.

[44] Selding P B. Faulty software caused Ariane 5 failure[J]. Space News,1996,25(7): 24-30.

[45] Leveson N Q,Tumer C S. An investigation of the Therac-25 accident[J]. IEEE Computer,1993, 26(7): 18-41.

[46] 黄锡滋. 软件可靠性、安全性与质量保证[M]. 北京: 电子工业出版社,2002.

[47] 朱鸿,金凌紫. 软件质量保障与测试[M]. 北京: 科学出版社,1997.

[48] 瑞得米尔. 计算机应用系统的可信性实践[M]. 郑人杰,译. 北京: 清华大学出版社,2003.

[49] Aviziienis A,Laprie J C,Rondell B. Foundational concepts of computer system dependability[C]. Seoul, Korea: IARP/IEEE-RAS Workshop on Robot Dependability Technological Challenge of Dependable Robots Environment,2001: 21-22.

[50] Siddhartha R D,Poore J H,Michael L C. Innovations in software engineering for defense systems [M]. Washington: The National Academics Press,D. C,2003.

[51] Rajgopal J,Mazumdar M. Modular operational test plans for inferences on software reliability based on a Markov model[J]. IEEE Traps. On software engineering,2002,26(4):358-363.

[52] Cheung R C. A user-oriented software reliability model[J]. IEEE Transactions on Software Engineering,1980,6(4):118-125.

[53] Xie M, Hong G Wohlin. Software reliability prediction incorporating information from a similar project[J]. The Journal of System and Software,1999,49(1):43-48.

[54] Littlewood B, Strigini L. Validation of Ultrahigh Dependability for Software Based Systems[J]. Communications of the ACM,1993,36(11):69-80.

[55] 杨仕平,熊光泽,桑楠. 安全关键软件的防危性测评技术研究[J]. 计算机学报,2004,27(4):442-450.

[56] Alam M S,Chen W H,Ehrlich W K,et al. Assessing software reliability performance under highly critical but infrequent event occurrences[C]. Albuquerque, NM, USA: Proceedings of the 8th International Symposium on Software Reliability Engineering,1997.

[57] Villemeur A. Reliability, availability, maintainability, and safety assessment[M]. New York: John Wiley&Sons,1992.

[58] 郑人杰. 计算机软件测试技术[M]. 北京:清华大学出版社,1992.

[59] 何国伟. 软件可靠性[M]. 北京:国防工业出版社,1998.

[60] 蔡自兴,徐光佑. 人工智能及其应用[M]. 4版. 北京:清华大学出版社,2010.

[61] 拉塞尔,诺文. 人工智能:一种现代方法[M]. 2版. 姜哲,金奕江,张敏,等译. 北京:人民邮电出版社,2013.

[62] 张军,詹志辉,陈伟能,等. 计算智能[M]. 北京:清华大学出版社,2009.

[63] 敖志刚. 人工智能及专家系统[M]. 北京:机械工业出版社,2010.

[64] Brooks F. P. No silver bullet——Essence and accidents of software[C]//Proceedings of the IFIP Tenth World Computing Conference. Amsterdam: Elsevier,1986.

[65] 斯凯奇. 面向对象与传统软件工程(第5版)[M]. 韩松,邓迎春,李萍,等译. 北京:机械工业出版社,2003.

[66] 张卫祥,刘文红,杜会森. 基于软件测试与知识发现的软件定量评估方法[J]. 计算机科学,2012,39(11A):28-30.

[67] Zhang Weixiang,Liu Wenhong,Wu Xin. Quantitative Evaluation across Software Development Life Cycle Based on Evidence Theory[C]. Nanning: The 9th International Conference on Intelligent Computing,2013.